纺织服装类“十四五”部委级规划教材

CLO 3D 服装数字化应用教程

戎理璐　主编

東華大學出版社·上海

图书在版编目（CIP）数据

CLO 3D 服装数字化应用教程 / 戎理璐主编 . —上海 ：东华大学出版社，2023.3

ISBN 978-7-5669-2138-3

Ⅰ . ① C… Ⅱ . ①戎… Ⅲ . ①服装设计—教材 Ⅳ . ① TS941.2

中国版本图书馆 CIP 数据核字 (2022) 第 217210 号

责任编辑　周慧慧

装帧设计　上海三联读者服务合作公司

CLO 3D 服装数字化应用教程

CLO 3D Fuzhuang Shuzihua Yingyong Jiaocheng

主　　编：戎理璐

出　　版：东华大学出版社（上海市延安西路1882号，200051）

出版社网址：https://dhupress.dhu.edu.cn/

营 销 中 心：021-62193056 62379558

印　　刷：上海龙腾印务有限公司

开　　本：889mm × 1094　1/16

字　　数：328千字

版　　次：2023年3月第1版

印　　次：2025年1月第3次印刷

书　　号：ISBN 978-7-5669-2138-3

印　　张：10.25

定　　价：68.00元

目 录

第一章

CLO 3D软件界面与常用功能简介

★ 软件界面布局与菜单介绍

★ 3D/2D窗口常用工具介绍

第一节　软件界面布局与菜单介绍

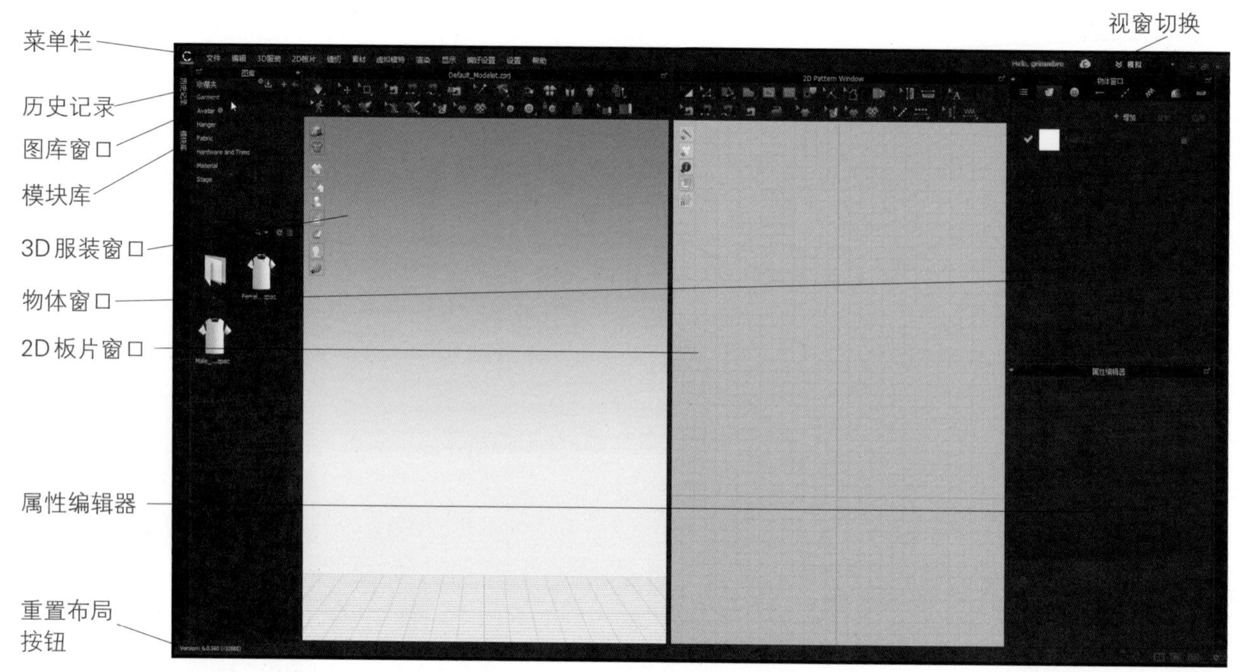

图1-1-1　CLO 3D软件界面布局

图1-1-2　窗体菜单栏导航

教学目标：

了解CLO 3D软件界面基本布局。

教学内容：

讲解CLO 3D软件界面布局与界面中工具的内容。

教学要求：

通过本节课程，了解CLO 3D软件界面的基本布局。

一、CLO 3D软件界面布局

CLO 3D软件界面分为菜单栏、图库窗口、历史记录、模块库、3D服装窗口、2D板片窗口、物体窗口、属性编辑器、重置布局按钮（图1-1-1）。

1. 窗体菜单栏（图1-1-2）

窗体菜单栏包括文件、编辑、3D服装、2D板片、缝纫、素材、虚拟模特、渲染、显示、偏好设置、设置、帮助等分项。

2. 图库窗口（图1-1-3）

图库窗口包含系统自带库，内含Garment（服装）、Avatar（虚拟模特）、Hanger（衣架）、Fabric（面料）、Hardware and Trims（五金及装饰）、Material（材质）、Stage（舞台）等基础库。

3. 历史记录（图1-1-4）

历史记录可以进行操作步骤的查看及选择，双击鼠标左键可进行步骤的选择查看。

图1-1-3　图库窗口

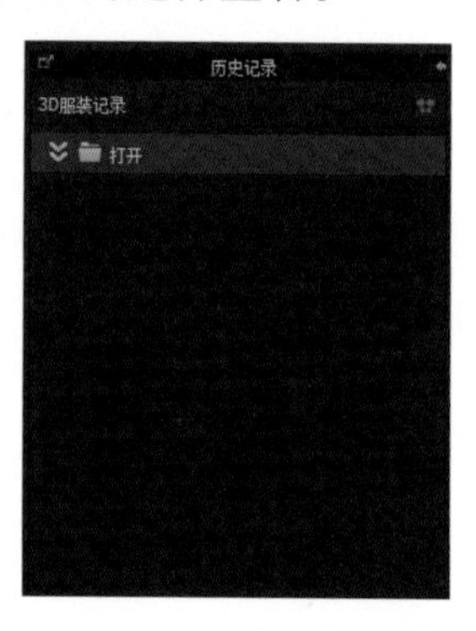

图1-1-4　历史记录

4. **模块库**（图1–1–5）

模块库可加载叠装衬衫、男装、女装的模块化部件。

5. 3D**服装窗口**（图1–1–6）

3D服装窗口从上至下分为工具栏、开关栏、操作区。

工具栏：3D窗口操作工具分为模拟、移动操作、缝纫、固定针、安排、测量、3D笔、织物花型、纽扣、嵌条、贴边、熨烫等。

开关栏：3D服装窗口开关工具分为高品质渲染、款式图渲染、显示3D服装、显示3D附件、显示虚拟模特、显示面料属性、显示物理属性、显示虚拟模特、显示3D环境等。

操作区：3D效果查看与调整区域。

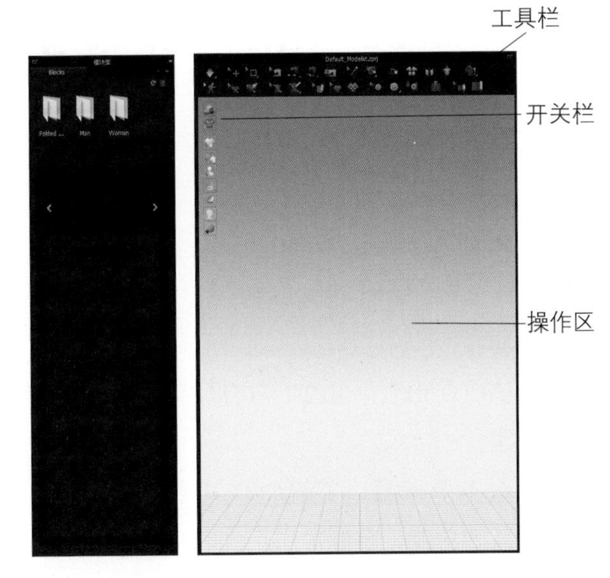

图1–1–5　模块库　　图1–1–6　3D服装窗口

6. 2D**板片窗口**（图1–1–7）

2D板片窗口从上至下分为工具栏、开关栏、操作区。

工具栏：2D板片窗口操作工具分为选择移动、样板绘制、测量、注释、缝纫、归拔、粘衬条、织物花型、明线、褶皱、设定层次等。

开关栏：2D板片窗口开关工具分为显示显示线、显示2D板片、显示2D信息、显示面料属性、锁定2D板片等。

操作区：2D效果查看与调整的区域。

7. **物体窗口**（图1–1–8）

物体窗口依次有场景、织物、纽扣、扣眼、明线、褶皱、放码、2D测量等工具。

图1–1–7　2D板片窗口　　图1–1–8　物体窗口

8. **属性编辑器**（图1–1–9）

属性编辑器是系统中变化样式最多的窗体，根据操作选择不同的部件会显示不同内容，本书以实战案例进行属性编辑器的应用讲解。

9. **视窗切换**（图1–1–10）

视窗切换视窗右上方有下拉箭头，可进行视窗布局切换，细分为模拟、动画、印花排放、齐色、面料计算、模块化、UV编辑、查看齐码、物料清单。

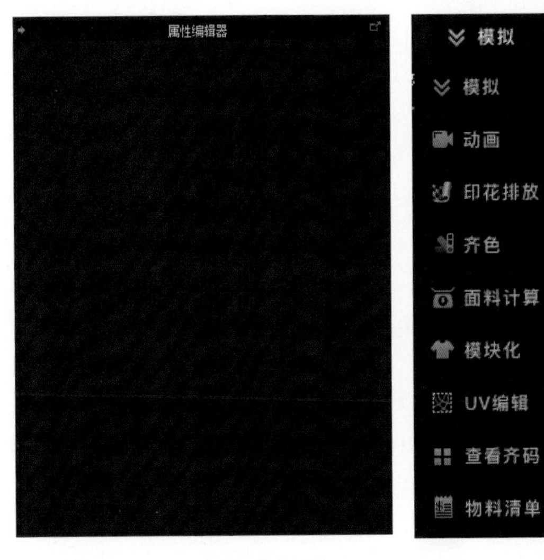

图1–1–9　属性编辑器　　图1–1–10　视窗切换

10. **重置布局**（图1–1–11）

窗口右下方有四个按钮，从左至右依次是“3D/2D窗口”“3D窗口”“2D窗口”“重置画面布局”，点击按钮，可切换至相应的界面。

图1–1–11　重置布局

第二节 3D/2D窗口常用工具介绍

教学目标：

掌握CLO 3D软件中3D/2D窗口常用工具的功能。

教学内容：

讲解CLO 3D软件3D/2D窗口常用工具的功能。

教学要求：

通过本节课程，了解CLO 3D软件中3D/2D窗口工具的功能，掌握常用工具的基础操作。

一、3D窗口工具介绍

1. 工具分类

3D窗口操作工具分为模拟、移动操作、固定针、缝纫、假缝、安排、品质、测量、打开动作、3D笔、织物花型、纽扣、拉链、嵌条、贴边、熨烫等。

2. 工具简介（表1-2-1）

表1-2-1 3D窗口常用工具介绍

序号	图标	名 称	工 具 功 能
模拟		模拟（默认）	模拟服装
		试穿（面料属性计算）	当模拟预设设置为试穿（面料属性计算）时，服装模拟将更加准确，织物的拉伸将会表现得更加真实
移动操作		选择移动	选择、移动、删除板片
固定针		选择网格（箱体）/（套索）	选择网格然后应用细分，点击鼠标右键可以生成固定针、网格水平翻转、网格垂直翻转
		固定针（箱体）/（套索）	选择网格进行固定，点击鼠标右键可以将固定针删除、固定到虚拟模特上
缝纫		编辑缝纫线	选择、移动、删除缝纫线
		线缝纫	以线为单位设置1:1或1:N缝纫线
		M:N线缝纫	可一次性将多段线段（M）和另一多段线段（N）进行缝纫。当M段线的总长与N段线的总长不符时，N段将按照比例等分为M段
		自由缝纫	自由设置1:1或1:N缝纫线的区域
		M:N自由缝纫	以自由缝纫的方式缝合M段线段和N段线段
		自动缝纫	通过安排点安排好的板型可以进行自动缝纫
假缝		编辑假缝	调整假缝位置及假缝针之间线的长度或删除不需要的假缝
		假缝	假缝功能可以在已着装的服装上，选择任意区域后，临时捏褶调整合适度
		固定到虚拟模特上	暂时地将服装上的某一点固定到虚拟模特上
安排		折叠安排	在激活模拟前折叠缝份、领子及克夫
		重置2D安排位置（全部）	展平并按照2D窗口中的安排在3D窗口中安排板片
		重置3D安排位置（全部）	将全部或选择的板片安排位置重新恢复到模拟前的位置，使用此工具可解决部分模拟后出现问题的情况
		重新安排在虚拟模特上	根据虚拟模特的尺寸，穿着3D服装

（续表）

序号	图标	名 称	工 具 功 能
品质		提高 / 降低服装品质	提高 / 降低 3D 窗口模拟品质以强调服装的真实性
		用户自定义分辨率	用户根据需要增加、选择自定义分辨率
测量		编辑测量（虚拟模特）	编辑、删除虚拟模特测量胶带
		贴附到虚拟模特测量	在虚拟模特上生成的胶带能贴覆到板片的外轮廓线或内部线段
		圆周测量（虚拟模特）	在虚拟模特上测量一周闭合的圆周长度
		表面圆周测量（虚拟模特）	在虚拟模特上测量一周闭合的表面圆周长度
		基本长度测量（虚拟模特）	在虚拟模特上测量两点的长度
		表面长度测量（虚拟模特）	在虚拟模特上测量两点的表面长度
		直线测量（虚拟模特）	在虚拟模特上测量两点间的直线距离
		高度测量（虚拟模特）	在虚拟模特上测量定点间的垂直距离
		编辑测量（服装）	选择、编辑、删除服装测量胶带
		直线 / 圆周测量（服装）	测量 3D 服装的高度和圆周长度
打开动作		打开动作	打开姿势 (*.pos) 或动作 (*.mtn) 文件
3D 笔		编辑 3D 画笔（服装）	在 3D 服装上编辑创建的线
		3D 笔（服装）	在 3D 服装上直接画线
		编辑 3D 画笔（虚拟模特）	在虚拟模特上编辑线
		3D 笔（虚拟模特）	在虚拟模特表面画线
织物花型		展平为板片	将模特上的闭合的线段展平为板片
		编辑纹理（3D）	修改板片应用织物的丝缕线方向和位置，修改织物的大小以及旋转织物的方向
		调整贴图	调整板片的局部区域，添加图片
		贴图（3D 板片）	给板片的局部区域添加图片，此功能用以表现印花、刺绣或商标等细节
纽扣		选择移动纽扣	按需求移动纽扣 / 扣眼
		纽扣 / 扣眼	创建纽扣 / 扣眼放至所需位置
		系纽扣	系上或解开纽扣和扣眼
拉链		拉链	生成拉链、点击鼠标右键弹出菜单可解开 / 闭合拉链，设置拉链条属性、拉链头属性等
嵌条		编辑嵌条	编辑贴边属性、编辑嵌条长度、设置嵌条属性、更改嵌条状态、显示 / 隐藏嵌条
		嵌条	在线缝处创建嵌条
贴边		编辑贴边	编辑贴边属性
		贴边	简单地沿着板片外围线创建贴边
熨烫		熨烫	制作熨烫过的效果

二、2D窗口工具功能介绍

1. **工具分类**

2D窗口操作工具分为选择移动、样板绘制、测量、注释、缝纫、归拔、黏衬条、织物花型、明线、褶皱、设定层次。

2. **工具简介**（表1-2-2）

表1-2-2　2D窗口常用工具介绍

序号	图标	名　称	工　具　功　能
选择移动		调整板片	可以选择整体板片移动、缩放调整及旋转
		编辑板片	通过移动点或线修改板片或内部图形和基础图形
		编辑点/线	缩放或旋转板片上的点/线段来修改板片
		编辑曲线点	在板片外围线或内部线上添加或编辑曲线点
		编辑圆弧	将直线转为曲线或编辑曲线的曲率
		生成圆顺曲线	将板片外围线或内部线修改为圆顺的曲线
		加点/分线	线上加点并将一条线段分成多段，单击鼠标左键或输入具体数值可在线段上加点
		延长板片（点/线段）	在特定点延展板片或选中板片内的线段来均匀分布特定范围
样板绘制		多边形	在2D窗口中创建多边形板片
		长方形	在2D窗口中创建长方形板片
		圆形	在2D窗口创建正圆或椭圆板片
		内部多边形/线	在板片内生成多边形线段
		基础矩形	在板片内部创建内部长方形
		内部圆	在板片内部生成一个圆
		省	在板片内部生成省
		基础多边形	在板片内部生成多边形基础线
		基础矩形	在板片内部生成基础矩形
		基础圆	在板片内部生成基础圆
		基础省	在板片内部生成基础省
		勾勒轮廓	使用勾勒轮廓工具将内部线/内部图形/内部区域/基础线转换为板片
		剪口	按照需要在板片外围线上创建剪口以提升缝纫准确性
		缝份	在板片上创建/修改/删除缝份
测量		比较板片长度	通过临时对齐板片，实时比较不同板片上两段线段的长度
		编辑测量点	移动或删除测量点
		测量点	创建测量点以检查2D板片/内部图形/贴图等特定部分的测量值
注释		编辑注释	移动/删除2D板片标注
		板片注释	根据需要在2D窗口插入注释/板片工艺标记

（续表）

序号	图标	名　称	工　具　功　能
缝纫		褶裥	在板片上创建出所需的褶裥形状
		翻折褶裥	使用翻折褶皱及缝制褶皱工具生成多个褶（需要特定线段分割）
		缝制褶裥	使用翻折褶皱及缝制褶皱工具生成多个褶
		编辑放码 / 编辑曲线放码	编辑板片上的放码信息
		自动放码	根据虚拟模特的尺寸自动为板片放码（只适用于系统模特）
		编辑缝纫线	选择及移动缝纫线
		线缝纫	在线段（板片或内部图形 / 内部线上的线）之间建立缝纫线关系
		M:N 线缝纫	简单地将 N 段线（板片外围线，内部线或者内部图形上的线）与 M 段线进行缝纫。当 N 段线的总长与 M 段线的总长不同时，N 的线段将按照比例等分为 M 段
		自由缝纫	自由地在板片外围线、内部图形 / 内部线间创建缝纫线
		M:N 自由缝纫	使用自由缝纫工具将 M 段线（板片外围线，内部线或者内部图形上的线）与 N 段线进行缝纫
		检查缝纫线长度	检查缝纫线长度差值
归拔		归拔	像使用蒸汽熨斗一样收缩或拉伸面料
黏衬条		黏衬条	在模拟时，对板片外围线添加黏衬条可加固板片，并防止其因重力作用而产生的下垂
织物花型		编辑纹理（2D）	修改板片应用织物的丝缕线方向和位置，修改织物的大小以及旋转织物的方向
		调整贴图	选择图案，可调整图片大小或旋转图片
		贴图（2D 板片）	给板片的局部区域添加图片，此功能用以表现印花、刺绣或商标等细节
明线		编辑明线	编辑、删除、移动明线
		线段明线	将线段（板片或者内部图形的线段）设置成明线
		自由明线	不受板片和内部图形的限制，自由生成明线
		缝纫线明线	按照缝纫线生成明线
褶皱		编辑缝纫褶皱	编辑缝纫褶皱线段的位置和长度
		线段缝纫褶皱	可以在板片外轮廓、内部线段上生成线段缝纫褶皱
		自由缝纫褶皱	沿着板片轮廓线和板片内部线自由地创造缝纫线褶皱
		缝合线缝纫褶皱	在板片缝纫线上生成缝纫褶皱
设定层次		设定层次	设定两个板片之间的前后顺序关系可以使 3D 服装的模拟更加稳定，例如风衣、夹克等

第二章

女装制作与应用

★ 女T恤制作

★ 西服裙制作

★ 旗袍制作

★ 拓展：牛仔裤制作

女T恤制作视频

第一节　女T恤制作

教学目标：

1. 掌握3D女T恤的制作流程。
2. 掌握多种面料属性切换设置的方法。
3. 掌握绣花安排及设置。

教学内容：

根据服装款式图，通过CLO 3D设计软件，运用编辑工具、缝纫工具缝合女T恤并学习增加一款绣花样式。

教学要求：

通过本节课程，学习3D女T恤的缝制、试穿方式、绣花样式的设置方式，掌握相关款式的虚拟制作方式。

图2-1-1　女T恤款式图

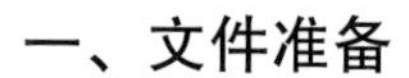

一、文件准备

1. 准备款式图

准备女T恤的款式图，款式图可以明确显现服装分割线及拼合方式（图2-1-1）。

2. 准备样板文件

准备女T恤的样板文件，样板文件为净样板，包含制板的结构线、标记线、剪口等信息（图2-1-2）。

3. 准备面料文件

准备女T恤的面料文件，文件包括：颜色贴图、法线贴图、置换贴图、高光贴图（图2-1-3）。

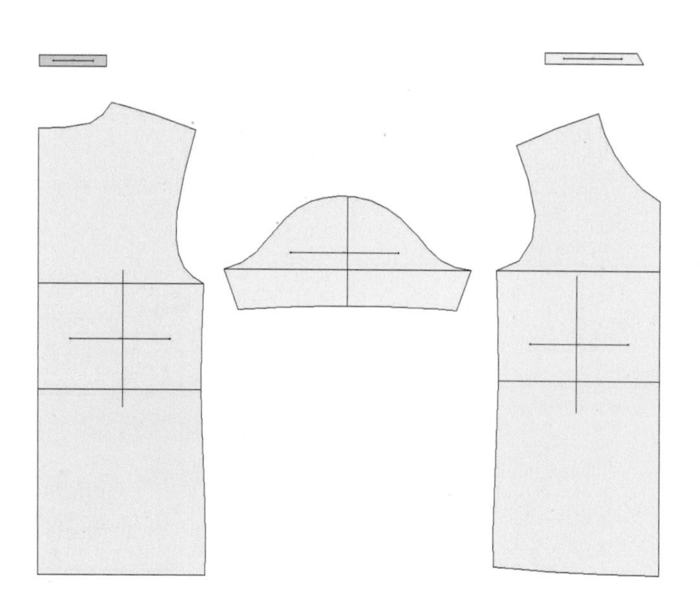

图2-1-2　女T恤样板文件

115 _Color.jpg

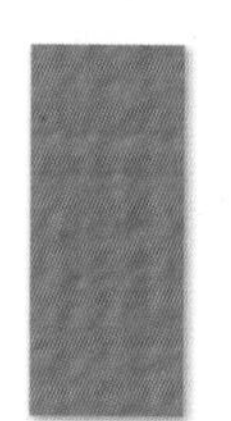

115_ Displacement.jpg

115_ Normal.jpg

115_ Specular.jpg

绣花贴图.png

图2-1-3　T恤面料文件

二、样板导入

1. 调取模特

在图库窗口下选择Avatar，双击鼠标左键打开Female_V2文件夹，再双击鼠标左键加载FV2_Kelly模特（图2–1–4）。

2. 导入样板

（1）在软件视窗的菜单栏中选择“文件→导入→DXF（AAMA/ASTM）”，导入女T恤样板文件（图2–1–5）。

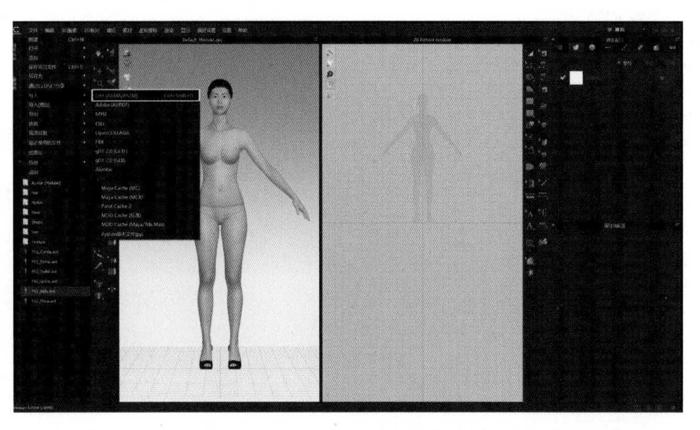

图2–1–5　导入女T恤样板文件

（2）在“导入DXF”窗口中选择：加载类型为“打开”；比例为“自动规模”；旋转为“不旋转”，选项点击“板片自动排列”“优化所有曲线点”复选框（图2–1–6）。

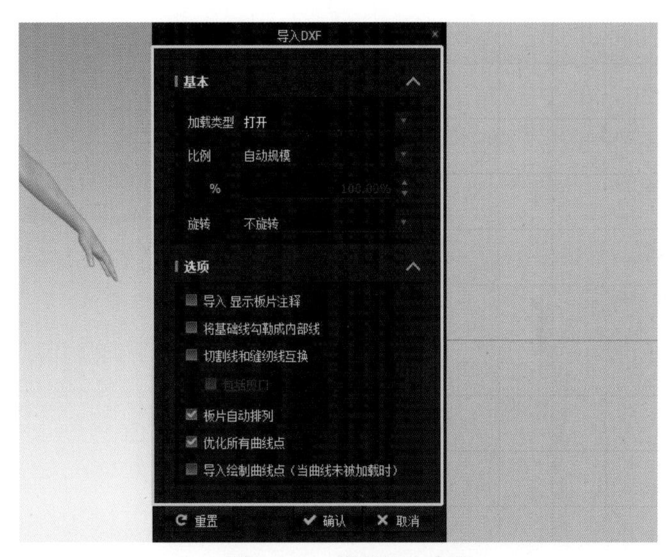

图2–1–6　设置导入参数

三、样板调整

1. 样板补齐

（1）切换至2D窗口，运用![icon]“调整板片”拖动样板，按照服装结构对应关系将板片放置到3D虚拟模特虚影剪影上身位置（图2–1–7）。

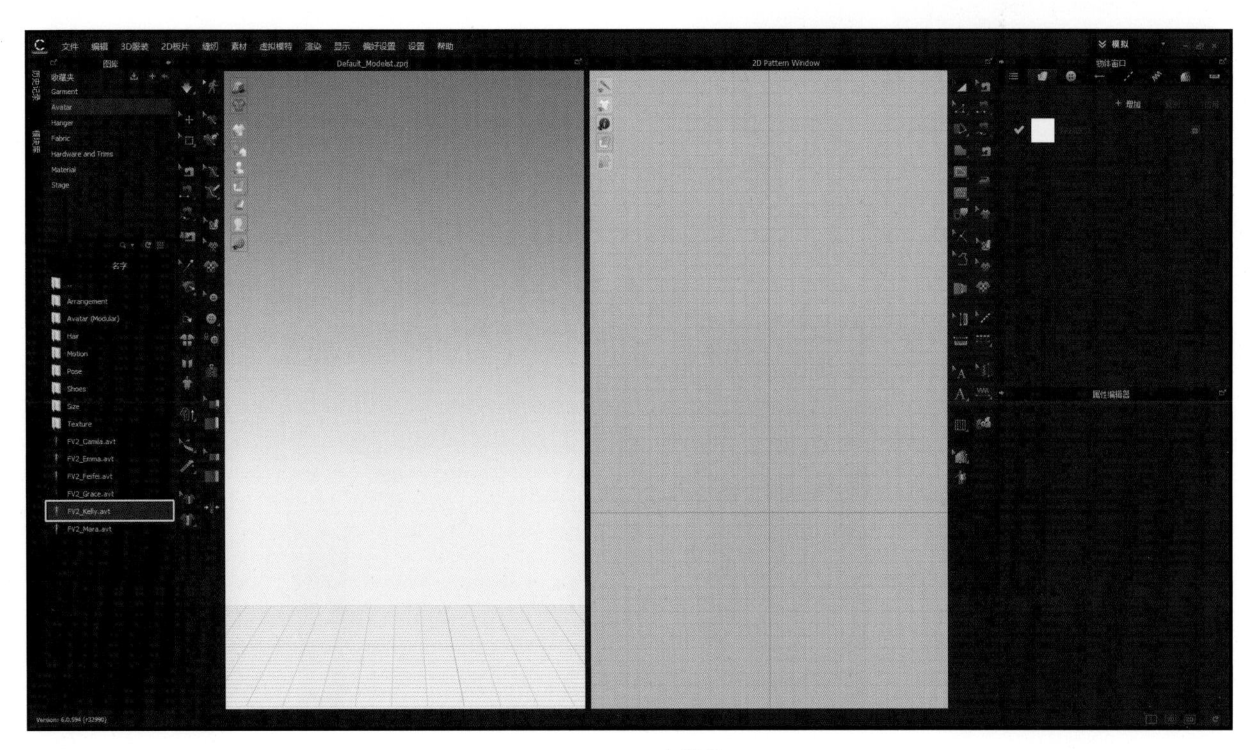

图2–1–4　调取模特

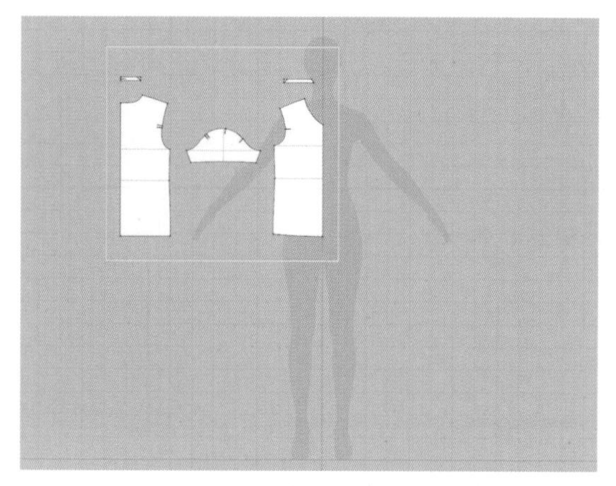

图2-1-7　放置板片至3D虚拟模特

（2）运用 “编辑板片”，左键单选后片后中线，在选中的板片中点击鼠标右键，选择“对称展开编辑（缝纫线）”选项，同样操作前片和后领片（图2-1-8）。

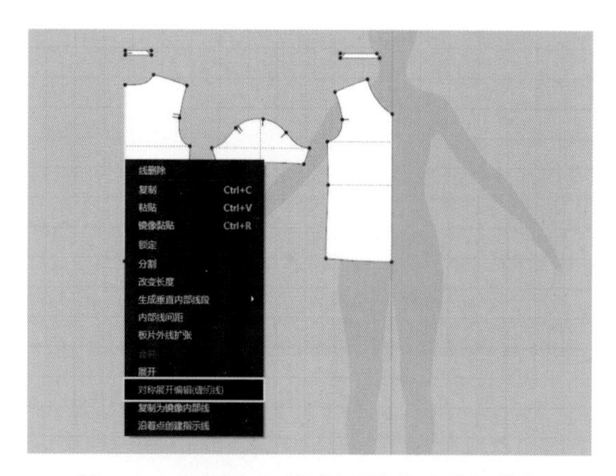

图2-1-8　选择“对称展开编辑（缝纫线）”

（3）运用 “调整板片”，左键框选袖片和前领片，在选中的样板上点击鼠标右键，选择“对称板片（板片和缝纫线）”选项，按下“Shift”键进行对称放置（图2-1-9）。

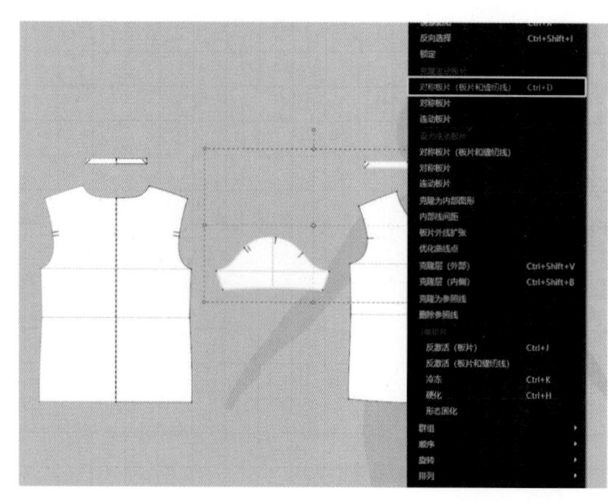

图2-1-9　选择“对称板片（板片和缝纫线）”

2. 位置安排

（1）切换至3D窗口，用左键点击 “重置2D安排位置（全部）”，重置样板位置（图2-1-10）。

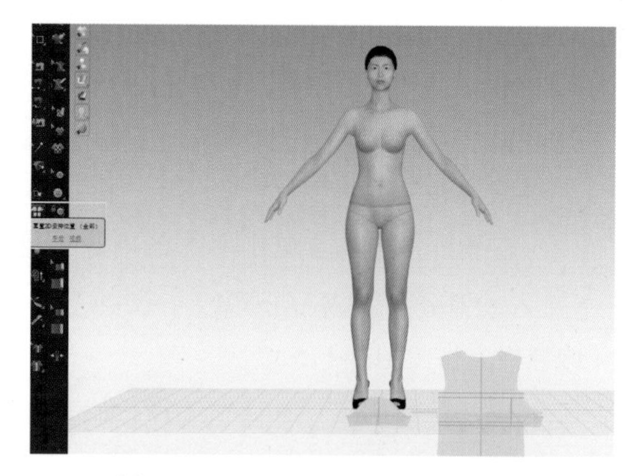

图2-1-10　重置2D安排位置（全部）

（2）打开3D窗口中的 “显示安排点”，运用 “选择/移动”，按照样板与人体位置点击前片与安排点（图2-1-11）。

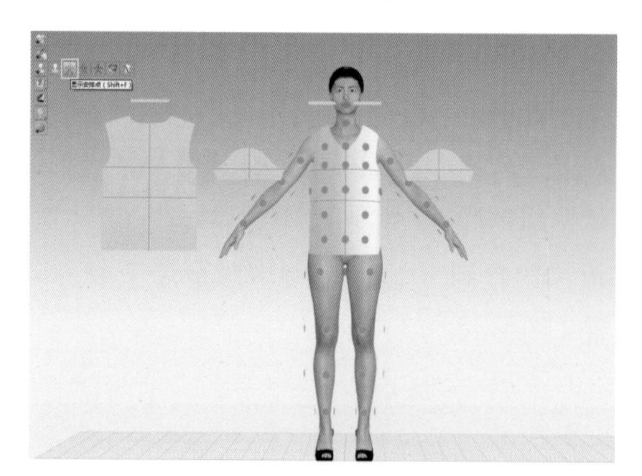

图2-1-11　安排前片位置

（3）运用 “选择/移动”，按照样板与人体位置放置后片，同样操作后片、袖片、后领片（图2-1-12）。

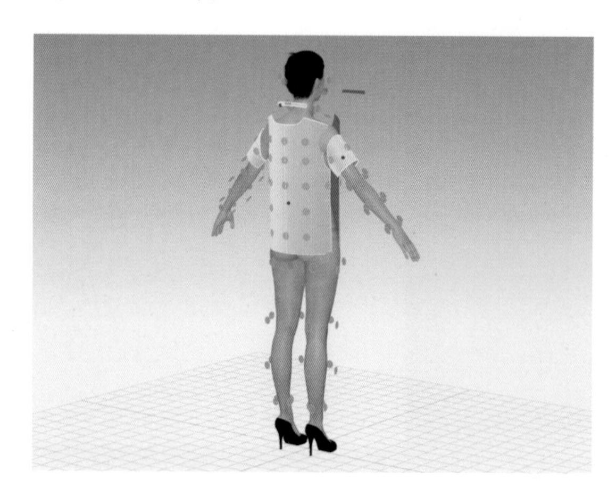

图2-1-12　安排后片位置

（4）按下“Shift”键，选择左、右前领片，安排在人体脖子正前方安排点，系统自动等距安排前领片（图2-1-13）。

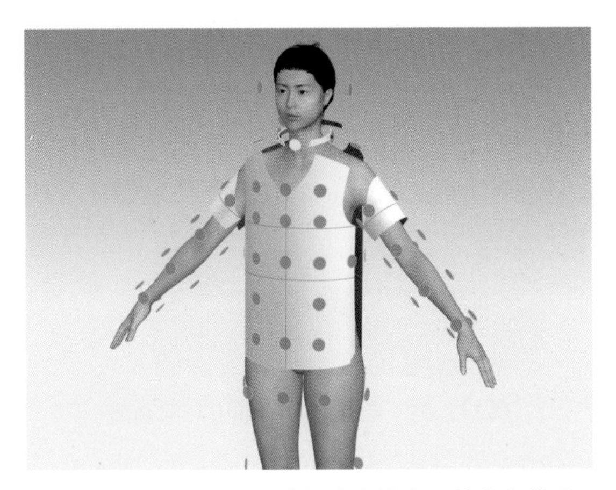

图2-1-13　将左、右前领片安排在正前方安排点

四、样板缝制

1.拼合大身

（1）切换至2D窗口，运用 “线缝纫”，分别在前片及后片左侧缝腰节以上线段点击鼠标左键，完成等长缝合，注意缝纫线要求无交叉拼合，右侧同步自动缝合（图2-1-14）。

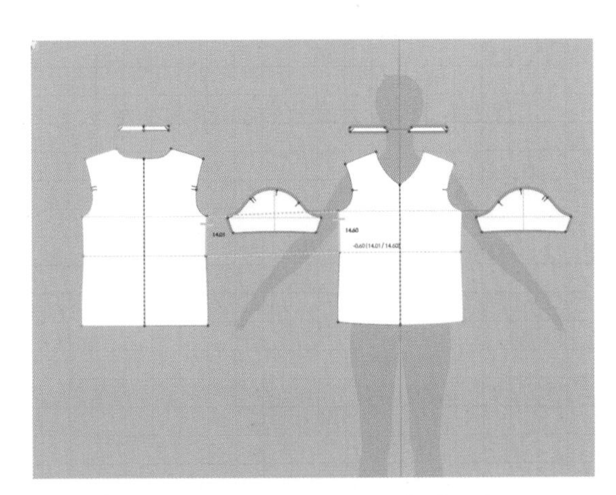

图2-1-14　完成腰节以上部分缝合

（2）运用 “线缝纫”，在前片左侧缝腰节以下线段点击鼠标左键，对应出现缝纫线方向，在后片左侧缝腰节以下线段点击鼠标左键，完成等长缝合，右侧同步自动缝合（图2-1-15）。

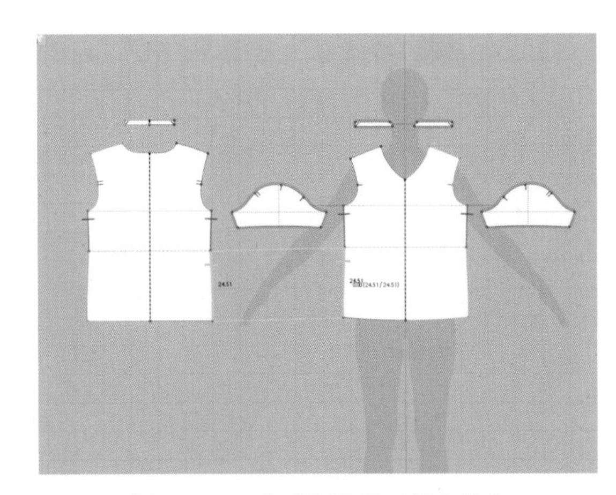

图2-1-15　完成腰节以下部分缝合

（3）运用 “线缝纫”，分别在前片左肩线、后片左肩线处点击鼠标左键，完成左肩线缝合，同样操作右侧（图2-1-16）。

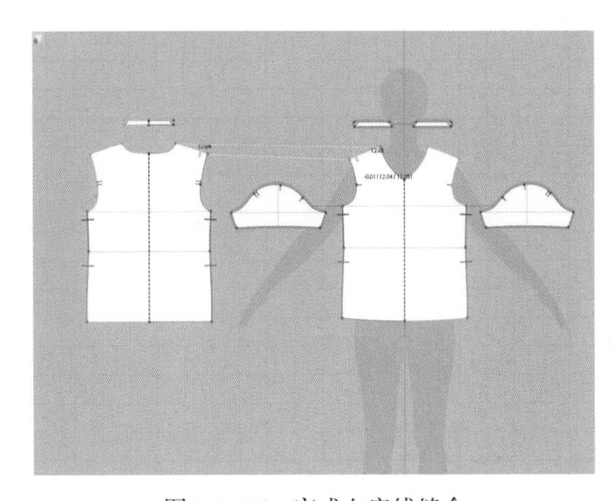

图2-1-16　完成左肩线缝合

2.缝合领子

（1）运用 “线缝纫”，依次点选前、后领片相邻边缝，进行领子的缝合（图2-1-17）。

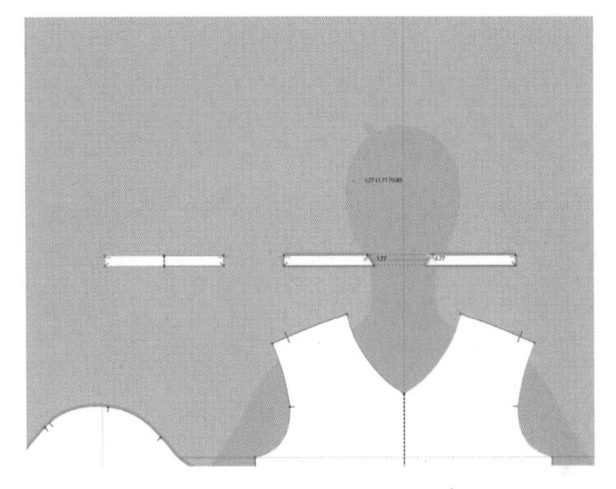

图2-1-17　进行领子的缝合

（2）运用 "线缝纫"，点选左前领片下边线，再点击前片左领口弧线，进行左前领片与前片缝合，右前领片对应位置镜像关系自动缝合（图2-1-18）。

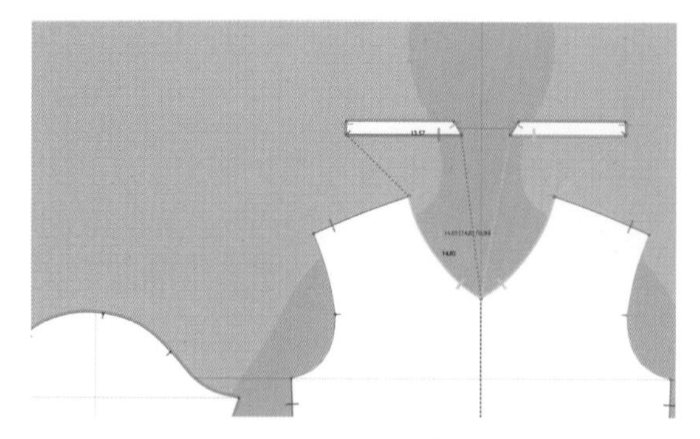

图2-1-18 缝合前领片与前片

（3）运用 "线缝纫"，点选左后领片下边线，再点击后片左领口弧线，进行后领片与后片缝合，右侧对应位置镜像关系自动缝合（图2-1-19）。

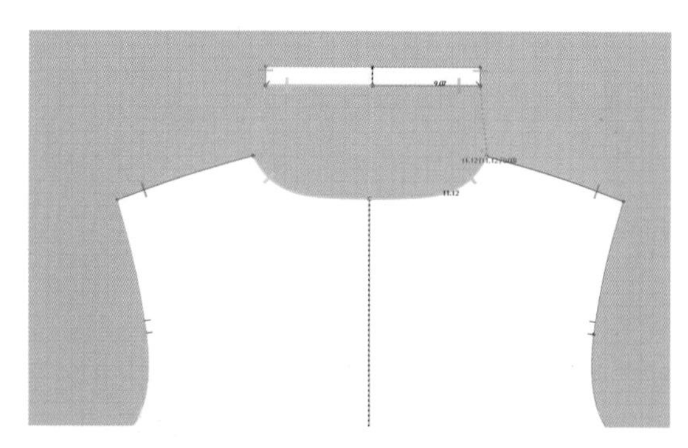

图2-1-19 缝合后领片与后片

3. 缝合袖子

（1）运用 "线缝纫"，依次点选袖缝两侧，缝合袖子（图2-1-20）。

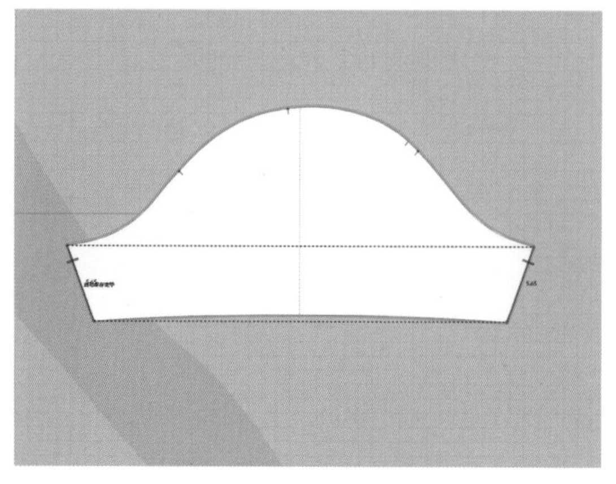

图2-1-20 缝合袖子

（2）运用 "线缝纫"，按照剪口的位置进行前袖山与前袖窿的对位缝合（图2-1-21）。

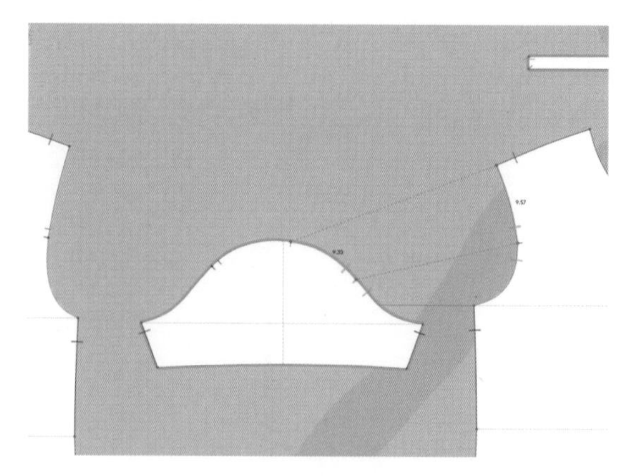

图2-1-21 对位缝合前袖山与前袖窿

（3）运用 "线缝纫"，按照剪口的位置进行后袖山与后袖窿的对位缝合（图2-1-22）。

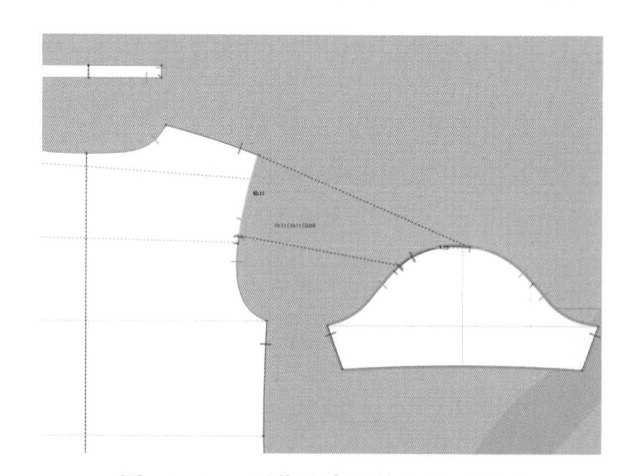

图2-1-22 对位缝合后袖山和后袖窿

五、样板试穿

1. 缝纫线检查

（1）切换至3D窗口，打开 "显示缝纫线"开关（图2-1-23）。

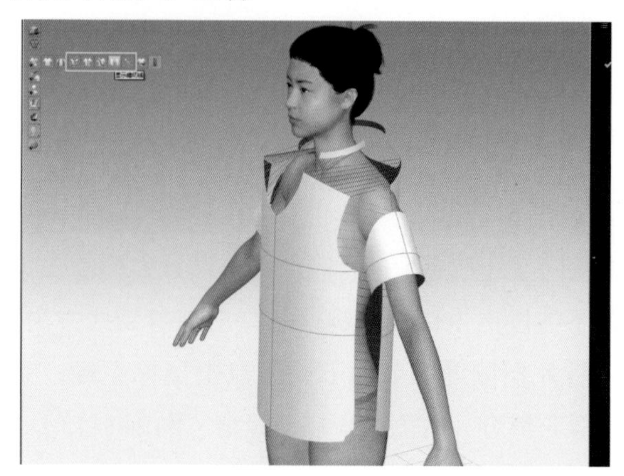

图2-1-23 打开 "显示缝纫线" 开关

（2）检查缝纫线缝纫状态，查看有无漏缝或交叉缝纫（图2–1–24）。

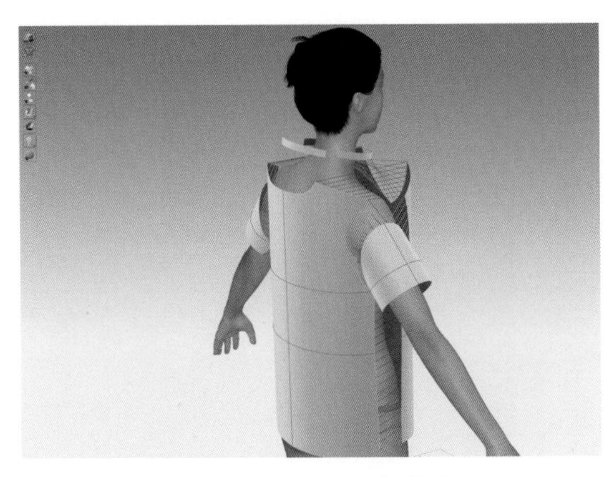

图2–1–24　检查缝纫状态

2. 模拟试穿

打开 “模拟”，进行服装模拟试穿，服装实时根据重力和缝纫关系进行着装，查看服装有无抖动等异常状态（图2–1–25）。

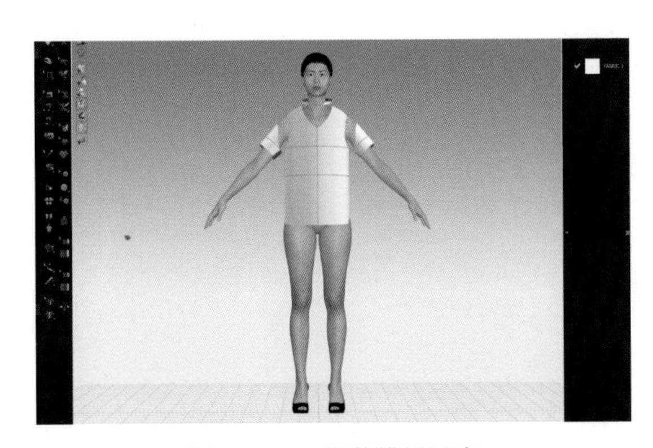

图2–1–25　服装模拟试穿

3. 穿着调整

在打开 “模拟”状态下，运用 “选择/移动”工具进行服装拖动，调整至服装穿着合体，造型合理（图2–1–26）。

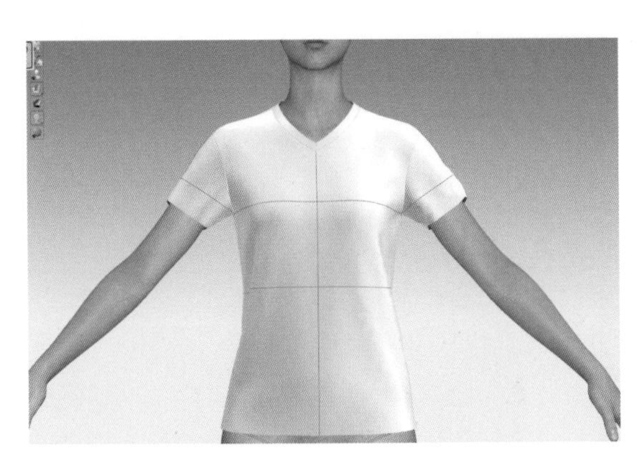

图2–1–26　调整模特穿着

六、面料设置

1. 设置面料图案信息

（1）在物体窗口中选择织物中的“FABRIC1”，在属性视窗中设置纹理、法线图、置换图、高光图（图2–1–27）。

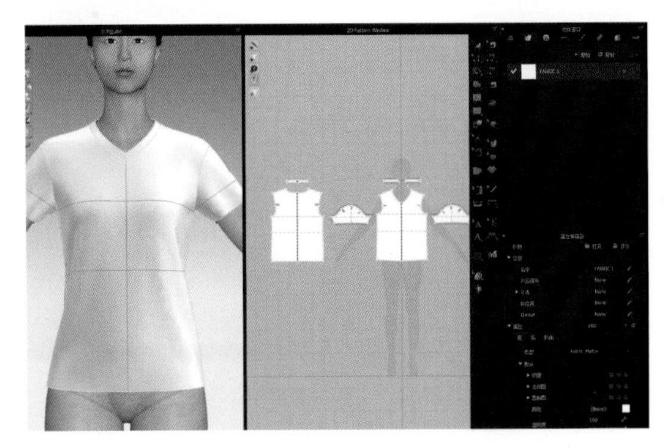

图2–1–27　设置织物物理属性

（2）在“纹理”选项点击选择“XX_Color”图片，此选项代表颜色信息（图2–1–28）。

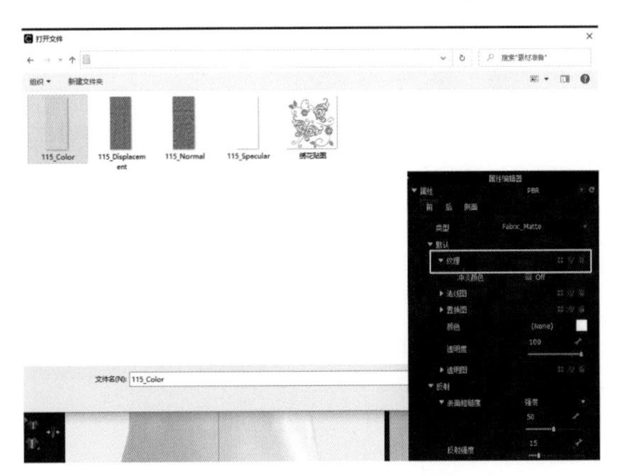

图2–1–28　设置织物颜色图

（3）在“法线图”选项点击选择“XX_Normal”图片，此选项代表凹凸信息（图2–1–29）。

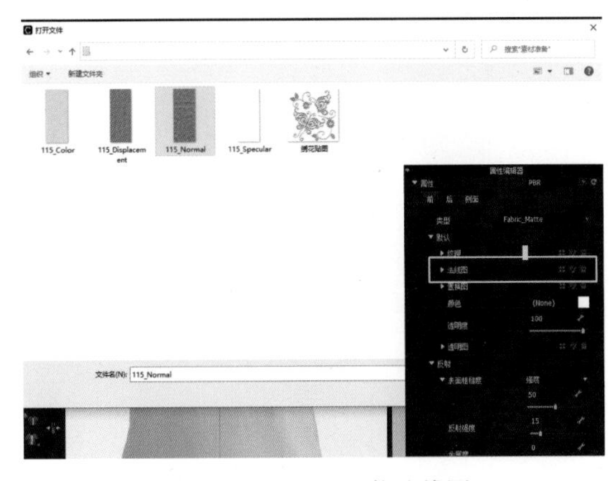

图2–1–29　设置织物法线图

（4）在“置换图”选项点击选择“XX_Displacement”图片，此选项同样代表凹凸细节信息（图2-1-30）。

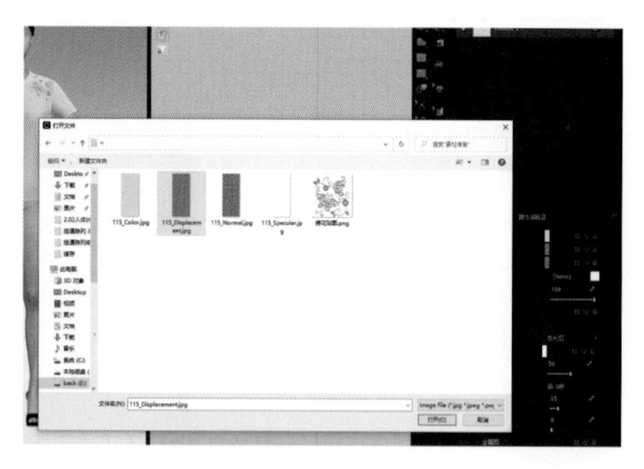

图2-1-30　设置织物置换图

（5）在“表面粗糙度”选项点击选择“高光图”，选择“XX_Specular”图片，此选项代表高光亮度信息（图2-1-31）。

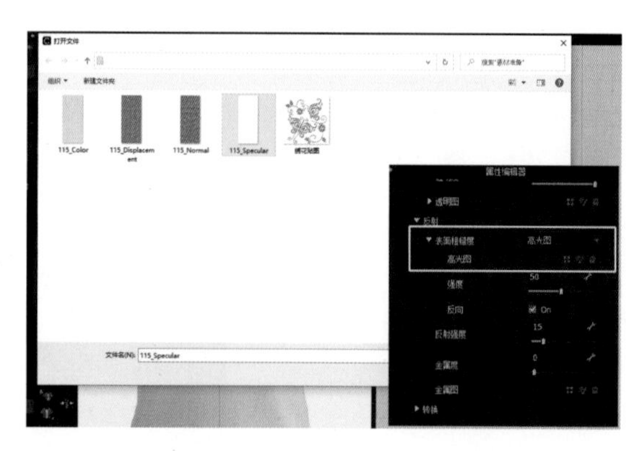

图2-1-31　设置织物高光图

（6）在“转换”选项中可以选择调整贴图的横纵比例、织物的精细程度，可选择固定比例或自由设定，一般纹理、法线图、置换图、表面粗糙度数值设置相同（图2-1-32）。

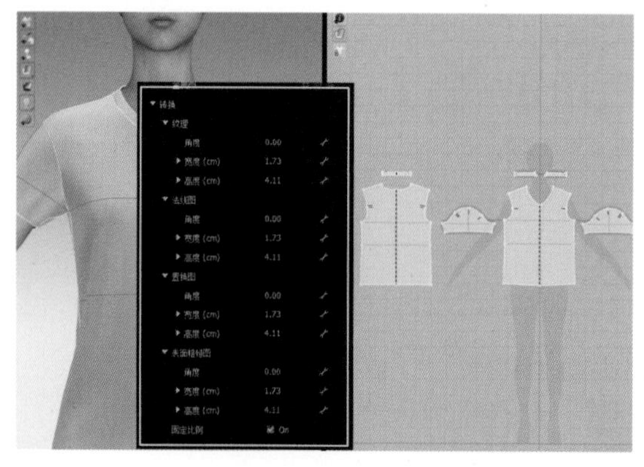

图2-1-32　调整贴图比例、织物精细程度

2. 属性设置

（1）在“物理属性”选项中选择“Cotton_40s_Chambray”质地，此选项为棉属性的40支的青年布（图2-1-33）。

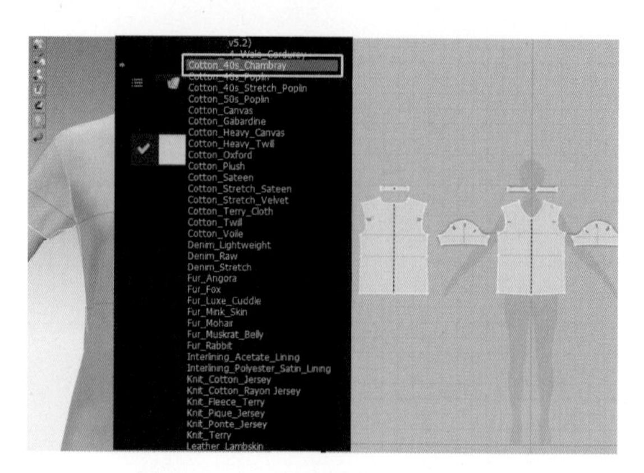

图2-1-33　设置织物质地、属性

（2）在3D窗口状态中确认打开“模拟”，查看、调整模特服装穿着状态（图2-1-34）。

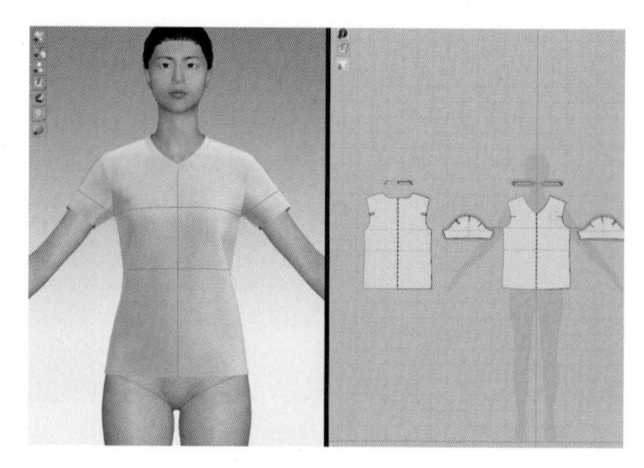

图2-1-34　查看穿着状态

3. 刺绣印花

（1）在2D或3D窗口状态中选择“贴图”，选择刺绣印花图案（图2-1-35）。

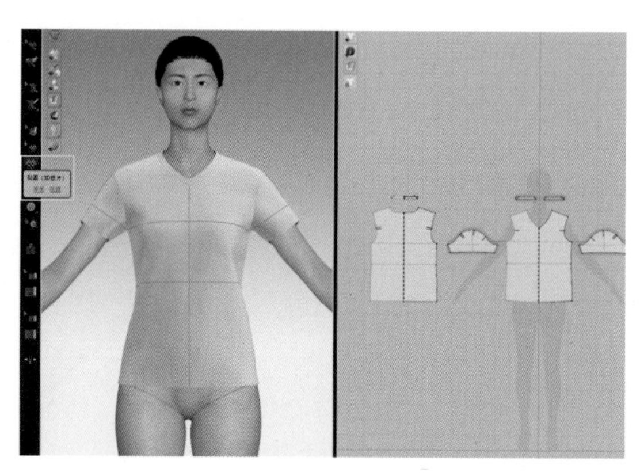

图2-1-35　选择刺绣印花图案

（2）在2D或3D窗口状态中点击放置位置，弹窗中输入图案范围，确认后仍可调整位置或大小（图2-1-36）。

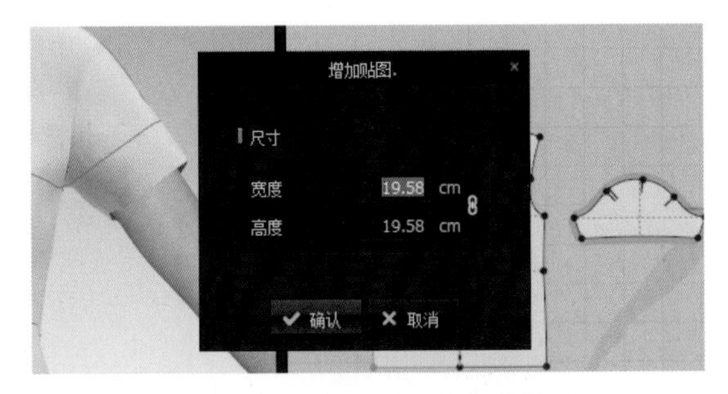

图2-1-36　放置、调整印花位置

七、成品展示

1. 查看效果

在3D窗口中关闭“显示内部线”、“显示基础线”、“显示3D笔”、“显示缝纫线”、“显示针”等选项，查看服装最终效果（图2-1-37）。

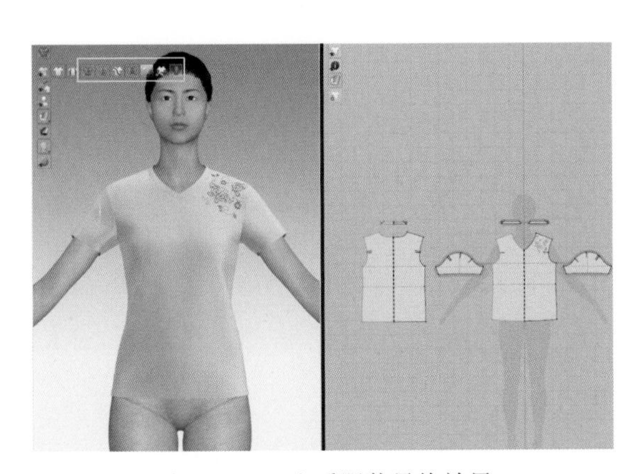

图2-1-37　查看服装最终效果

2. 保存文件

（1）选择“文件→快照→3D窗口（F10）”选项，选择保存位置、名称、格式（图2-1-38）。

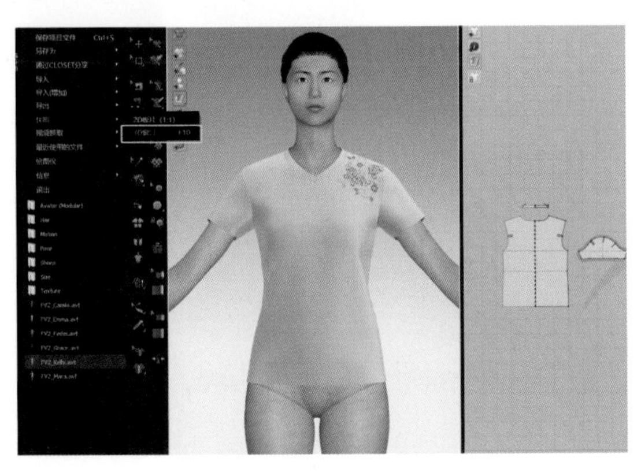

图2-1-38　保存文件

（2）设置单张或多视图，单张为单图效果，多视图可生成自定义视图，可设置尺寸、分辨率、自动退底等功能（图2-1-39）。

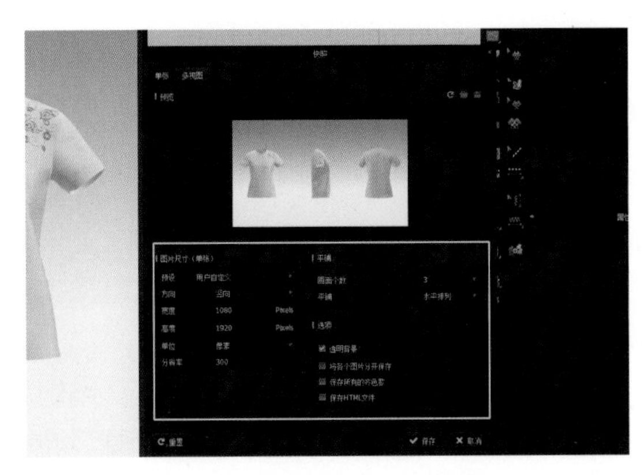

图2-1-39　设置单张或多视图效果

3. 成品效果展示（图2-1-40）

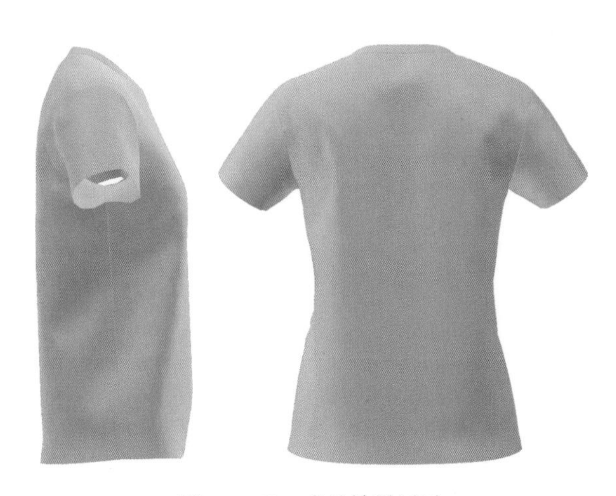

图2-1-40　成品效果展示

西服裙制作视频

第二节　西服裙制作

教学目标：

1. 掌握3D西服裙的制作流程。
2. 掌握西服裙开衩的缝制方法。
3. 掌握拉链的设置方法。

教学内容：

根据服装款式图，通过3D服装设计软件，运用编辑工具、内部线工具、缝纫工具、拉链工具缝合试穿西服裙。

教学要求：

通过本节课程，学习3D西服裙的缝制及试穿方式，掌握相关款式的虚拟制作方法。

图2–2–1　西服裙款式图

一、文件准备

1. 准备款式图

准备西服裙款式图，款式图可以明确显现服装分割线及拼合方式（图2–2–1）。

2. 准备样板文件

准备西服裙的样板文件，样板文件为净样板，包括制板的结构线、标记线、剪口等信息。

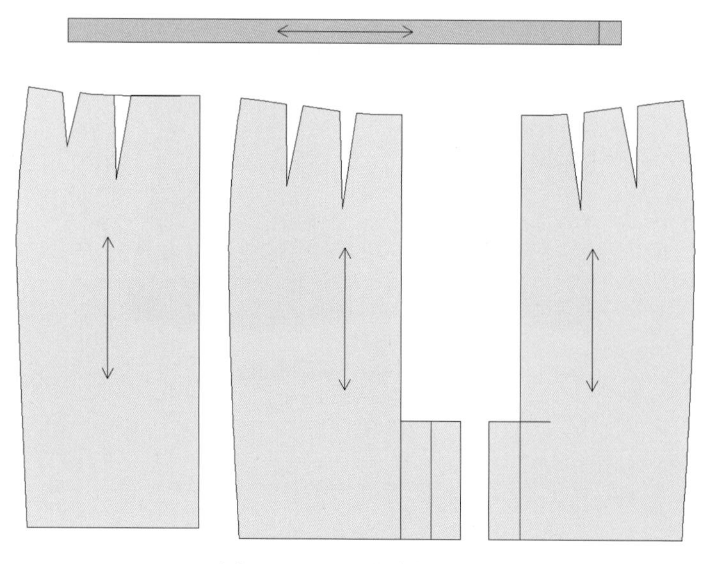
图2–2–2　西服裙样板文件

3. 准备面料文件

准备西服裙的面料文件，文件包括：颜色贴图、法线贴图、置换贴图、高光贴图（图2–2–3）。

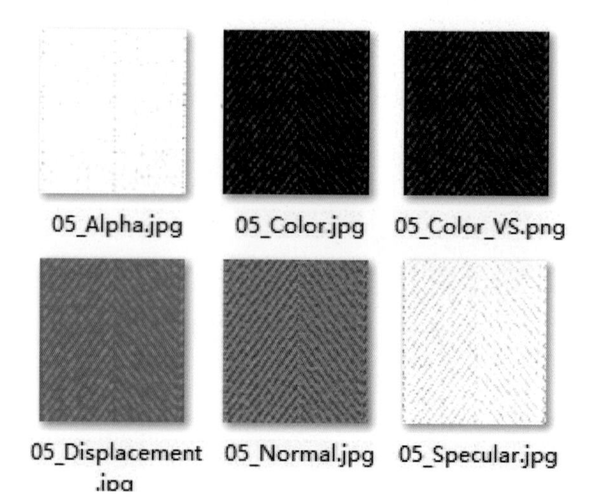

图2–2–3　西服裙面料文件

二、样板导入

1. 调取模特

在图库窗体下选择Avatar，双击鼠标左键打开Female_V2文件夹，再双击鼠标左键加载FV2_Kelly模特（图2-2-4）。

2. 导入样板

（1）在软件视窗的菜单栏中选择“文件→导入→DXF（AAMA/ASTM）”，导入西服裙样板文件（图2-2-5）。

（2）在“导入DXF”窗口中选择：加载类型为“打开”；比例为“自动规模”；旋转为“不旋转”，选项点击“板片自动排列”“优化所有曲线点”复选框（图2-2-6）。

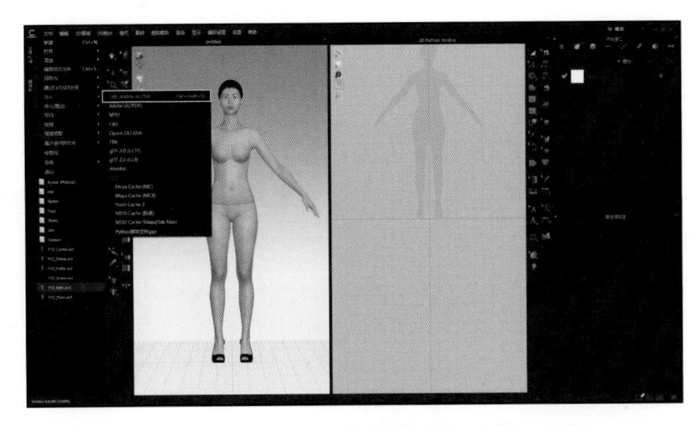

图2-2-5　导入西服裙样板文件

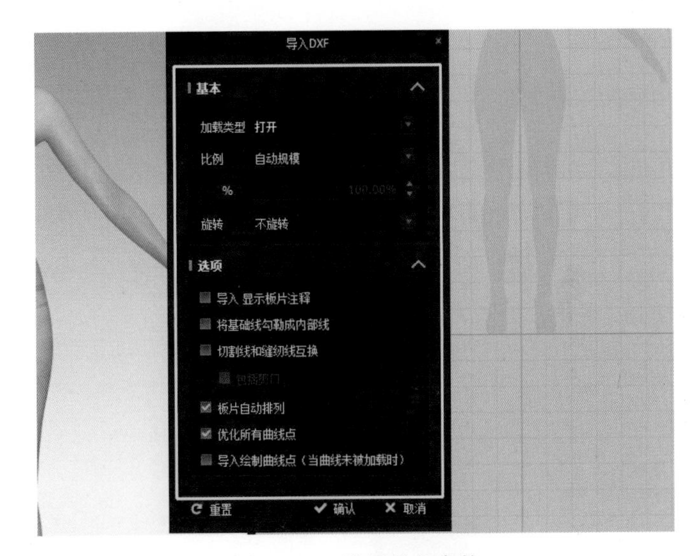

图2-2-6　设置导入参数

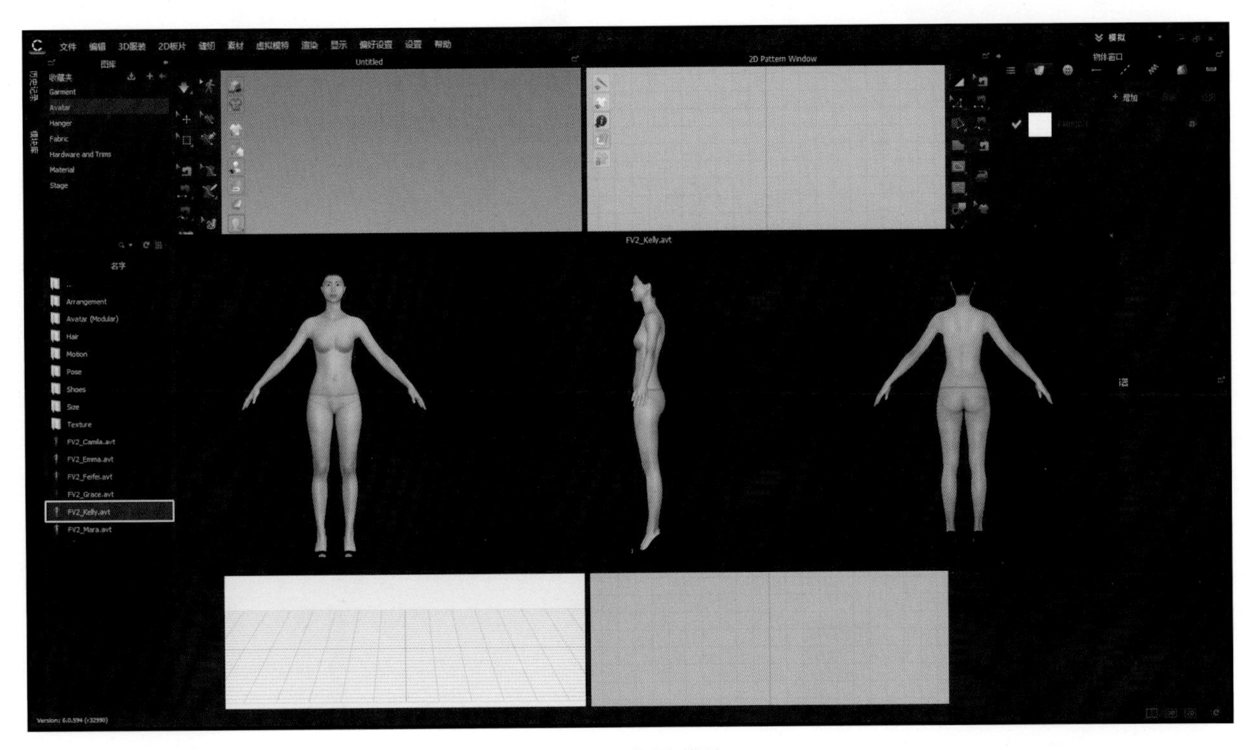

图2-2-4　调取模特

三、样板调整

1. 样板补齐

（1）切换至2D窗口，运用“调整板片”拖动样板，按照服装结构对应关系将板片放置到3D虚拟模特虚影剪影下身位置（图2–2–7）。

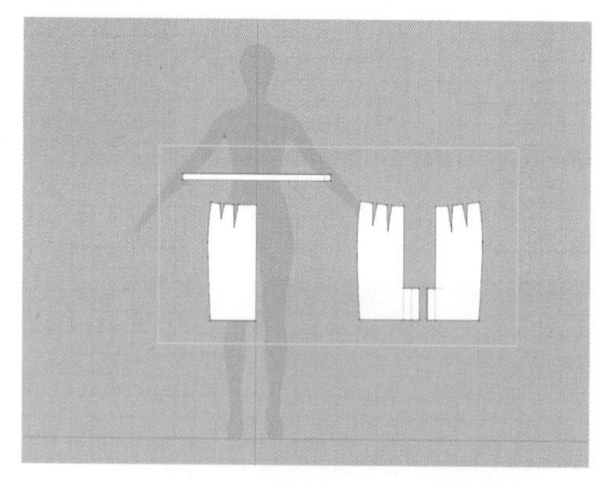

图2–2–7　放置板片至3D虚拟模特

（2）运用“编辑板片”，左键单选前片前中线，右键菜单选择“对称展开编辑（缝纫线）”选项（图2–2–8）。

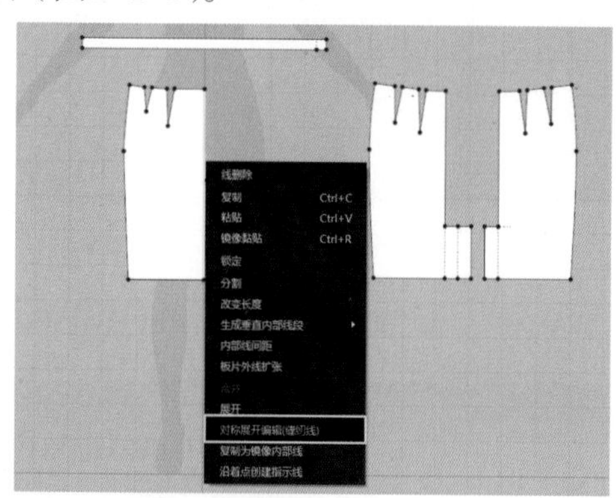

图2–2–8　编辑板片

（3）运用“勾勒轮廓”及“Shift”键多选后片开衩的折叠及缝纫位置，右键菜单选择“勾勒为内部线/图形”（图2–2–9）。

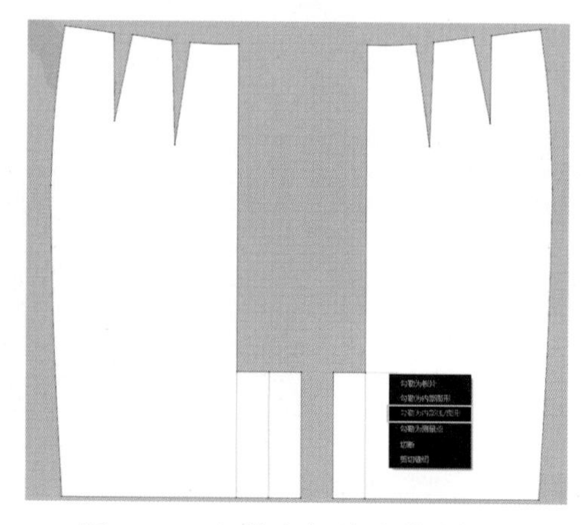

图2–2–9　勾勒后片开衩部位内部线

2. 位置安排

（1）切换至3D窗口，左键点击“重置2D安排位置（全部）”，重置样板位置（图2–2–10）。

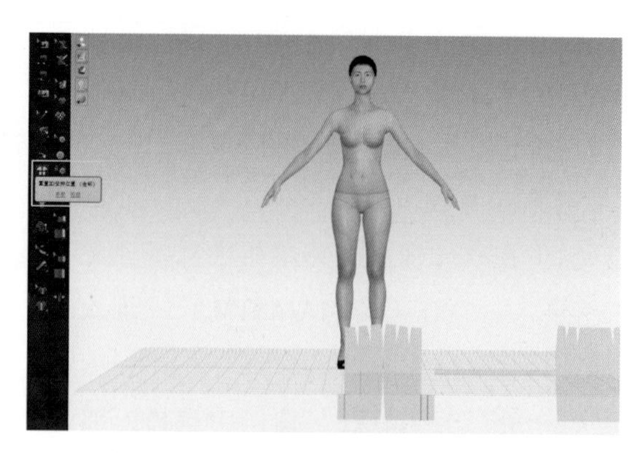

图2–2–10　重置2D安排位置（全部）

（2）打开3D状态中的“显示安排点”，运用“选择/移动”按照样板与人体位置点击前片与安排点（图2–2–11）。

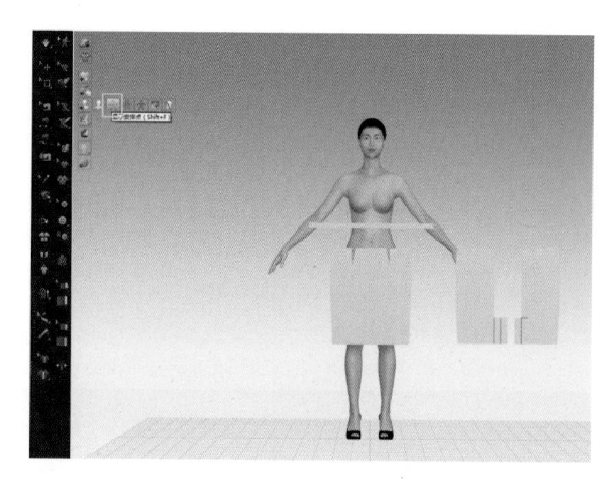

图2–2–11　放置前片板片

（3）运用“选择/移动”，按照样板与人体位置放置前裙片，同样操作后裙片及腰头（图2–2–12）。

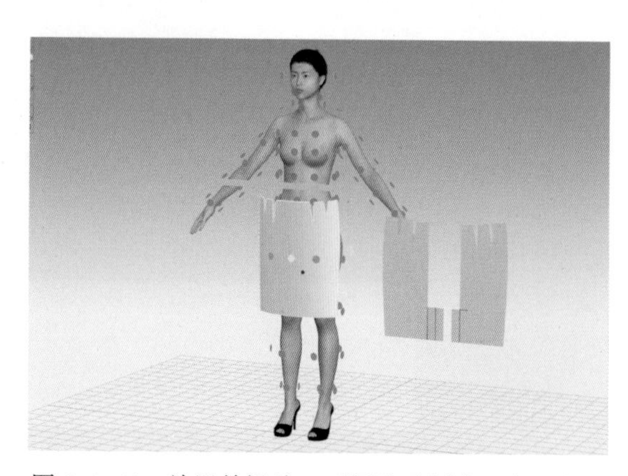

图2–2–12　放置前裙片、后裙片及腰头至合适位置

（4）运用 “选择/移动”选中腰头，调整属性编辑器中“安排”选项中的X轴的位置、Y轴的位置、间距、方向，使腰头与人体安排合理、无交叉（图2-2-13）。

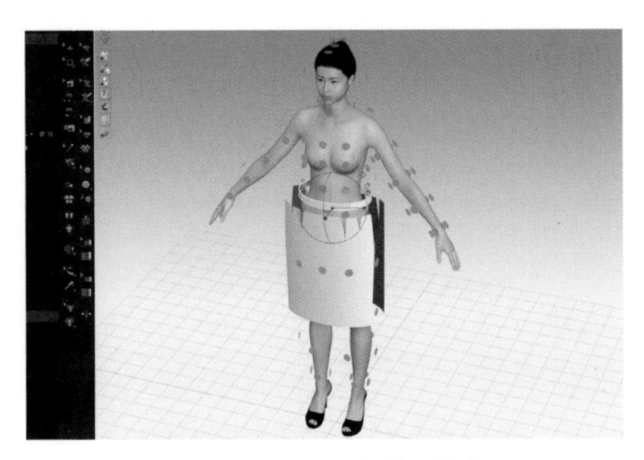

图2-2-13 调整、安排腰头位置

四、样板缝制

1. 拼合裙身

（1）切换至2D窗口，运用 “自由缝纫”，选择前裙片的左侧缝线，先在腰头与侧缝交点处点击鼠标左键，移动鼠标，形成缝纫线方向，在底摆与侧缝线交点处再次点击鼠标左键（图2-2-14）。

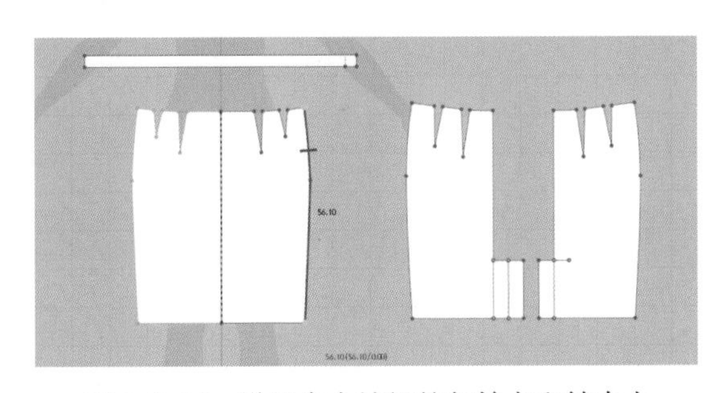

图2-2-14 设置自由缝纫的起始点和结束点

（2）运用 “自由缝纫”，选择左后裙片侧缝线，先在腰头与侧缝交点处点击鼠标左键，移动鼠标，形成缝纫线方向，在底摆与侧缝线交点处再次点击鼠标左键完成缝合关系（2-2-15）。

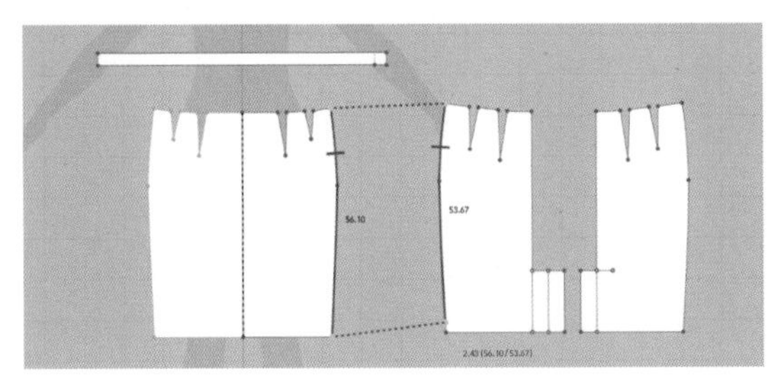

图2-2-15 缝合左右裙片

（3）运用 “自由缝纫”，缝合另外一侧的侧缝线（图2-2-16）。

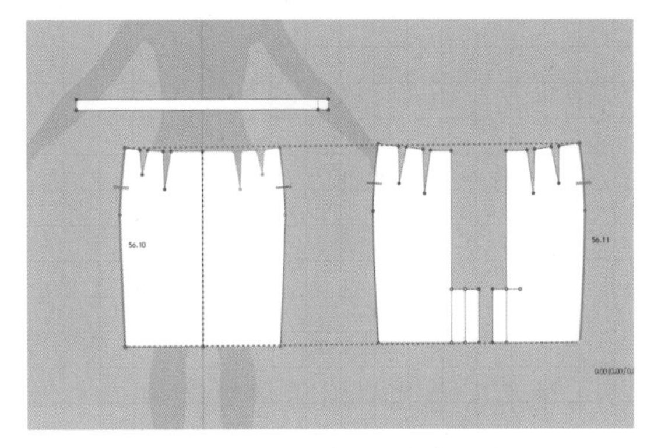

图2-2-16 缝合另一侧侧缝线

（4）运用 “线缝纫”，缝合前、后片省位置（图2-2-17）。

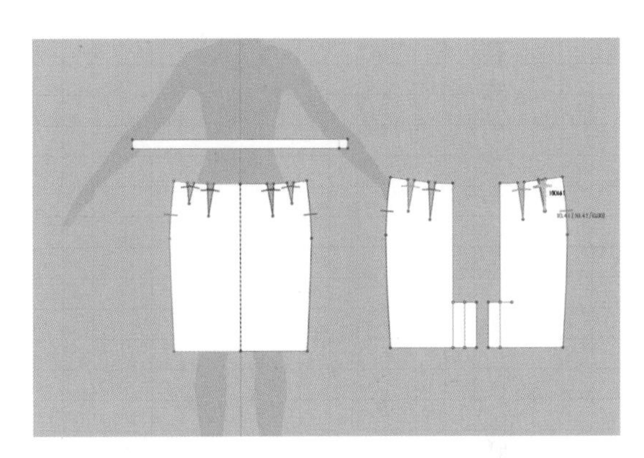

图2-2-17 缝合前、后片省位置

2. 缝合开衩

（1）运用 “线缝纫”，依次点选后片后中缝纫位置（图2-2-18）。

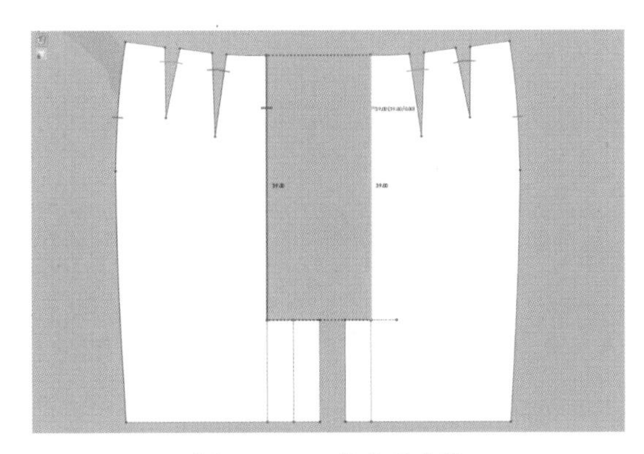

图2-2-18 缝合后中缝

（2）运用 “线缝纫”，点选左后片开衩位边缘与固定位置（图2-2-19）。

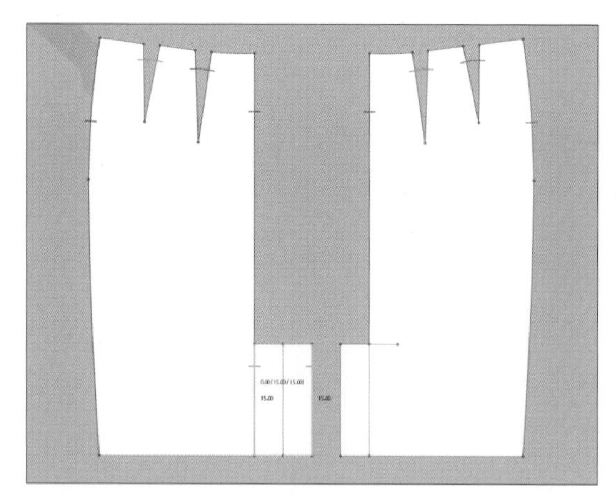

图2-2-19 缝合后片开衩位置

（3）运用 “线缝纫”，固定开衩上边缘，以翻折中线左右对称缝合（图2-2-20）。

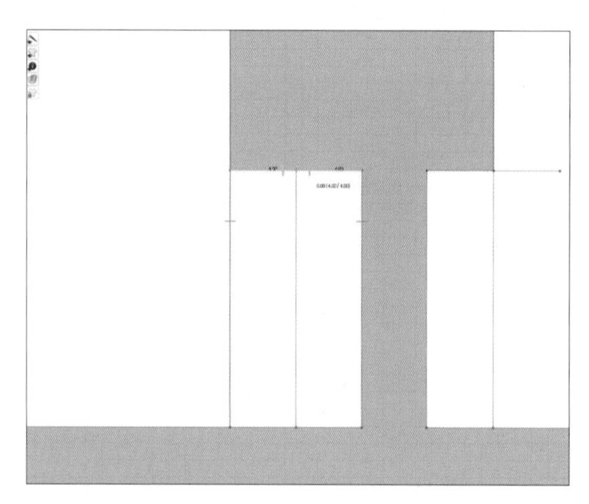

图2-2-20 对称缝合开衩上边缘

（4）运用 “编辑缝纫线”，选择开衩上边缘缝纫线，在属性编辑器中选择缝纫线类型为“TURNED”（图2-2-21）。

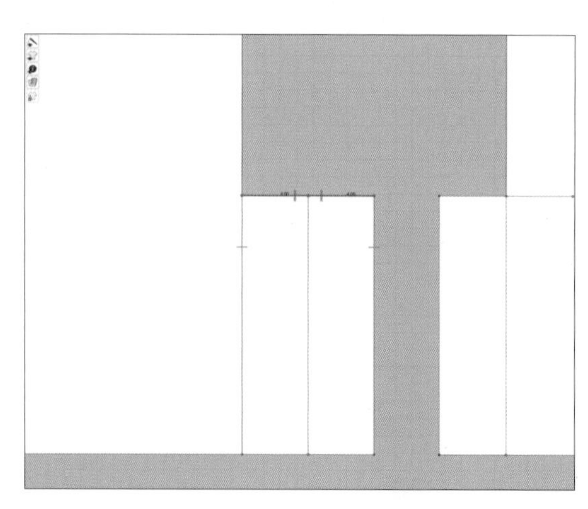

图2-2-21 设置缝纫线属性

（5）运用 “线缝纫”，缝纫对应一侧的开衩折叠位置，固定上边缘（图2-2-22）。

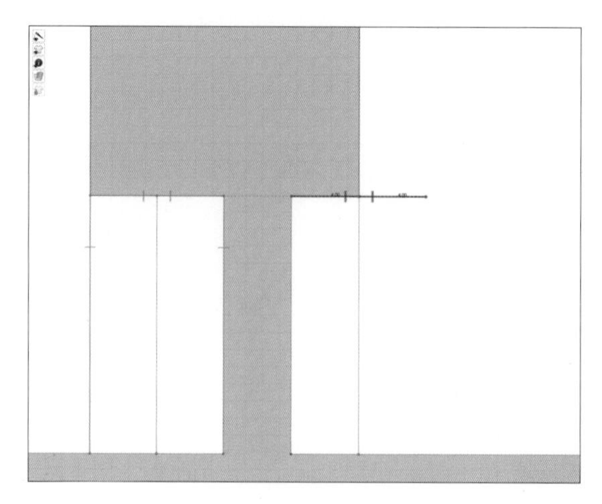

图2-2-22 缝纫开衩折叠处

（6）运用 “编辑板片”，选择左、右后片翻折中线，设定折叠角度为“0°”（图2-2-23）。

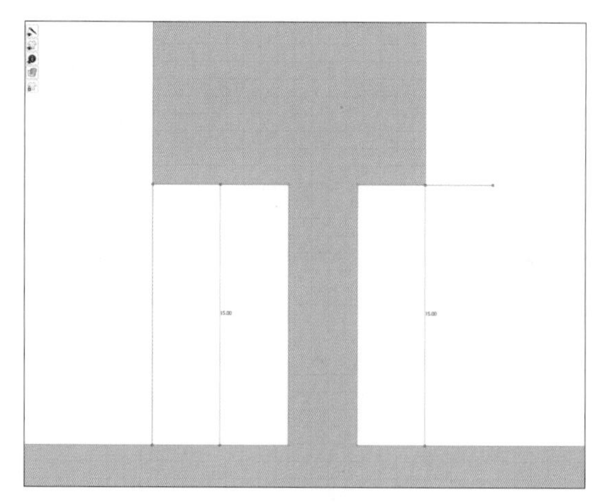

图2-2-23 设置折叠角度

3. 缝合腰头

（1）运用 “调整板片”，选择右后片，调整位置为前片左侧，方便检查缝纫位置（图2-2-24）。

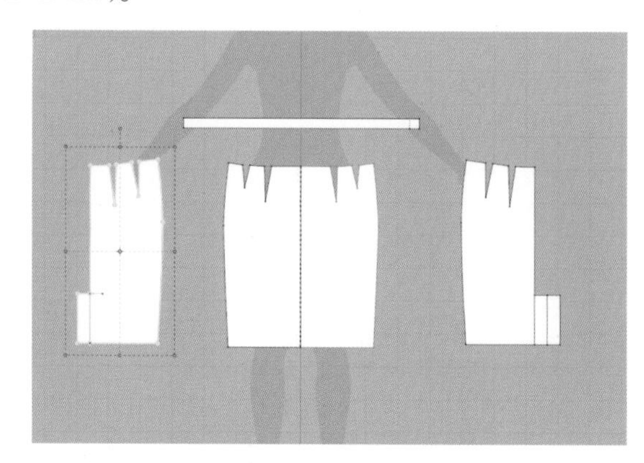

图2-2-24 调整右后片位置

（2）运用 “自由缝纫”，选择腰头缝线位置，从视图左侧选择至右侧，注意不选择搭门扣位位置（图2-2-25）。

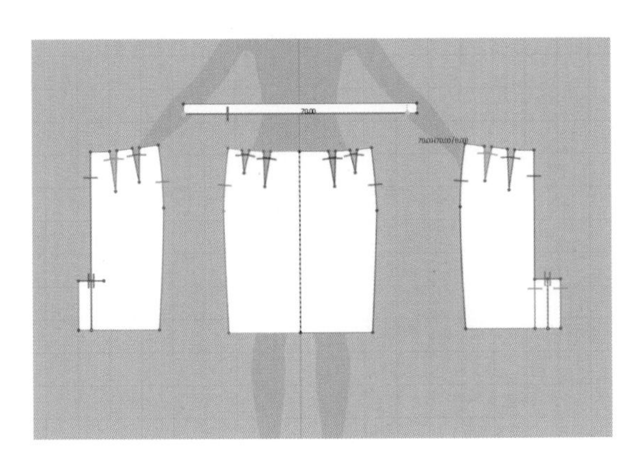

图2-2-25　选择腰头缝线

（3）按下“Shift”键，按照选择腰头的方向依次点选右后片、前片、左后片与腰片缝合（图2-2-26）。

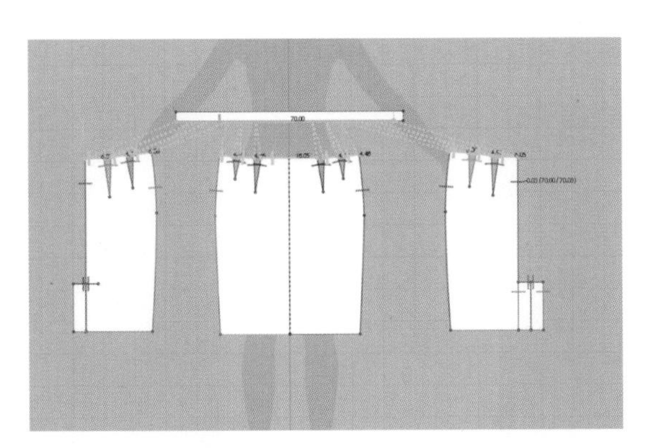

图2-2-26　选择右后片、前片、左后片与腰片缝合

（4）缝纫完成后，运用 “调整板片”，把右后片调整回之前位置（图2-2-27）。

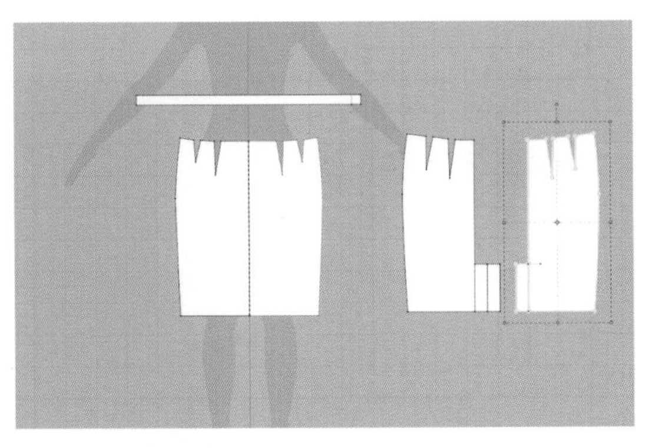

图2-2-27　调回右后片位置

五、样板试穿

1. 缝纫线检查

（1）切换至3D窗口，关闭3D状态中的 “显示安排点”（图2-2-28）。

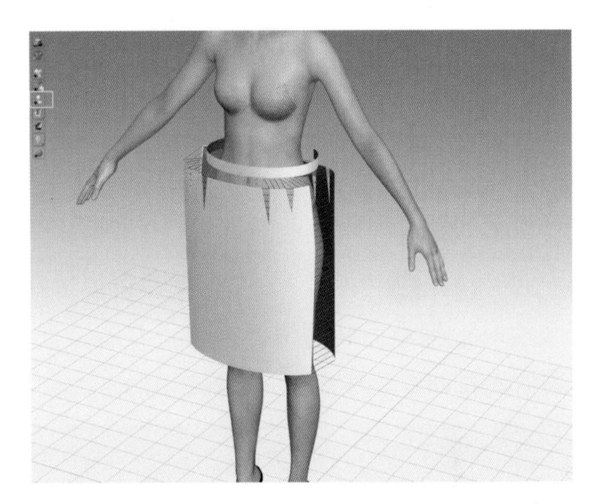

图2-2-28　关闭“显示安排点”

（2）打开 “显示缝纫线”开关，检查缝纫线状态，查看有无漏缝或交叉缝纫（图2-2-29）。

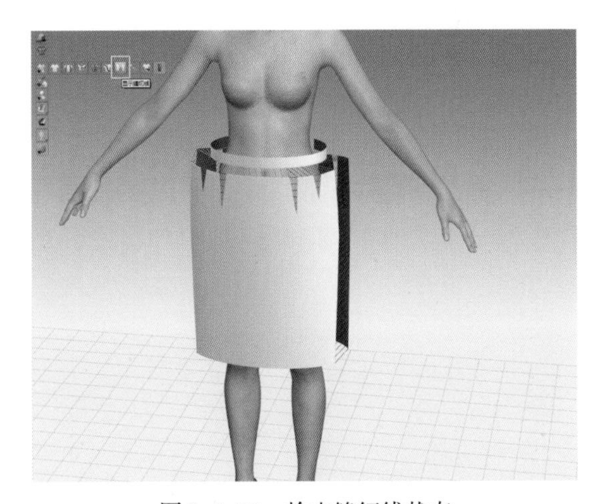

图2-2-29　检查缝纫线状态

2. 试穿模拟

（1）运用 “选择/移动”选择所有样板，在选中的样板上右键选择“硬化”属性（图2-2-30）。

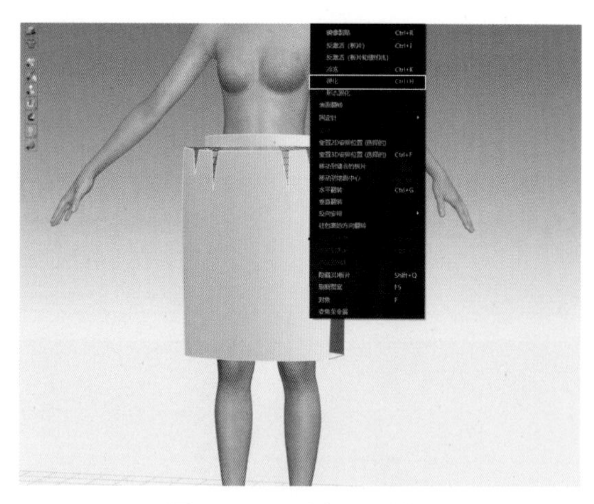

图2-2-30　选择“硬化”

（2）打开“模拟”，进行服装模拟试穿，服装实时根据重力和缝纫关系进行着装，查看服装有无抖动等异常状态（图2-2-31）。

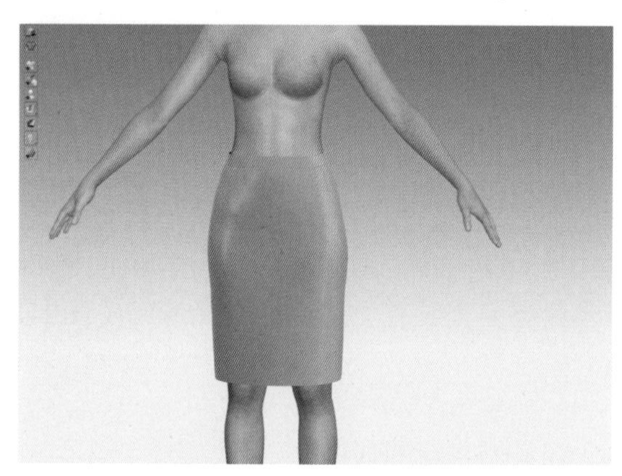

图2-2-31　服装模拟试穿

3. 穿着调整

（1）在关闭“模拟”状态下，运用“选择/移动”，拖动服装调整后开衩里外层关系（图2-2-32）。

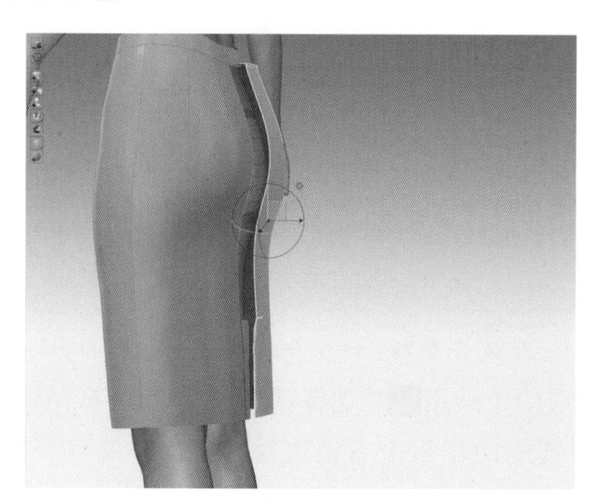

图2-2-32　调整后开衩里外层关系

（2）打开“模拟”，查看折叠位置状态，平整服帖后选择“解除硬化”（图2-2-33）。

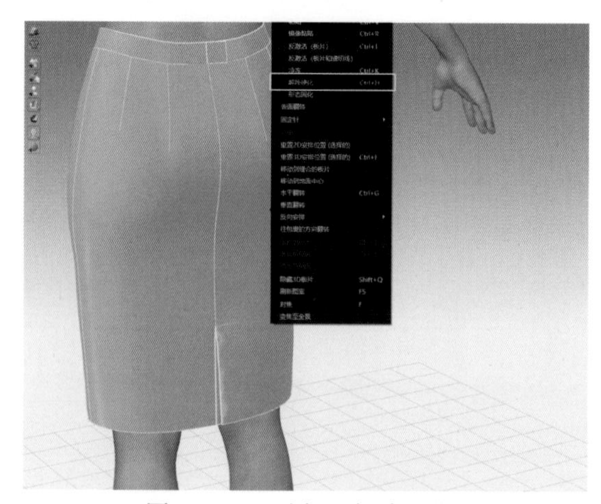

图2-2-33　选择“解除硬化”

六、材料设置

1. 设置面料图案信息

（1）在物体窗口中选择织物中的“FABRIC1”，在“属性”视窗中设置纹理图、法线图、置换图、高光图（图2-2-34）。

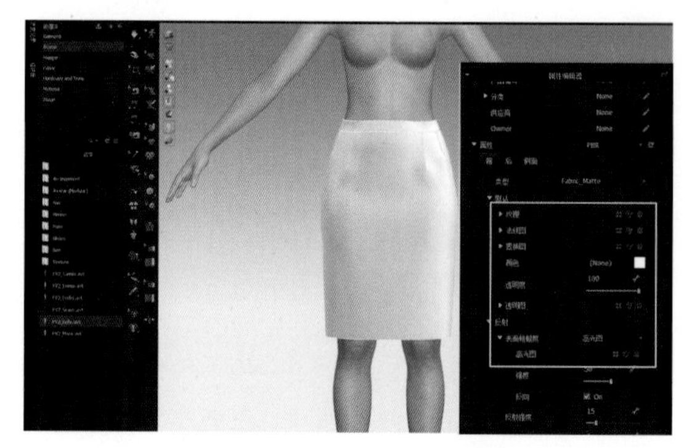

图2-2-34　设置物理属性

（2）在“纹理”选项中点击选择“XX_Color”图片，此选项代表颜色信息（图2-2-35）。

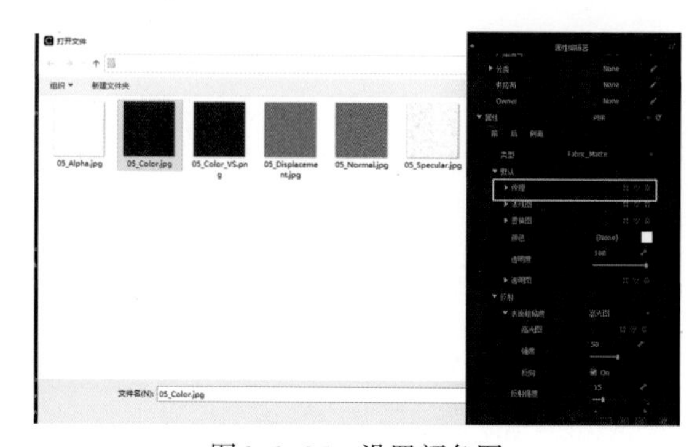

图2-2-35　设置颜色图

（3）在“法线图”选项点击选择“XX_Normal”图片，此选项代表凹凸信息（图2-2-36）。

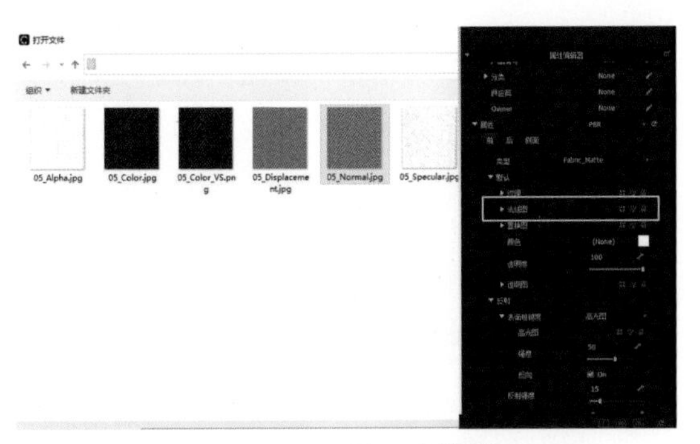

图2-2-36　设置法线图

（4）在“置换图”选项点击选择“XX_Displacement”图片，此选项代表凹凸细节信息（图2-2-37）。

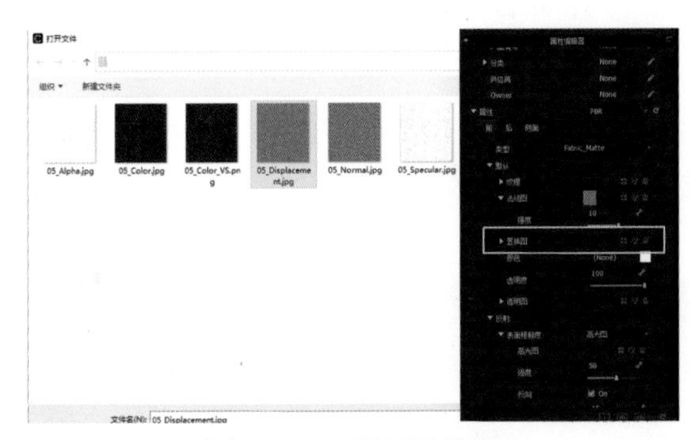

图2-2-37　设置置换图

（5）在“表面粗糙度”选项点击选择“高光图”，选择“XX_Specular”图片，此选项代表高光亮度信息（图2-2-38）。

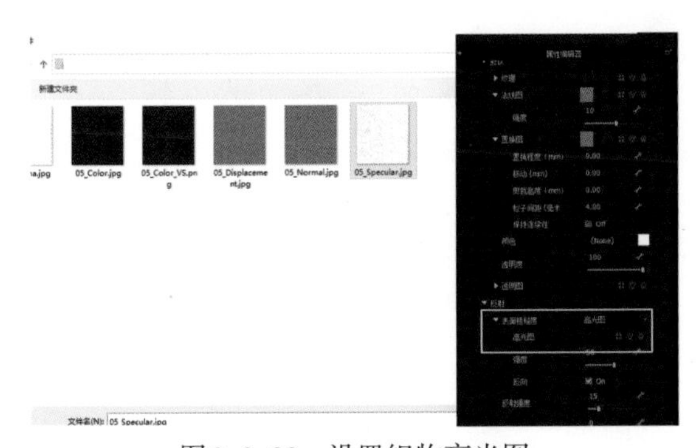

图2-2-38　设置织物高光图

（6）在“转换”选项中可以选择调整贴图的横纵比例、织物的精细程度，可选择固定比例或自由设定，一般纹理、法线图、置换图、表面粗糙度数值设置相同（图2-2-39）。

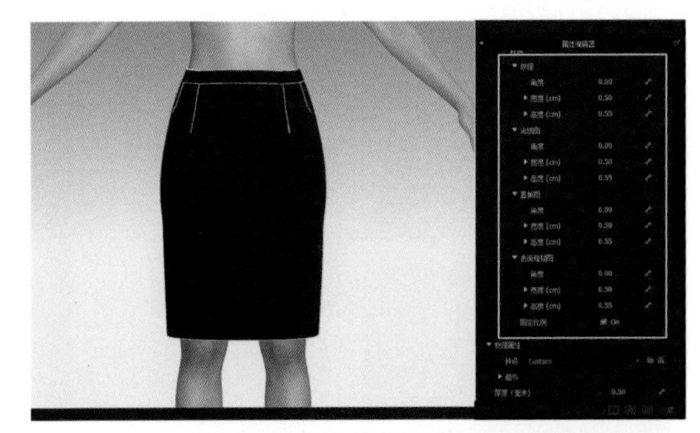

图2-2-39　调整贴图的横纵比例、织物精细程度

2. 设置面料物理属性

在“物理属性”选项中选择“Wool_Cashmere”质地，此选项为羊毛羊绒质地（图2-2-40）。

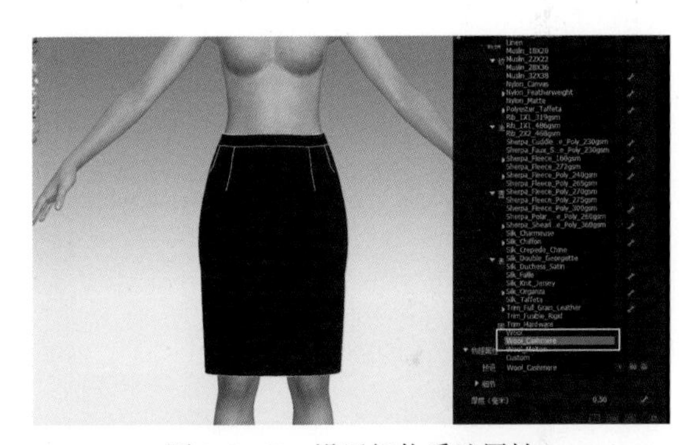

图2-2-40　设置织物质地属性

3. 纽扣设置

（1）切换至“3D/2D窗口”界面，便于调整效果（图2-2-41）。

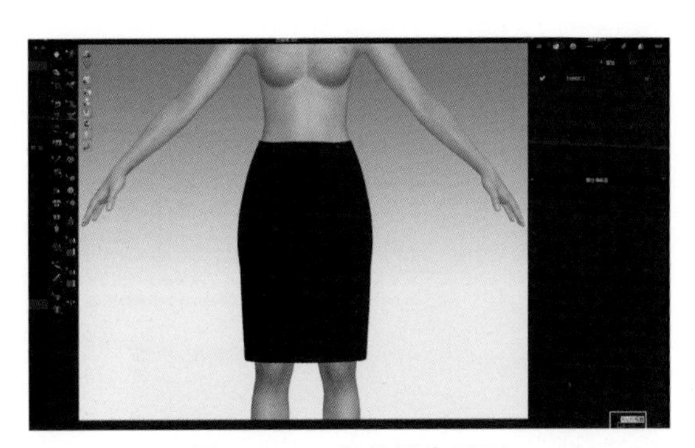

图2-2-41　切换视窗界面

（2）切换到后视图，运用 “纽扣”，在搭门部分设定纽扣缝纫位置（图2-2-42）。

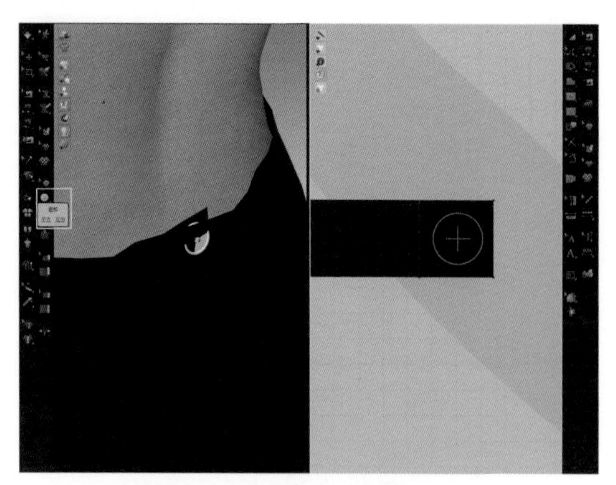

图2-2-42 设定纽扣缝纫位置

（3）设置扣眼位置，在 “纽扣”工具下拉列表中选择 “扣眼”，设置扣眼位置（图2-2-43）。

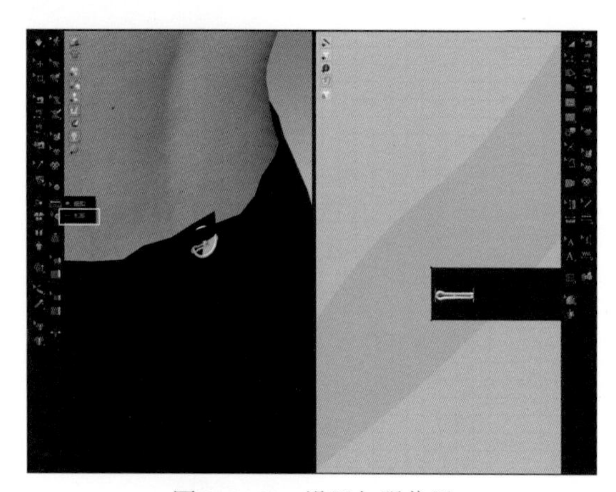

图2-2-43 设置扣眼位置

（4）运用 “系纽扣”，依次点选纽扣及扣眼完成对应关系（图2-2-44）。

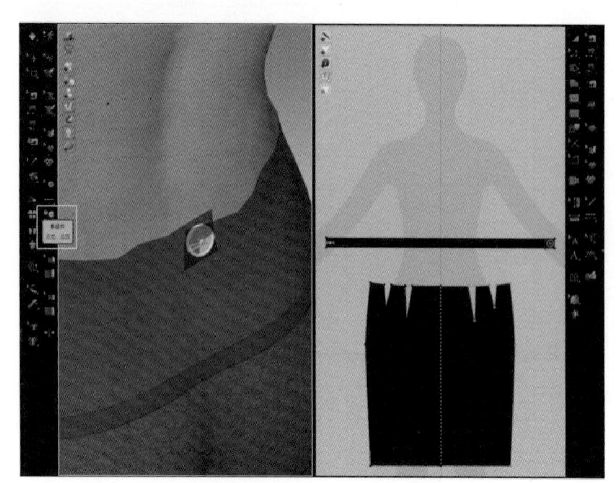

图2-2-44 系纽扣

（5）在物体窗口中，设置纽扣及扣眼形状及颜色等属性（图2-2-45）。

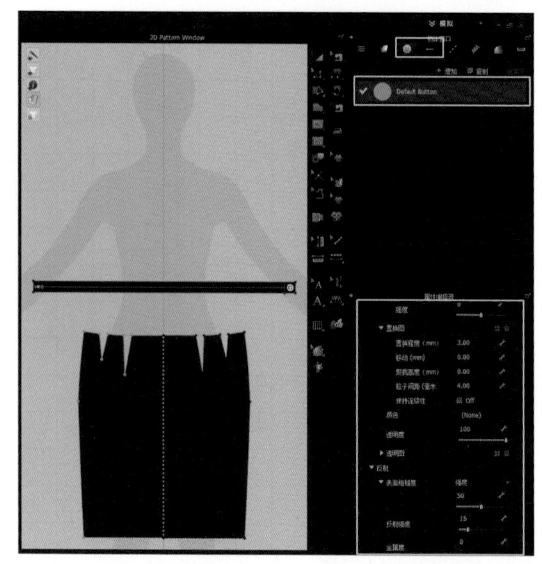

图2-2-45 设置纽扣及扣眼属性

（6）3D窗口确认打开 “模拟”，查看、调整模特的服装穿着状态（图2-2-46）。

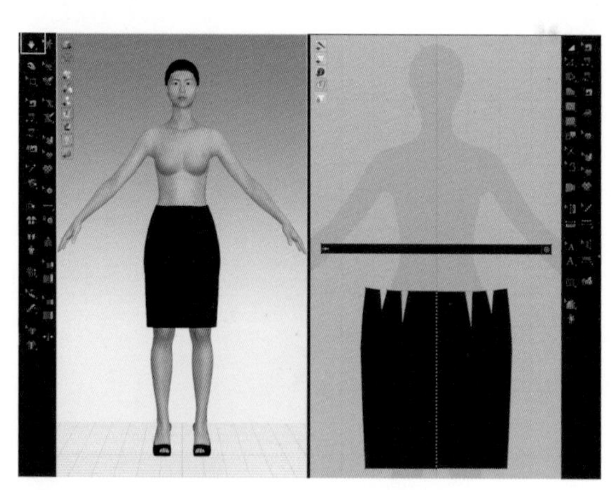

图2-2-46 查看穿着状态

七、成品展示

1. 查看效果

在3D窗口中关闭 “显示内部线”、 “显示基础线”、 “显示3D笔”、 “显示缝纫线”、 “显示针”等选项，查看服装最终效果（图2-2-47）。

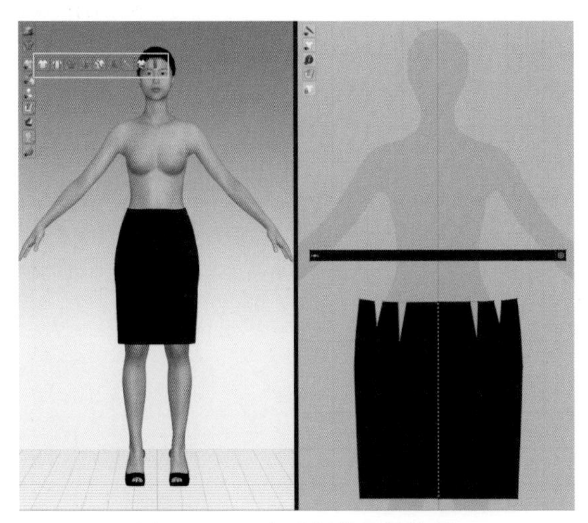

图2-2-47 查看服装最终效果

2.保存文件

（1）选择“文件→快照→3D窗口（F10）”选项，选择保存位置、名称、格式（图2-2-48）。

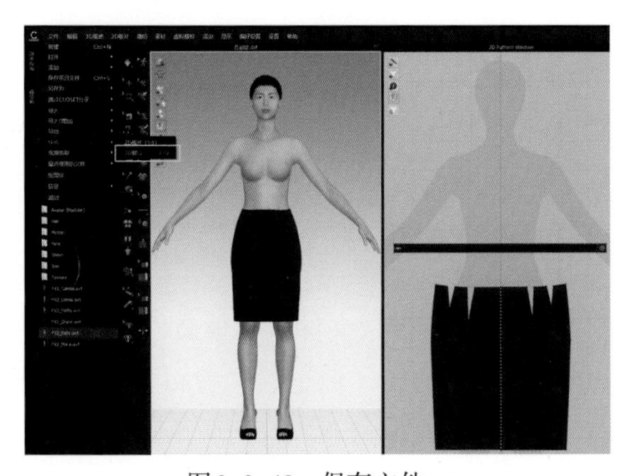

图2-2-48 保存文件

（2）软件可设置单张或多视图，单张为单图效果，多视图可生成自定义视图，可设置尺寸、分辨率、自动退底等功能（图2-2-49）。

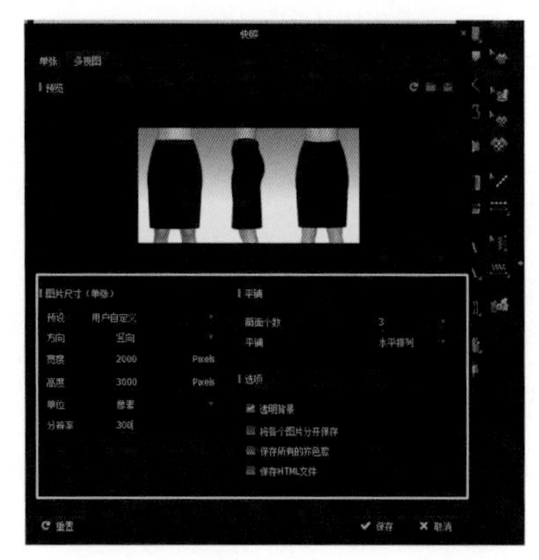

图2-2-49 设置单张或多张视图效果

3.成品效果展示（图2-2-50）

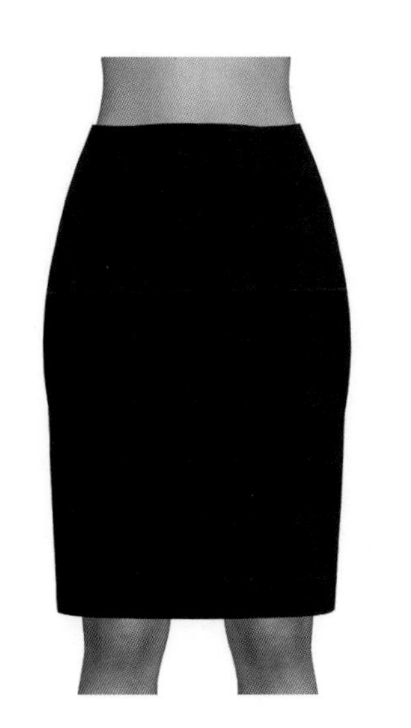

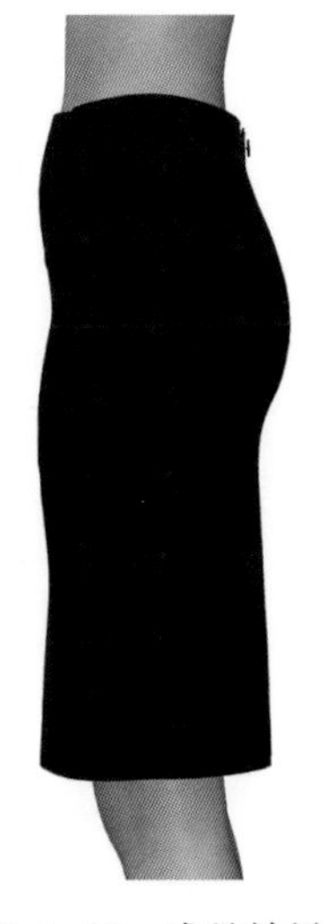

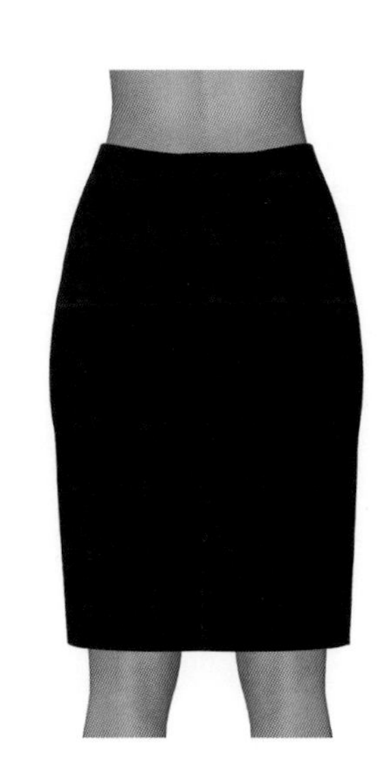

图2-2-50 成品效果展示

旗袍制作视频

第三节　旗袍制作

教学目标：

1. 掌握3D旗袍制作流程。
2. 掌握旗袍包边的设置及缝制方法。
3. 掌握盘扣制作。

教学内容：

根据服装款式图，通过3D服装设计软件，运用编辑工具、内部线工具、缝纫工具缝合、试穿旗袍款式。

教学要求：

通过本节课程，学习3D旗袍的缝制、试穿方式，掌握旗袍包边、盘扣等零部件设置方式，掌握相关款式的虚拟制作方法。

图2-3-1　旗袍款式图

一、文件准备

1. 准备款式图

准备旗袍的款式图，款式图可以明确显现服装分割线及拼合方式（图2-3-1）。

2. 准备样板文件

准备旗袍的样板文件，样板文件为净板样，包含制板的结构线、标记线、剪口等信息（图2-3-2）。

3. 准备面料文件

准备旗袍的面料文件，文件包括：颜色贴图、法线贴图、置换贴图、高光贴图（图2-3-3）。

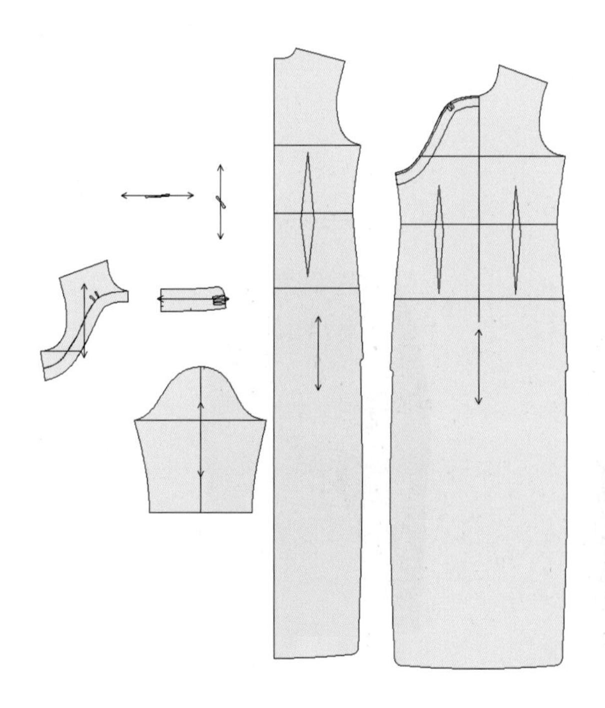

图2-3-2　旗袍样板文件

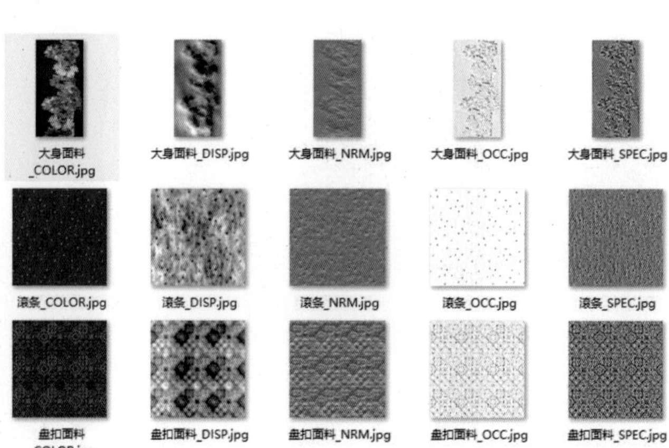

图2-3-3　旗袍面料文件

二、样板导入

1. 调取模特

在图库窗体下选择Avatar，双击鼠标左键打开Female_V2文件夹，再双击鼠标左键加载FV2_Kelly模特（图2-3-4）。

2. 导入样板

（1）在菜单栏中选择“文件→导入→DXF（AAMA/ASTM）”，导入旗袍样板文件（图2-3-5）。

（2）在“导入DXF”窗口中选择：加载类型为“打开”；比例为“自动规模”；旋转为“不旋转”，选项点击“板片自动排列”“优化所有曲线点”复选框（图2-3-6）。

三、样板调整

1. 样板补齐

（1）切换至2D窗口，运用“调整板片”拖动样板，按照服装结构对应关系将板片放置到3D虚拟模特虚影剪影对应位置（图2-3-7）。

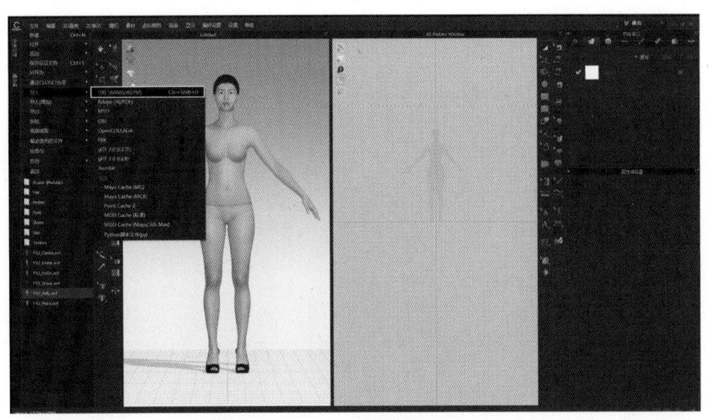

图2-3-5　导入旗袍样板文件

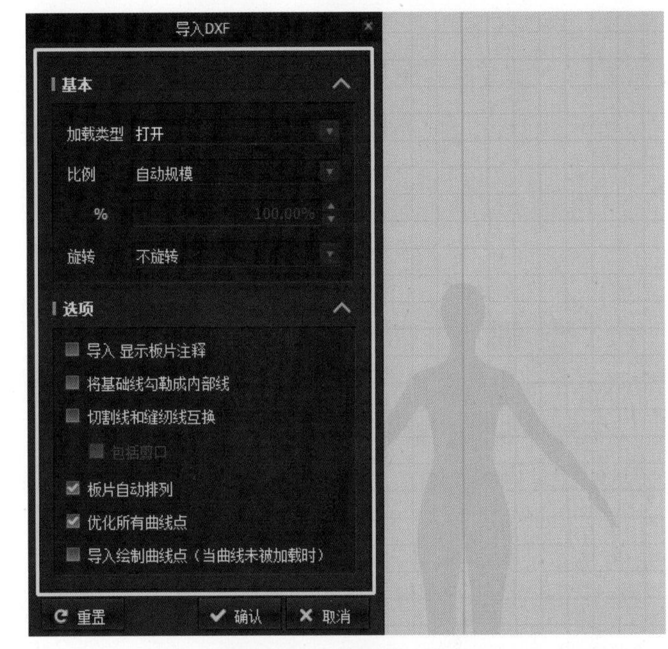

图2-3-6　设置导入参数

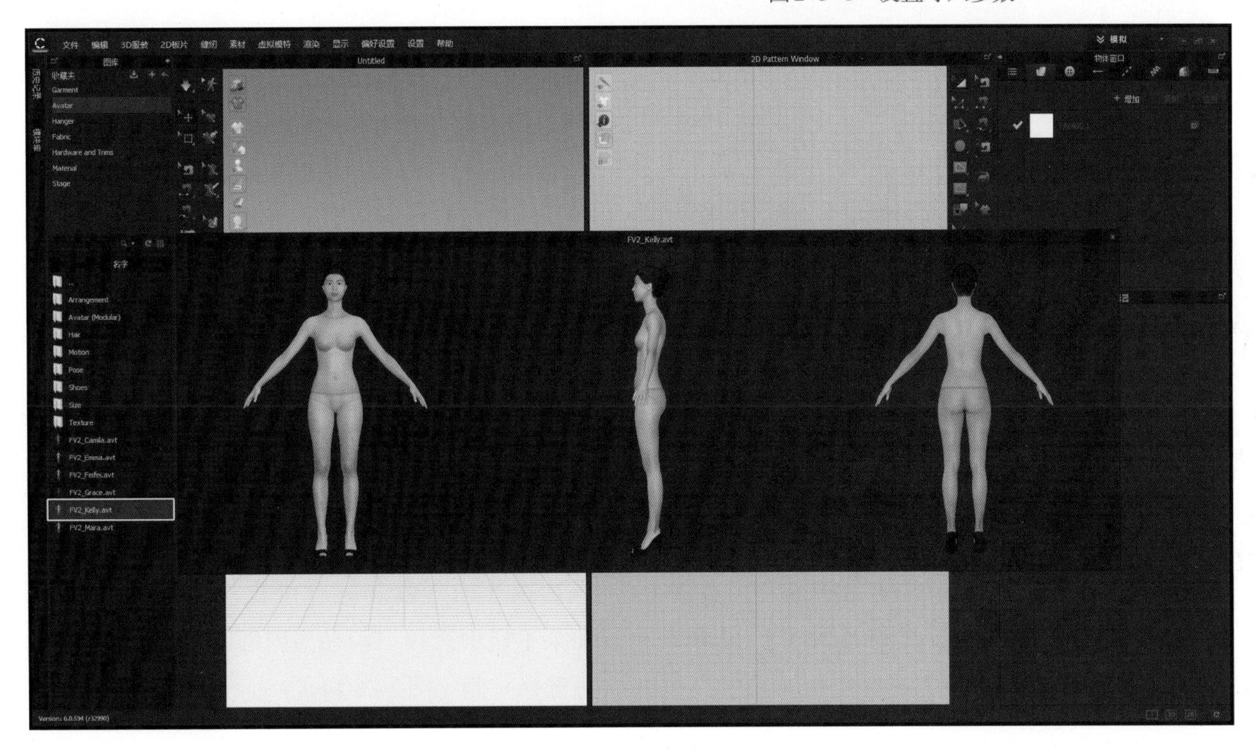

图2-3-4　调取模特

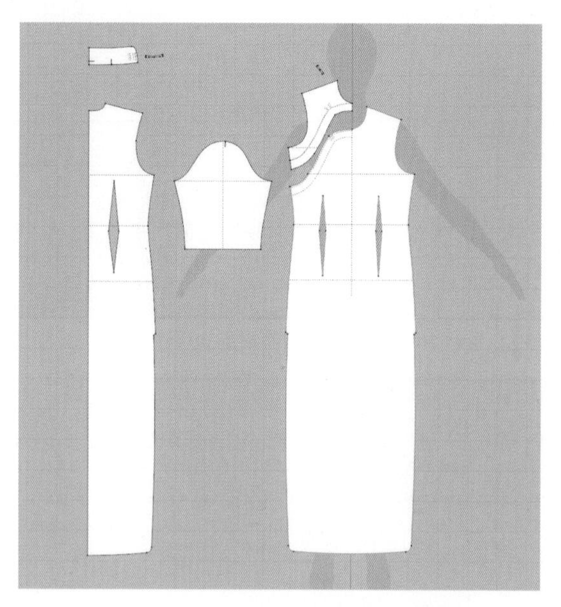

图2-3-7　放置板片至3D虚拟模特

（2）运用“编辑板片”，选中后片、领片的中线，在选中的板片中点击鼠标右键菜单选择“对称展开编辑（缝纫线）”选项，后片和领片分别操作（图2-3-8）。

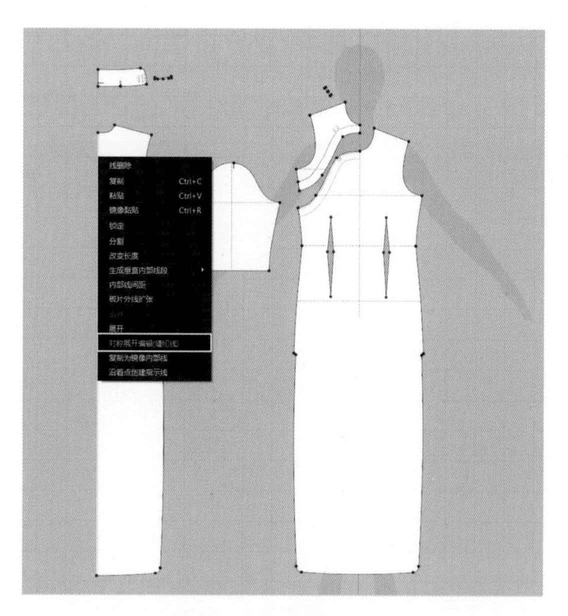

图2-3-8　调整板片

（3）运用“调整板片”选中袖片，右键菜单选择“对称板片（板片和缝纫线）”选项，进行板片的镜像复制（图2-3-9）。

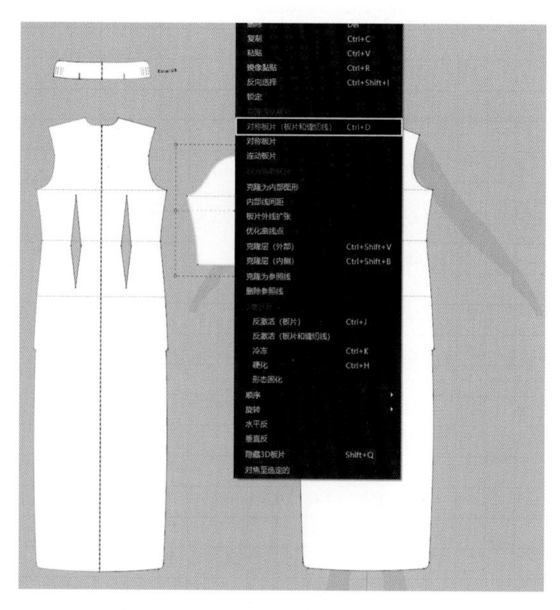

图2-3-9　对称板片

（4）运用“调整板片”选中盘扣样板，领部盘扣复制2份，前片盘扣复制1份，粘贴时点击鼠标右键，并在弹窗中输入份数（图2-3-10）。

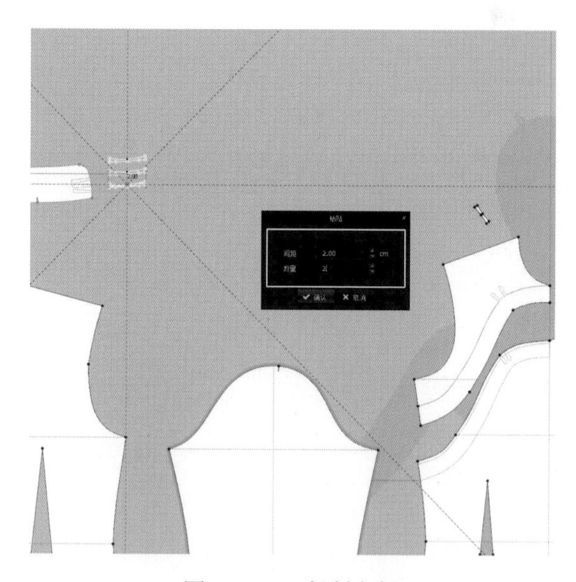

图2-3-10　复制盘扣

（5）运用“勾勒轮廓”及“Shift”键，多选板片内部盘扣缝合位置，点击鼠标右键，在菜单栏中选择“勾勒为内部图形”，连动板片只选择一侧（图2-3-11）。

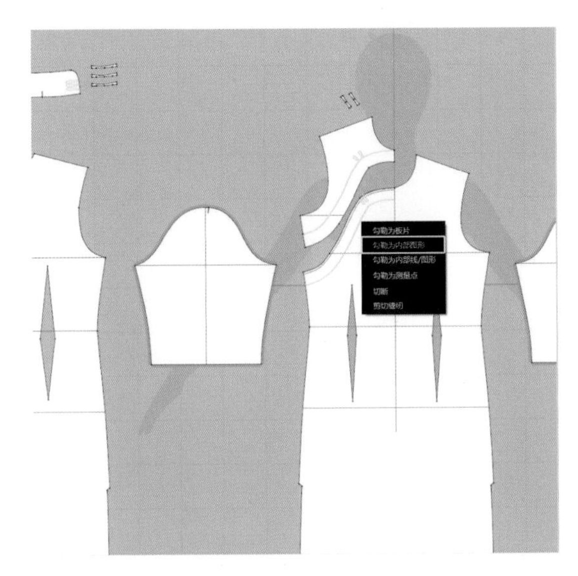

图2-3-11　勾勒内部轮廓

2. **位置安排**

（1）切换至3D窗口，左键点击 “重置2D安排位置（全部）”，重置样板位置（图2-3-12）。

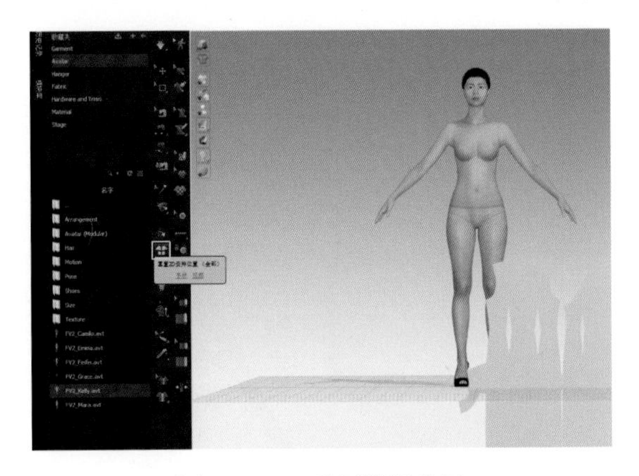

图2-3-12　重置样板位置

（2）打开3D窗口中的 “显示安排点”，运用 “选择/移动”，按照样板与人体位置点击前片与安排点（图2-3-13）。

图2-3-13　安排前片位置

（3）运用 “选择/移动”，按照样板与人体位置放置前片、后片、袖片、领片，运用属性编辑器中X轴的位置、Y轴的位置、间距、方向设置与人体无交叉即可（图2-3-14）。

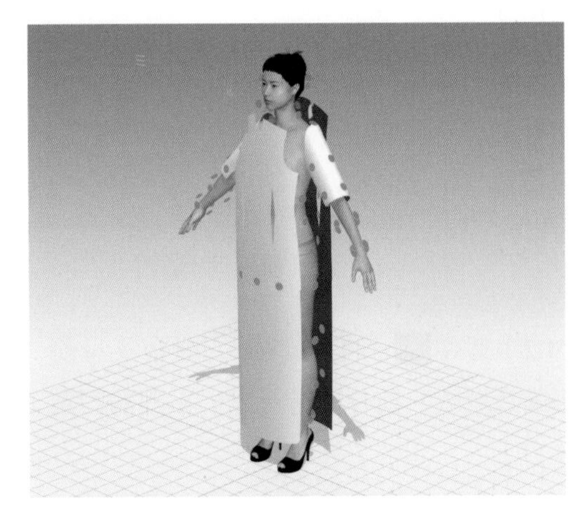

图2-3-14　放置前片、后片、袖片、领片

（4）运用 “选择/移动”及“Shift”键，按照样板与人体位置放置盘扣，位置在大身样片的外层，运用属性编辑器中X轴的位置、Y轴的位置、间距、方向设置与人体无交叉即可（图2-3-15）。

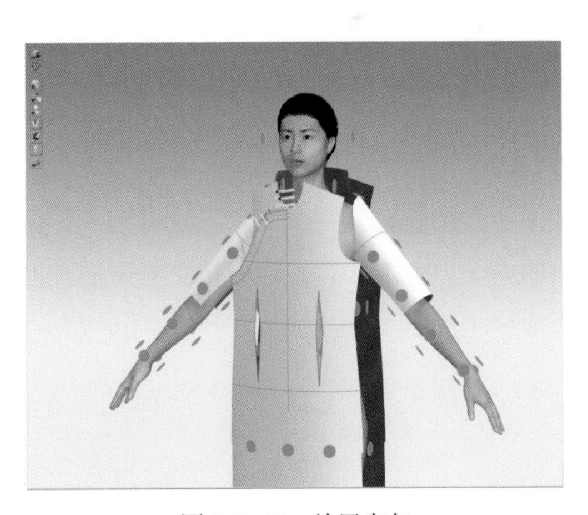

图2-3-15　放置盘扣

四、样板缝制

1. **拼合大身**

（1）切换至2D窗口，运用 “自由缝纫”，缝合前、后片省位，后片左、右呈镜像关系，只缝纫一侧即可（图2-3-16）。

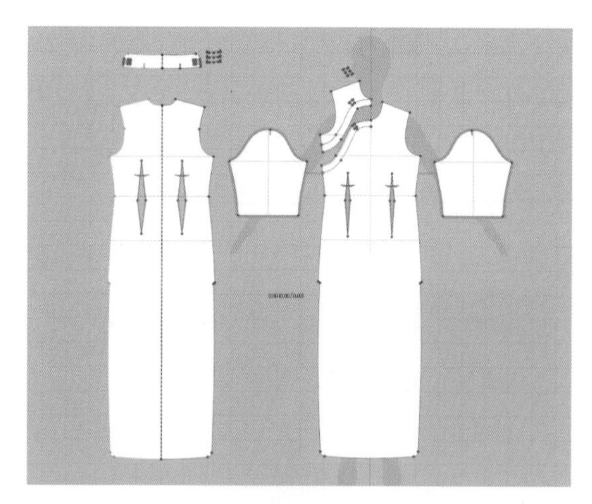

图2-3-16　缝合前、后片省位

（2）运用 “自由缝纫”，缝合衣身前、后片侧缝及肩线，前片需进行大、小片的固定（图2-3-17）。

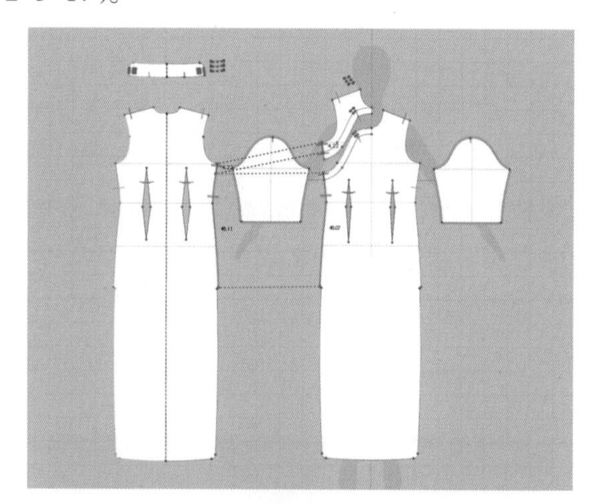

图2-3-17　缝合前、后片侧缝和肩线

（3）运用 “自由缝纫”，缝合袖片的前后袖山袖窿，注意袖山顶点剪口对位关系，同时缝合袖缝（图2-3-18）。

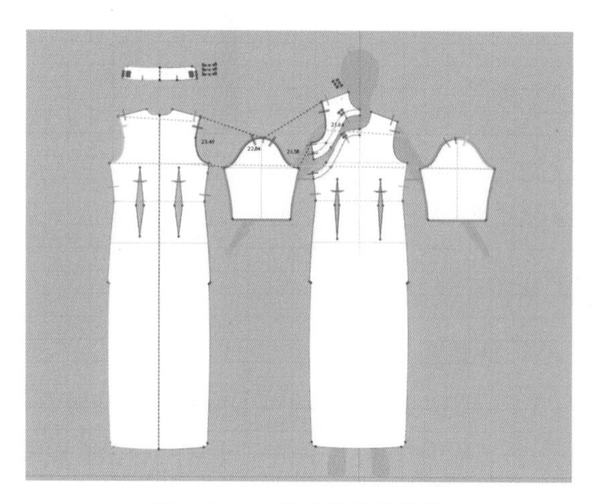

图2-3-18　缝合袖片和袖窿

（4）运用 “自由缝纫”，缝合领片与衣身前、后片，注意剪口对位关系（图2-3-19）。

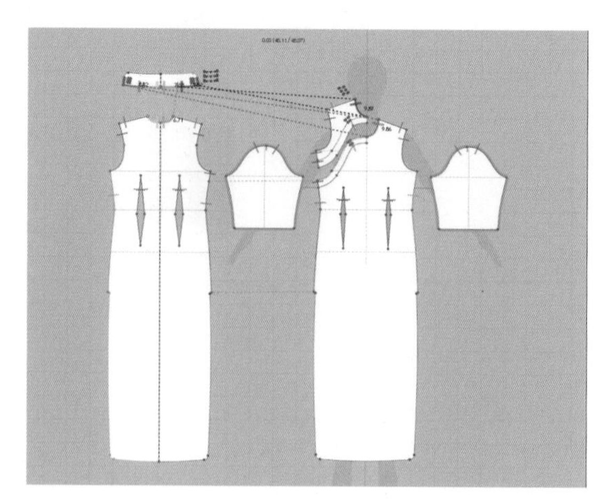

图2-3-19　缝合领片与衣身前、后片

2. 固定盘扣

（1）运用 “自由缝纫”，缝合盘扣一侧与门襟上前片部分（图2-3-20）。

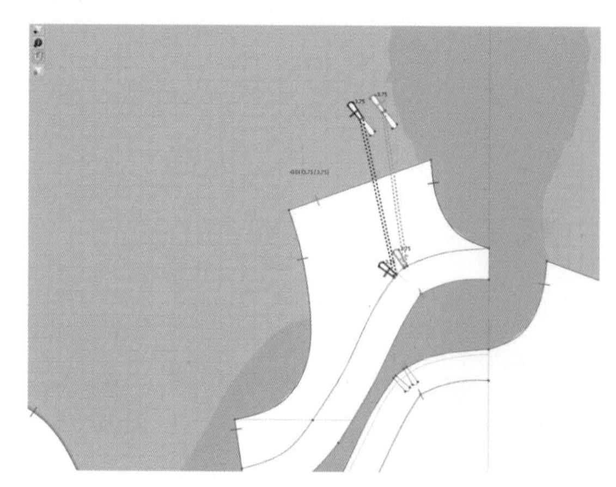

图2-3-20　缝合盘扣一侧与门襟上前片

（2）运用 “自由缝纫”，缝合盘扣另一侧与门襟下前片部分（图2-3-21）。

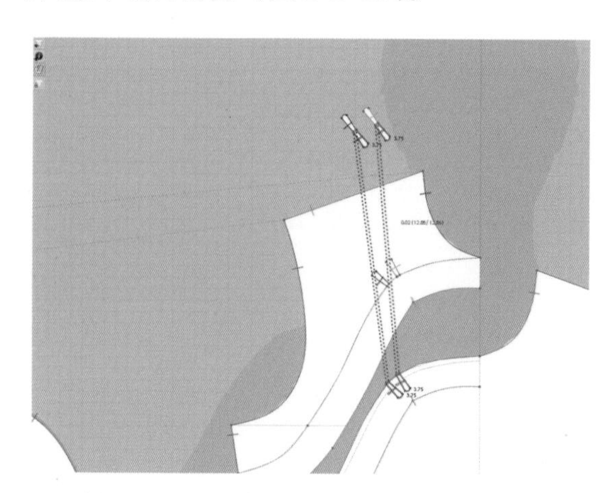

图2-3-21　缝合盘扣另一侧与门襟下前片

（3）运用 "自由缝纫"，把盘扣缝纫主领片上，注意只固定对应位置（图2-3-22）。

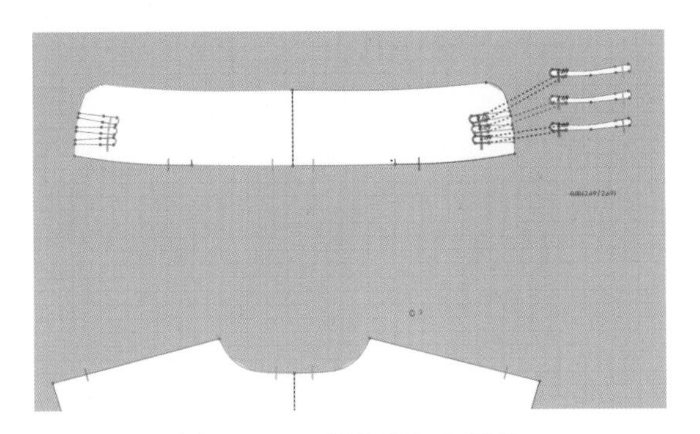

图2-3-22　缝合盘扣与领片

五、样板试穿

1. 缝纫线检查

（1）切换至3D窗口，关闭3D状态中的 "显示安排点"（图2-3-23）。

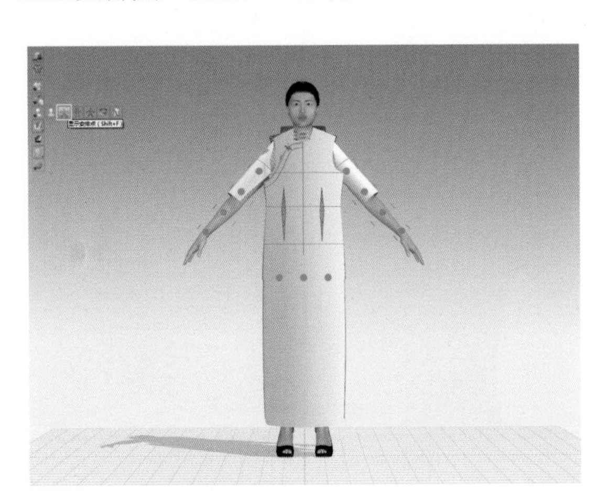

图2-3-23　显示安排点

（2）打开 "显示缝纫线" 开关，检查缝纫线，有无漏缝或交叉缝纫（图2-3-24）。

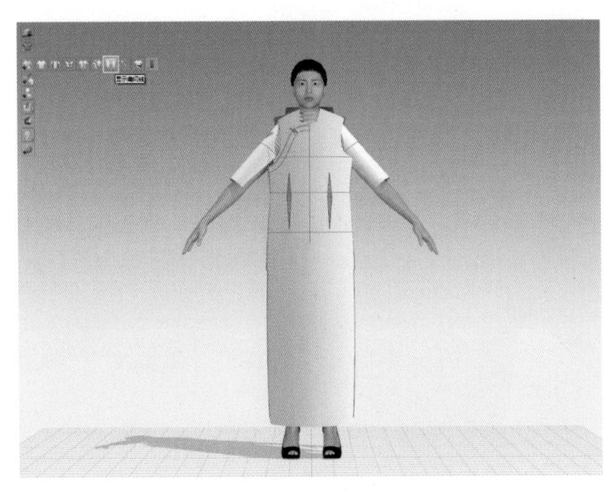

图2-3-24　检查缝纫情况

2. 试穿模拟

（1）运用 "选择/移动"，选择所有样板，在选中的样板上右键选择 "硬化" 属性（图2-3-25）。

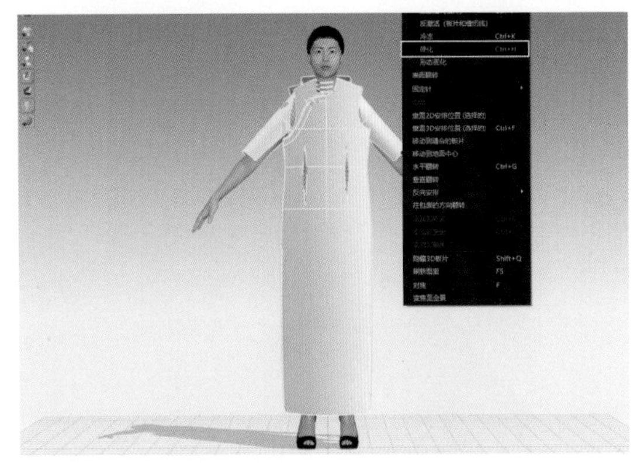

图2-3-25　选择硬化属性

（2）按下 "Shift" 键，选中全部盘扣样板，在选中状态的样板上点击鼠标右键，选择 "反激活（板片和缝纫线）"，先进行衣片的缝合模拟（图2-3-26）。

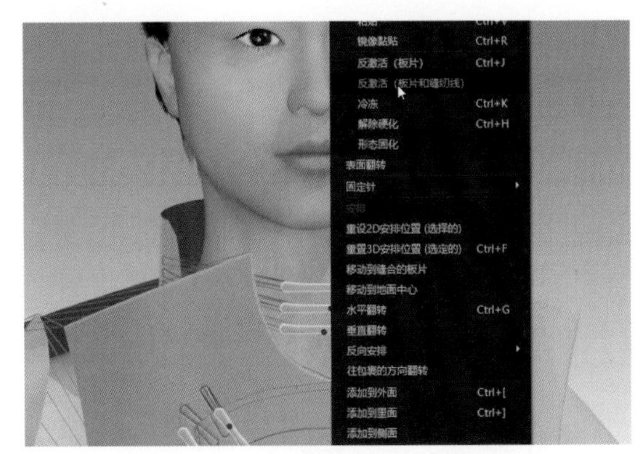

图2-3-26　进行衣片的缝合模拟

（3）打开 "模拟"，进行服装模拟试穿，查看服装有无抖动等异常状态（图2-3-27）。

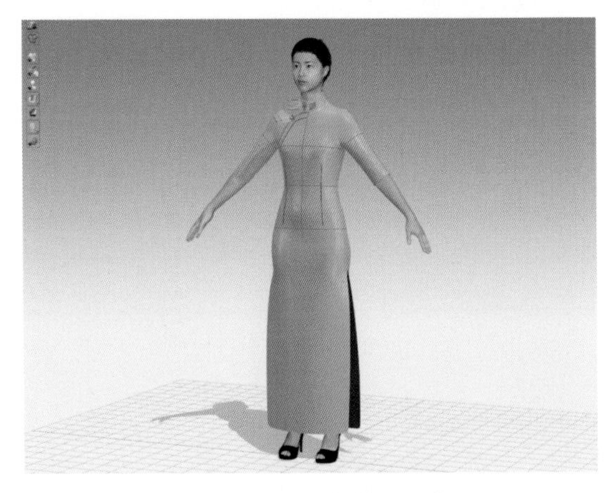

图2-3-27　服装模拟试穿

（4）确认衣片缝合无误后进行盘扣解冻，选中全部盘扣右键选择“激活”（图2-3-28）。

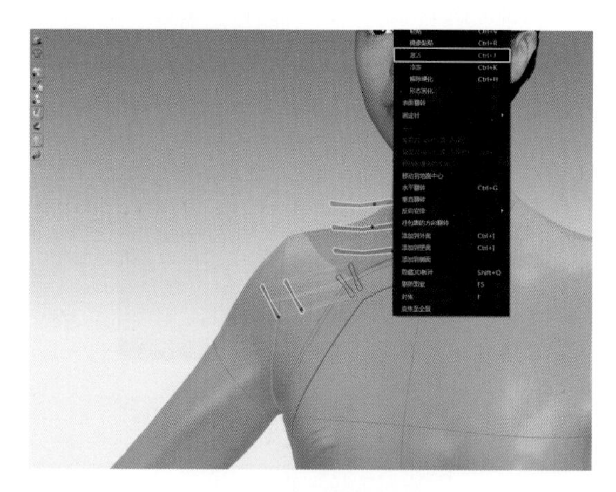

图2-3-28　盘扣解冻

3. 穿着调整

（1）运用“选择/移动”，拖动调整服装与人物的关系，达到平整无褶皱（图2-3-29）。

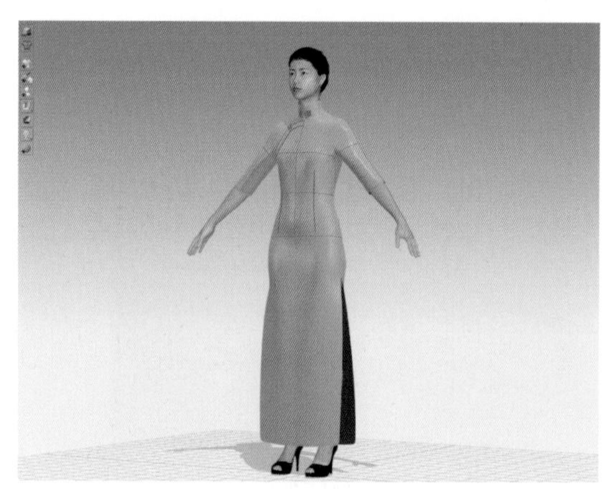

图2-3-29　调整服装

六、辅料设置

1. 嵌条设置

（1）切换视窗为“3D/2D窗口”界面，便于调整效果（图2-3-30）。

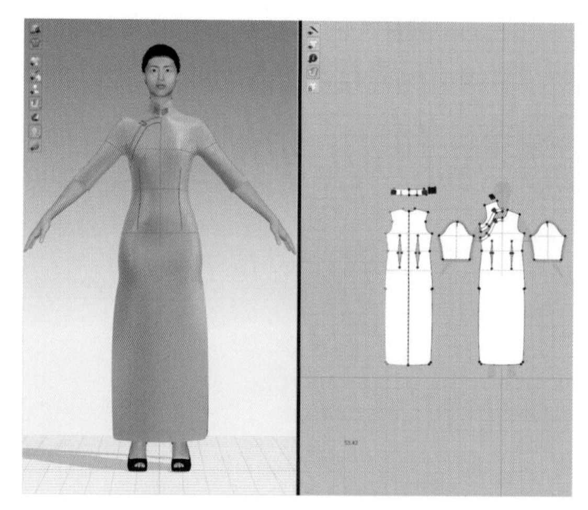

图2-3-30　切换窗口

（2）滚轮放大领片处，运用“嵌条”，点击右领止口位置（图2-3-31）。

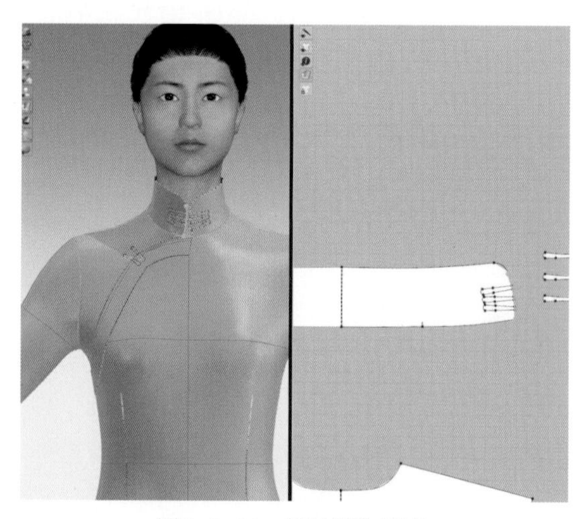

图2-3-31　领片添加嵌条

（3）在2D窗口，移动鼠标确定固定方向，在领片转折处依次点击鼠标左键直至左侧止口位置（图2-3-32）。

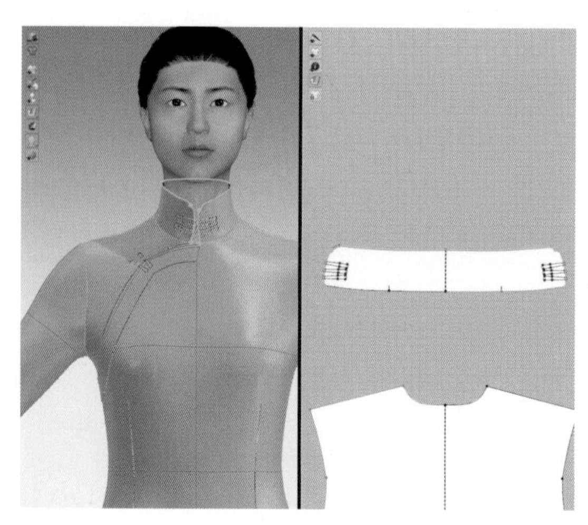

图2-3-32　确定固定方向

（4）在2D窗口，移动到前片门襟处，同样操作前片门襟位置嵌条（图2–3–33）。

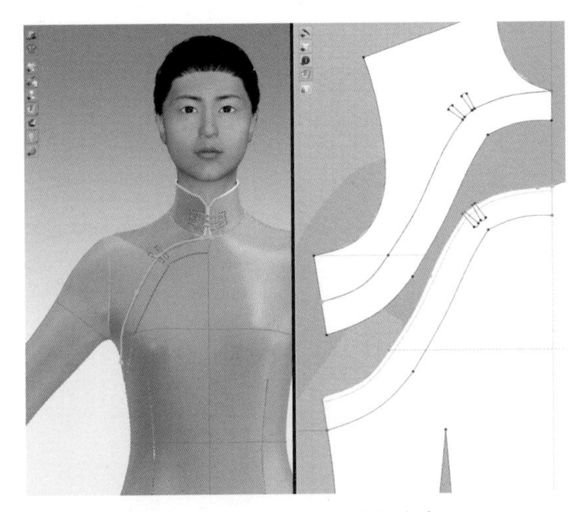

图2–3–33　前片门襟加嵌条

（5）在2D窗口，运用 “嵌条”，增加袖口包边（图2–3–34）。

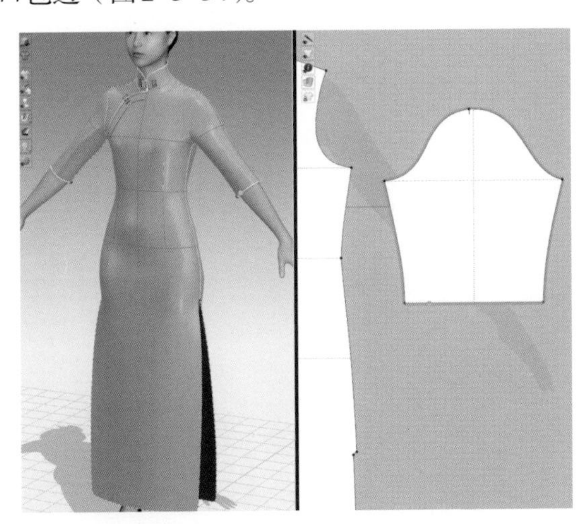

图2–3–34　增加袖口包边

（6）在3D窗口，运用 “嵌条”，增加裙摆及开衩位置包边（图2–3–35）。

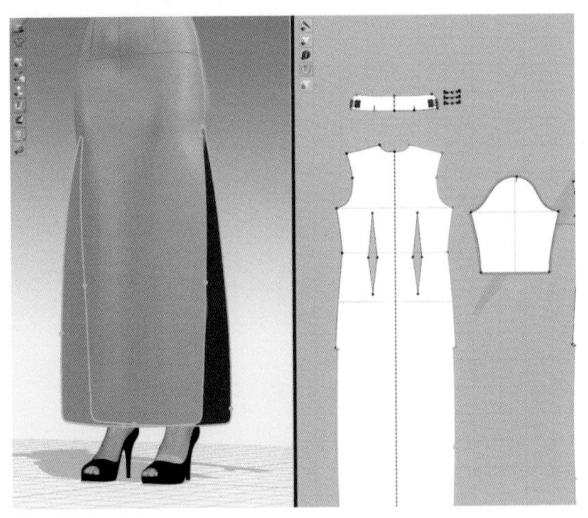

图2–3–35　增加裙摆及开衩位置包边

（7）运用 “编辑嵌条”，“Ctrl+A”选择全部嵌条，在属性编辑器中设置宽度为0.5cm（图2–3–36）。

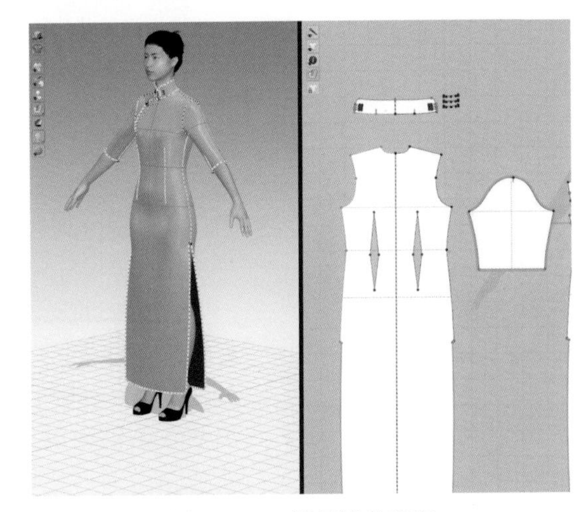

图2–3–36　设置嵌条宽度

2. 盘扣设置

（1）运用 “纽扣”，在盘扣上设置装饰扣头定位（图2–3–37）。

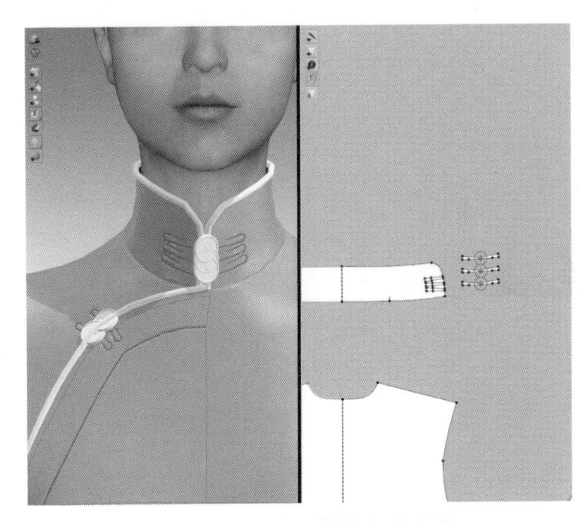

图2–3–37　设置装饰扣头定位

（2）在物体窗口，设置纽扣形状及颜色等属性（图2–3–38）。

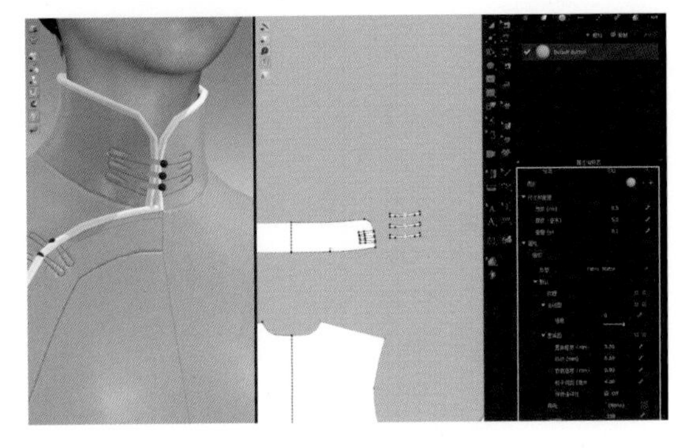

图2–3–38　设置纽扣属性

（3）选中所有盘扣样板，设置粒子间距为“1”，增加厚度-冲突为“1.5”（图2-3-39）。

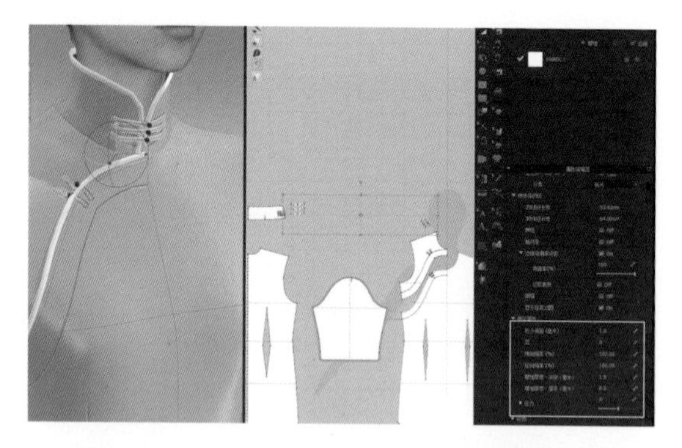

图2-3-39　设置粒子间距、增加厚度-冲突

（4）在3D窗口，移动盘扣至嵌条包边的外侧（图2-3-40）。

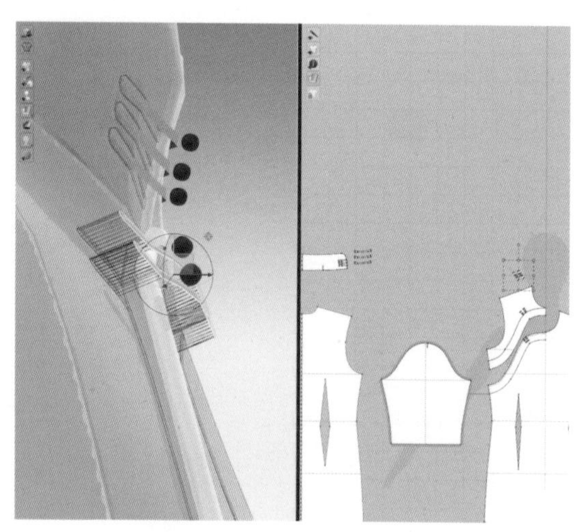

图2-3-40　移动盘扣位置

（5）在3D窗口确认打开 “模拟”，解除硬化，查看调整服装穿着状态（图2-3-41）。

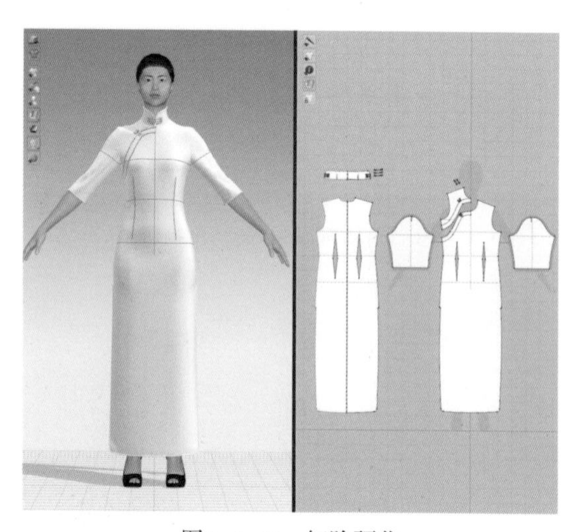

图2-3-41　解除硬化

七、材质设置

1.设置面料图案信息

（1）在物体窗口中选择织物中的“FABRIC1”，在属性视窗中设置纹理图、法线图、置换图、高光图（图2-3-42）。

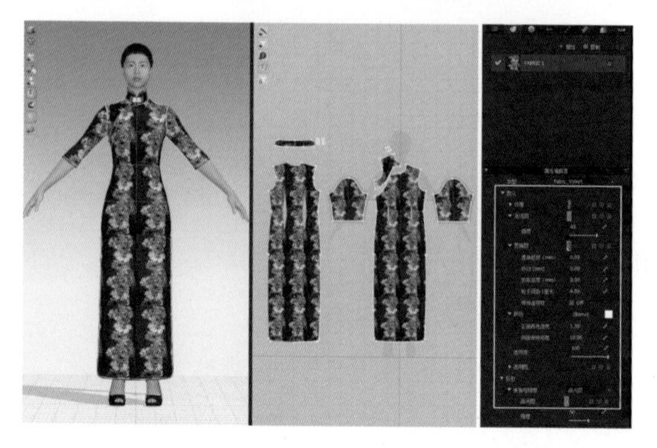

图2-3-42　设置面料的纹理图、法线图、置换图、高光图

（2）在物体窗口中选择织物中的“FABRIC1”，属性视窗中，把类型设置为“Fabric_Velvet”，面料为丝绒面料（图2-3-43）。

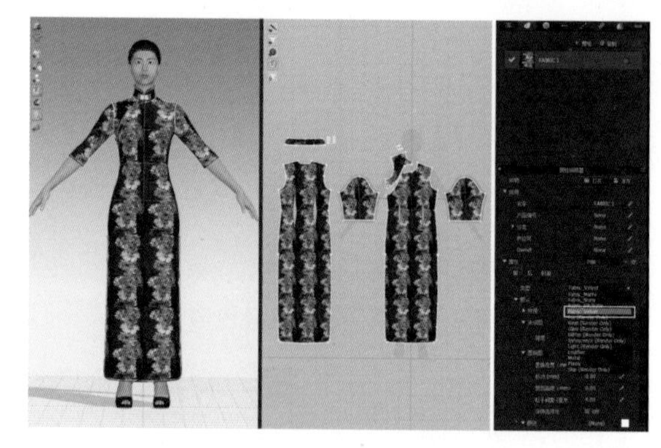

图2-3-43　设置织物物理属性

（3）在属性编辑器中转换选项设置固定比例，所有贴图宽度为“50”，运用编辑纹理调整纹理位置（图2-3-44）。

图2-3-44　设置贴图宽度、纹理位置

（4）在物体窗口→织物中增加两款织物，并设置纹理（图2-3-45）。

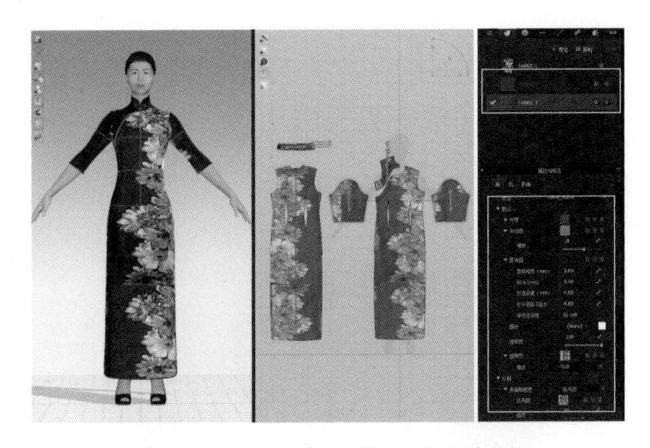

图2-3-45　增加织物、设置纹理

（5）运用 "编辑嵌条"，选择所有嵌条，属性编辑器中设置为"FABRIC2"（图2-3-46）。

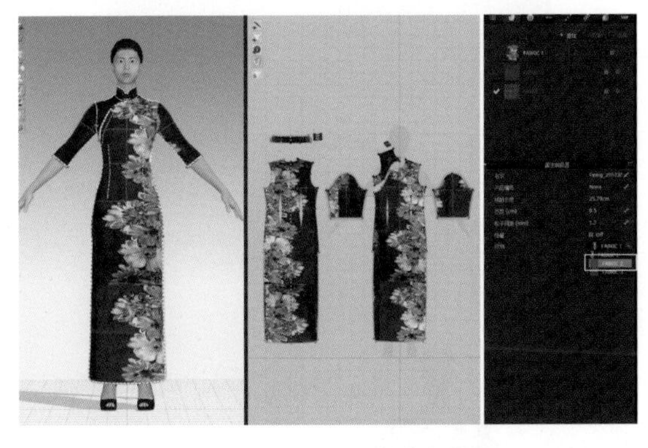

图2-3-46　设置嵌条属性

（6）运用 "调整板片"，选择所有盘扣样片，在物体窗口中应用于选择的板片上（图2-3-47）。

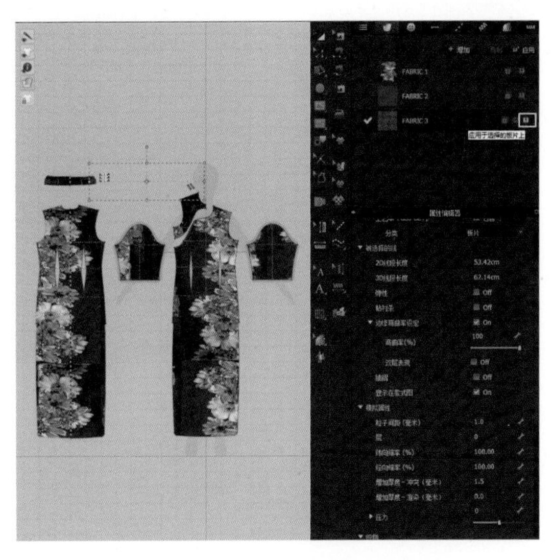

图2-3-47　选择盘扣样片并应用

2. 设置面料物理属性

（1）在"物理属性"选项中将所有织物均设置为选择"Cotton_Sateen"质地，此选项为"棉缎"（图2-3-48）。

图2-3-48　设置织物质地属性

（2）全选所有衣身样片，设置粒子间距为"5"（可根据实际电脑情况设置），增加厚度-冲突为"1.5"，提高精度（图2-3-49）。

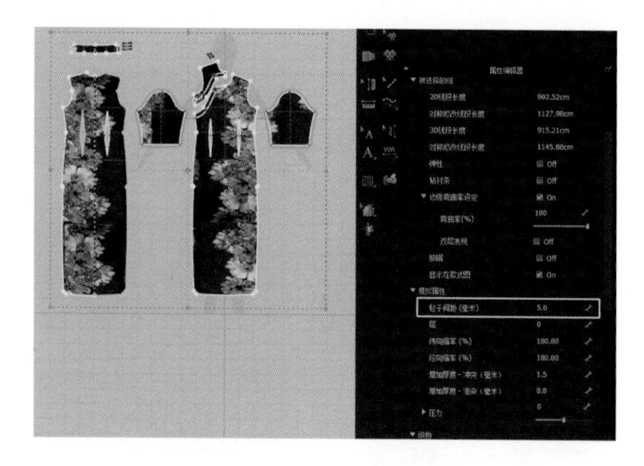

图2-3-49　设置粒子间距

八、成品展示

1. 查看效果

在“3D窗口”中关闭“显示内部线”、“显示基础线”、“显示3D笔”、“显示缝纫线”、“显示针”等选项，查看服装最终效果（图2-3-50）。

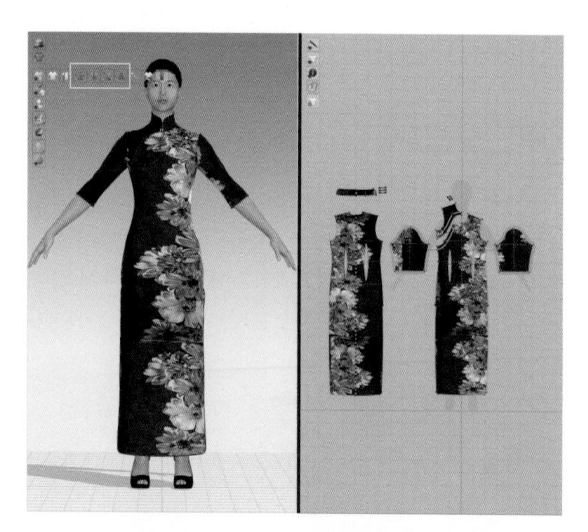

图2-3-50　查看服装最终效果

2. 保存文件

（1）选择“文件→快照→3D窗口（F10）”选项，选择保存位置、名称、格式（图2-3-51）。

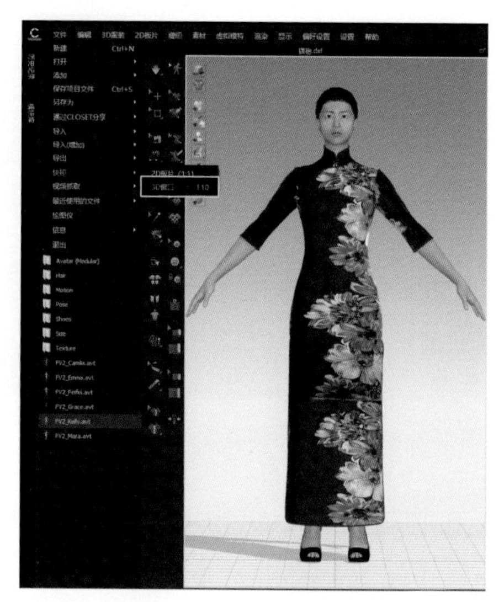

图2-3-51　保存文件

（2）可设置单张或多视图，单张为单图效果，多视图可生成自定义视图，可设置尺寸、分辨率、自动退底等功能（图2-3-52）。

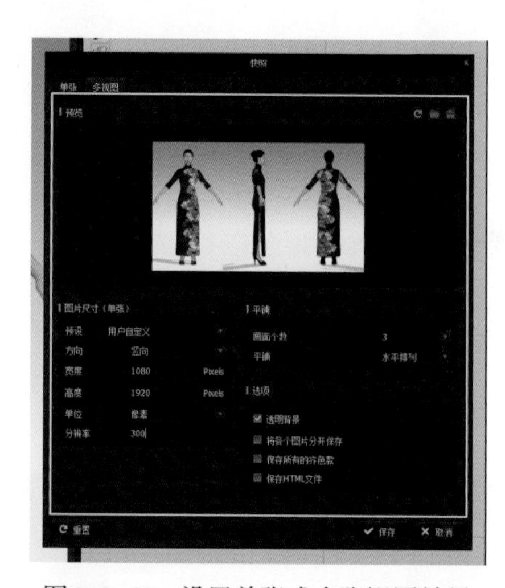

图2-3-52　设置单张或多张视图效果

3. 成品效果展示（图2-3-53）

图2-3-53　成品效果展示

第三章

男装制作与应用

★ 男西服制作

★ 男西裤制作

★ 羽绒服制作

★ 拓展：男风衣制作

男西服制作视频

第一节 男西服制作

教学目标：

1. 掌握3D男西服制作流程。
2. 掌握褂面及翻驳领的缝制方法。
3. 掌握纽扣的安排及设置。

教学内容：

根据服装款式图，通过3D服装设计软件，运用编辑工具、内部线工具、缝纫工具、纽扣工具等缝合、试穿男款西装。

教学要求：

通过本节课程，学习3D男西服的制作、试穿方式，掌握相关款式的虚拟制作方法。

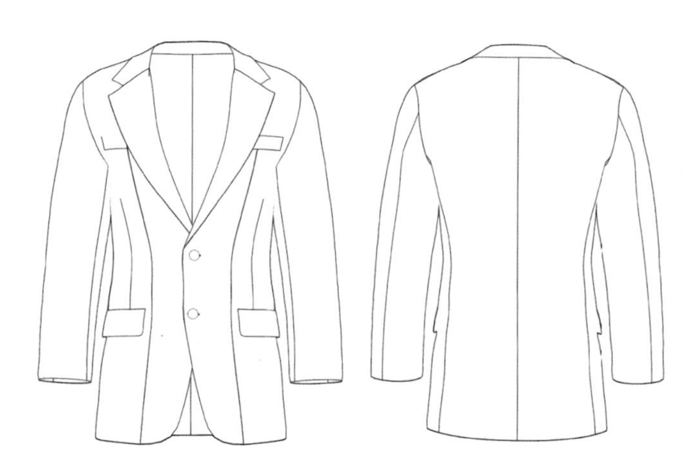
图3-1-1 男西服款式图

一、文件准备

1. 准备款式图

准备男西服的款式图，款式图可以明确显现服装分割线及拼合方式（图3-1-1）。

2. 准备样板文件

准备男西服的样板文件，样板文件为净板样，包含制板的结构线、标记线、剪口、扣位等信息（图3-1-2）。

3. 准备面料文件

准备男西服的面料文件，文件包括：颜色贴图、法线贴图、置换贴图、高光贴图（3-1-3）。

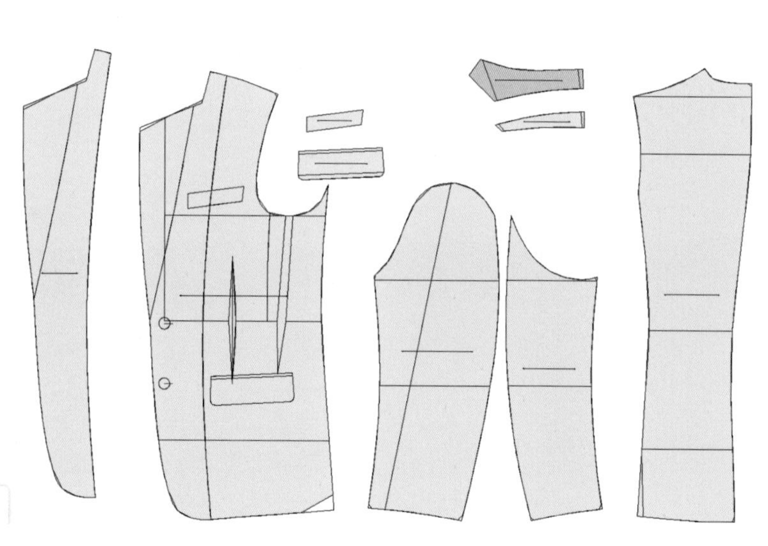
图3-1-2 男西服样板文件

面料_ Color.jpg

面料_Displacement.jpg

面料_ Normal.jpg

面料_ Specular.jpg

图3-1-3 男西服面料文件

二、样板导入

1. 调取模特

在图库窗口下选择Avatar，打开Male_V2文件夹，加载MV2_Martin模特，在“打开虚拟模特”窗口中选择加载类型为“打开”后，点击“确认”（图3-1-4）。

2. 导入样板

（1）点击软件视窗的菜单栏中“文件→导入→DXF（AAMA/ASTM）”，导入男西服样板文件（图3-1-5）。

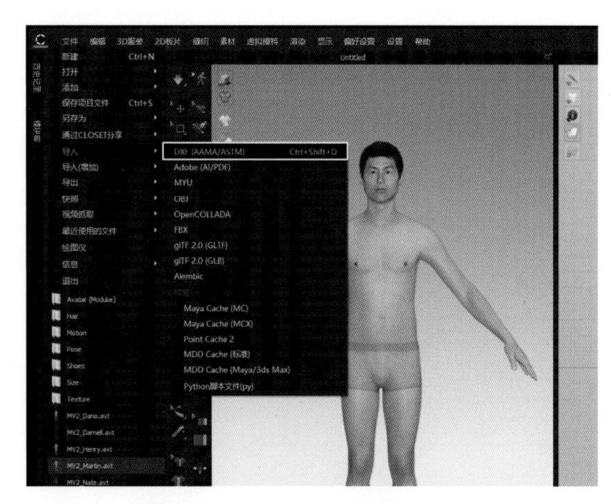

图3-1-5　导入男西服样板文件

（2）在“导入DXF”窗口中选择：加载类型为“打开”；比例为“自动规模”；旋转为“不旋转”，选项点击“板片自动排列”“优化所有曲线点”复选框（图3-1-6）。

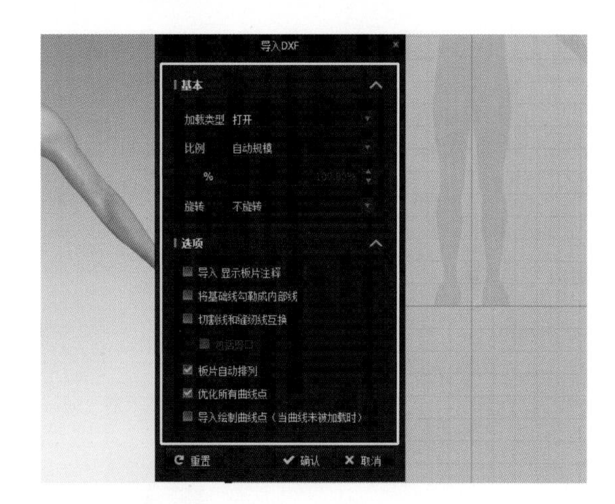

图3-1-6　确认导入选项

三、样板调整

1. 数量补齐

（1）切换至2D窗口，运用“调整板片”拖动样板按照服装结构对应关系放置到3D虚拟模特虚影剪影上身位置（图3-1-7）。

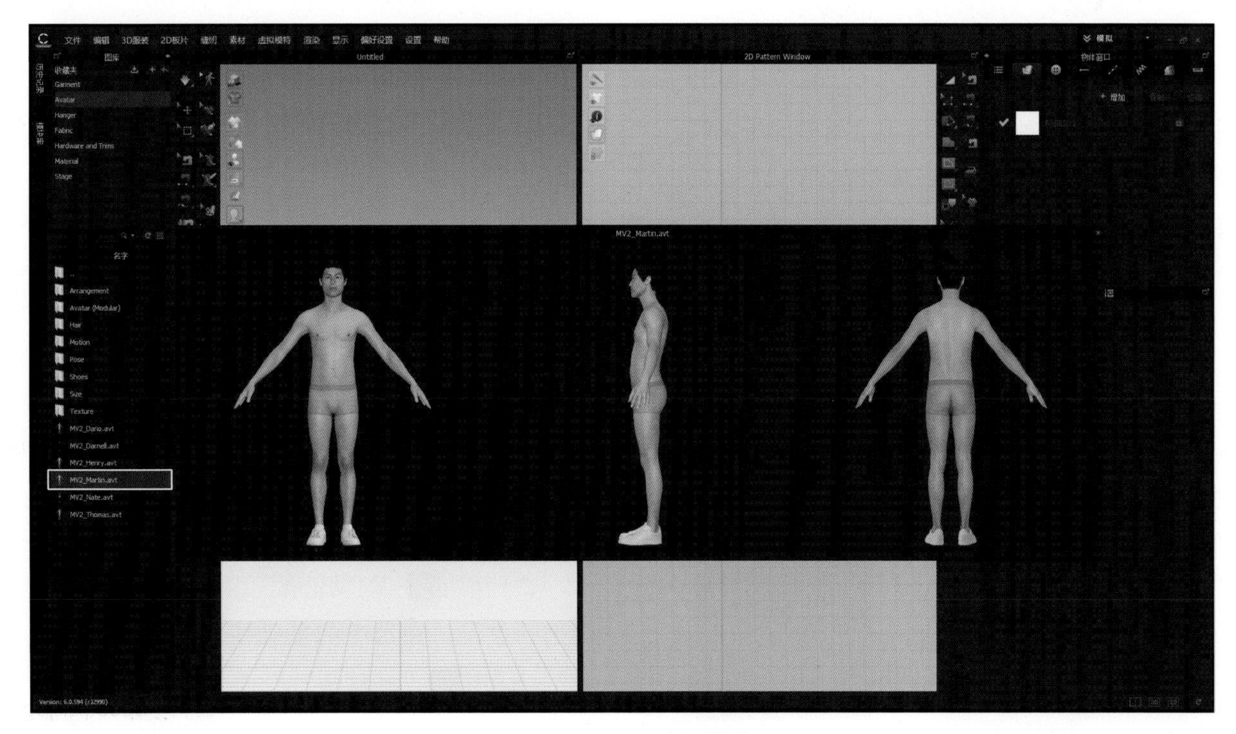

图3-1-4　选择虚拟模特

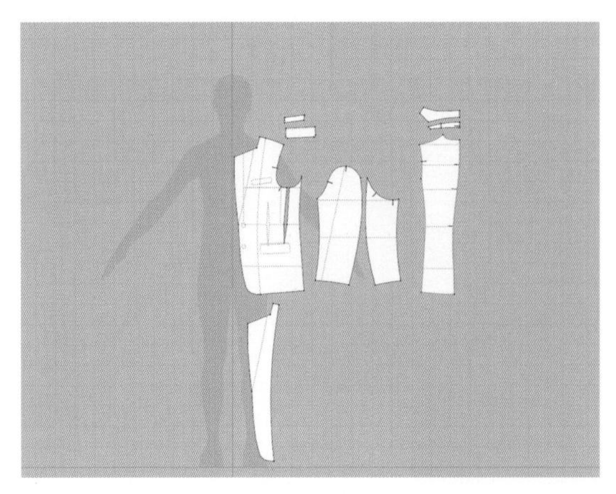

图3-1-7　放置板片至3D虚拟模特

（2）运用 “编辑板片”，左键单选领底中线，右键菜单选择“对称展开编辑（缝纫线）”选项，同样操作领面样板（图3-1-8）。

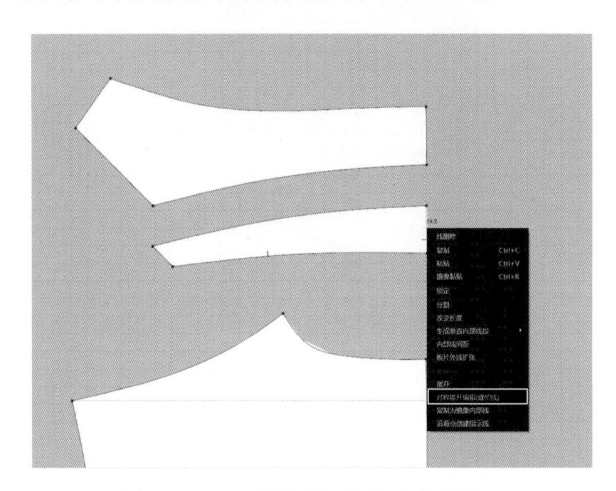

图3-1-8　对称展开编辑连裁板片

（3）运用 “调整板片”，左键框选前片、挂面、袋盖、大袖片、小袖片，在选中的样板上右键选择“对称板片（板片和缝纫线）”选项，按下“Shift”键进行对称放置（图3-1-9）。

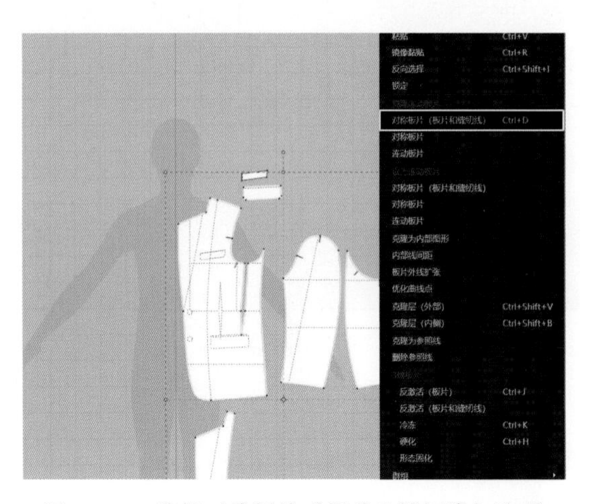

图3-1-9　选择对称板片（板片和缝纫线）选项

（4）运用 “调整板片”左键点选后片，在选中的样板上右键选择“对称板片（板片和缝纫线）”选项，按下“Shift”键进行对称放置（图3-1-10）。

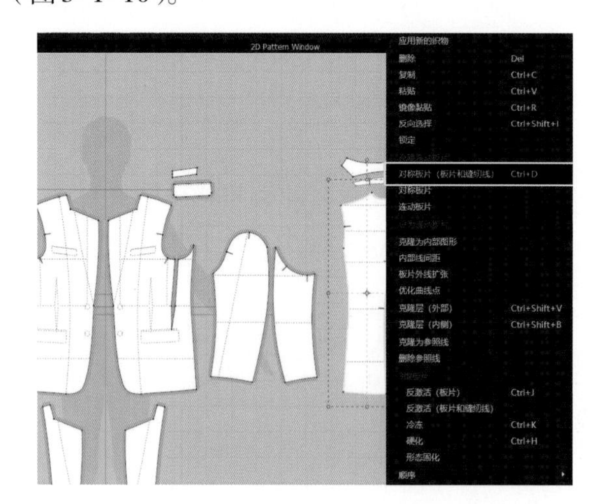

图3-1-10　对称板片（板片和缝纫线）镜像板片

2. 内部线制作

（1）运用 “勾勒轮廓”组合“Shift”键，左键选择前片翻驳领、挂面翻折线、挂面固定线，在选中的基础线上，右键选择“勾勒为内部图形”（图3-1-11）。

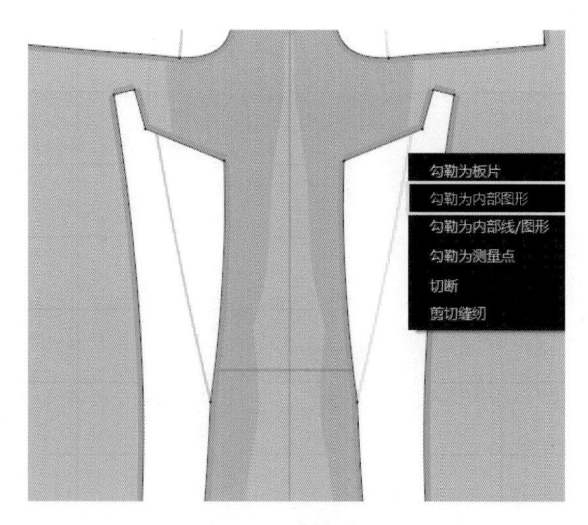

图3-1-11　勾勒板片内部线

（2）运用 “勾勒轮廓”组合“Shift”键，左键选择省位，在选中的基础线上右键选择“切断”；运用 “调整板片”选中省位样片，并删除（图3-1-12）。

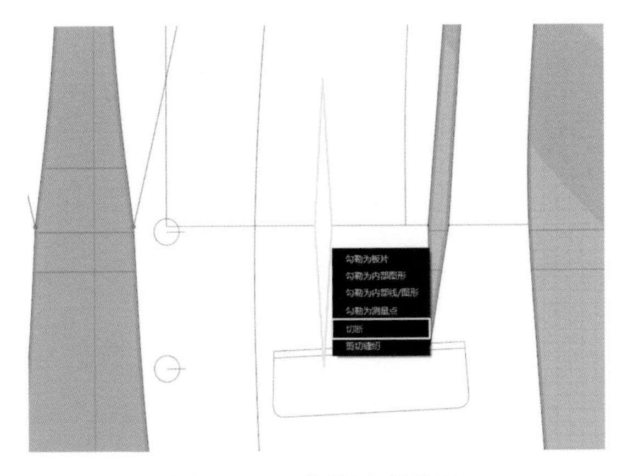

图3-1-12　切断省道位置

（3）运用"勾勒轮廓"组合"Shift"键，左键选择手巾袋及袋盖缝纫位置，在选中的基础线上右键选择"勾勒为内部图形"（图3-1-13）。

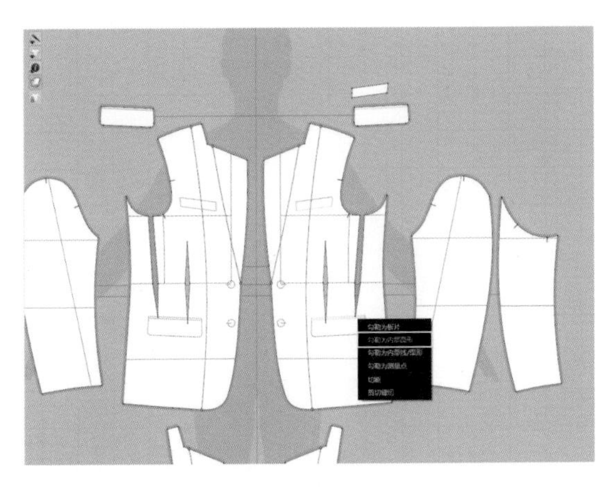

图3-1-13　勾勒板片内部线

（4）检查所有板片，查看是否按照人物虚影位置排列样板，以人物虚影前中对齐板片前中为宜，同层次面料依次横向排放，内层排列在下方，外层排列在上方（图3-1-14）。

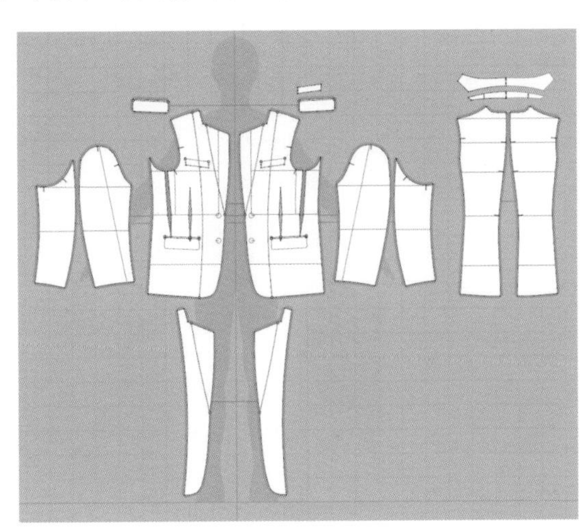

图3-1-14　检查排列板片

3. **位置安排**

（1）切换至3D窗口，左键点击"重置2D安排位置（全部）"重置样板位置，打开3D状态中的"显示安排点"，运用"选择/移动"按照样板与人体位置放置前片（图3-1-15）。

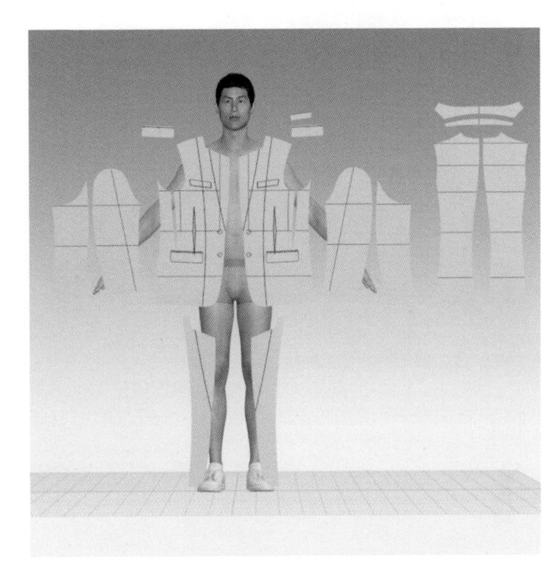

图3-1-15　重置2D安排位置（全部）

（2）调整属性编辑器"安排"选项中的X轴、Y轴的位置与间距，使板片与人体安排合理、无交叉（图3-1-16）。

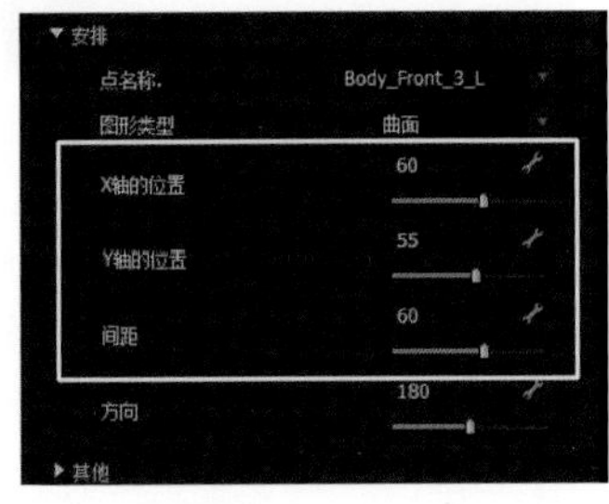

图3-1-16　安排板片

（3）运用“选择/移动”放置挂面，并调整属性编辑器“安排”选项中的X轴、Y轴位置与间距，使样板安排在前片与人体之间，前中对齐（图3-1-17）。

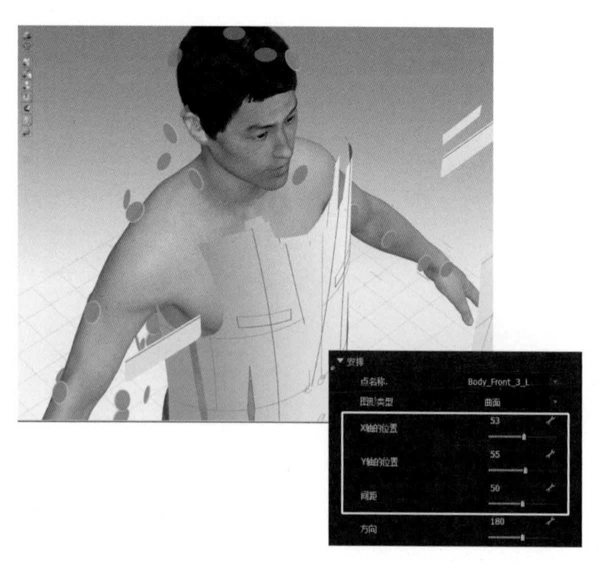

图3-1-17　调整位置

（4）运用“选择/移动”放置手巾袋与袋盖，并调整属性编辑器“安排”选项中的X轴、Y轴位置与间距，使之安排在最外侧，与前片缝合位置相对应（图3-1-18）。

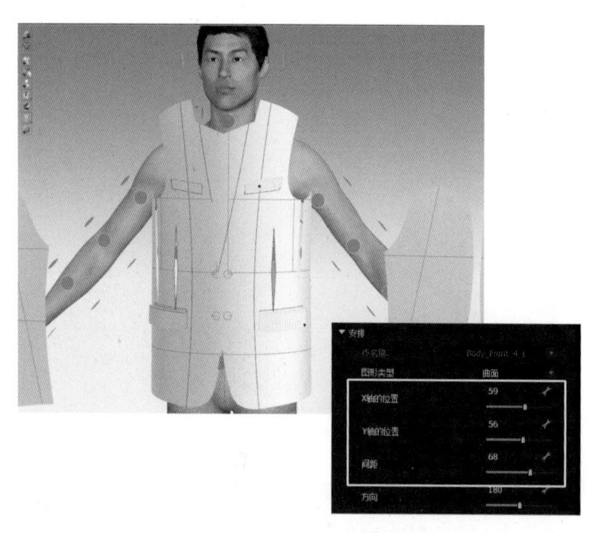

图3-1-18　调整手巾袋与袋盖位置

（5）运用“选择/移动”放置袖片，大袖片在肘关节位置，小袖片在腋下位置（图3-1-19）。

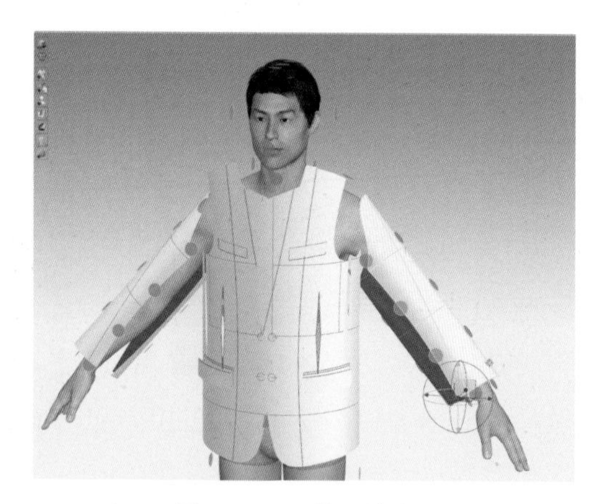

图3-1-19　放置袖片

（6）运用“选择/移动”放置后片，并调整属性编辑器“安排”选项中X轴、Y轴的位置与间距，使样板与人身体无交叉（图3-1-20）。

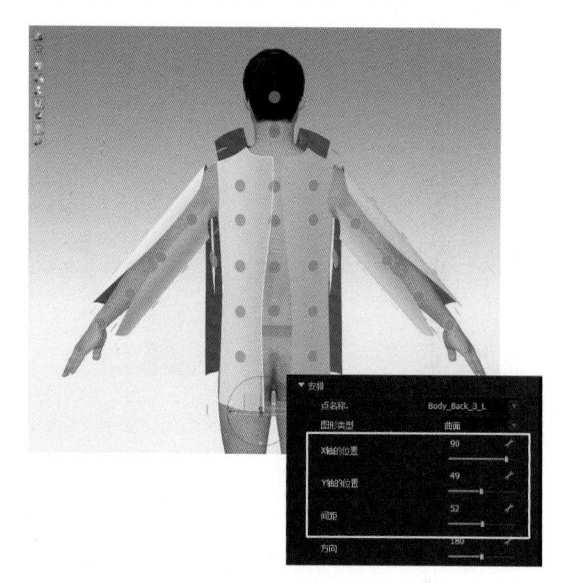

图3-1-20　放置后片

（7）运用“选择/移动”放置领底到人物后颈内侧点，领面放置在外侧点（图3-1-21）。

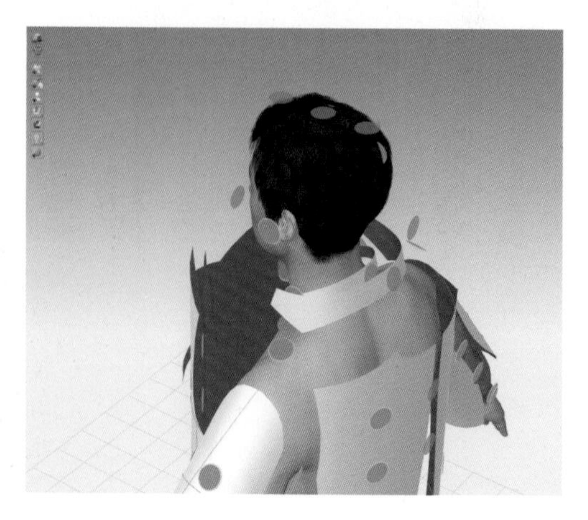

图3-1-21　放置领部

（8）检查所有板片安排位置是否到位，按照服装内外层与人物模特形成包裹状态，并且以无交叉为宜（图3–1–22）。

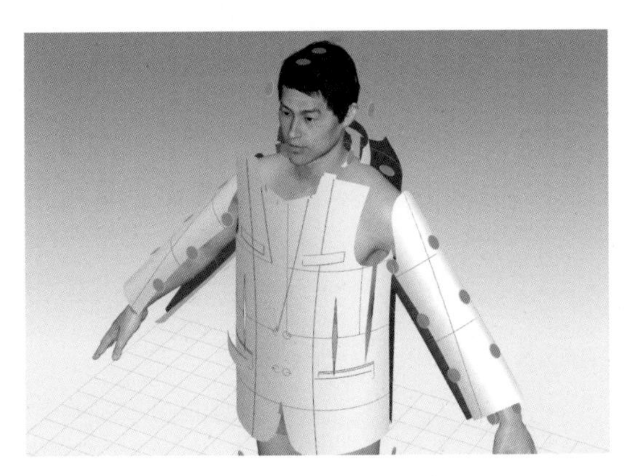

图3–1–22 检查板片位置

四、样板缝制

1. 拼合大身

（1）切换至2D窗口，运用“自由缝纫”缝合前片省道位置（图3–1–23）。

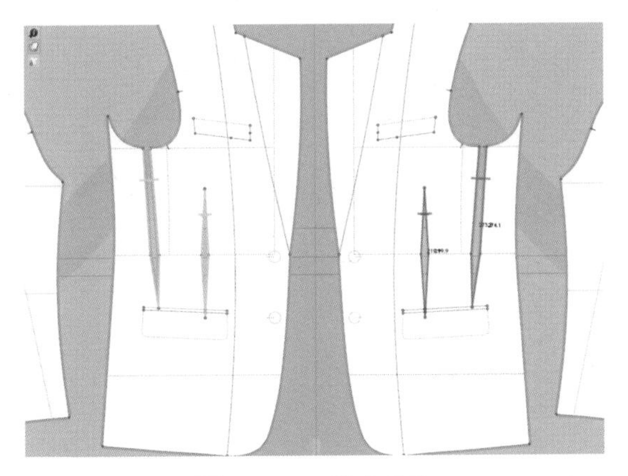

图3–1–23 缝合省位

（2）运用“自由缝纫”缝合前片手巾袋与袋盖（图3–1–24）。

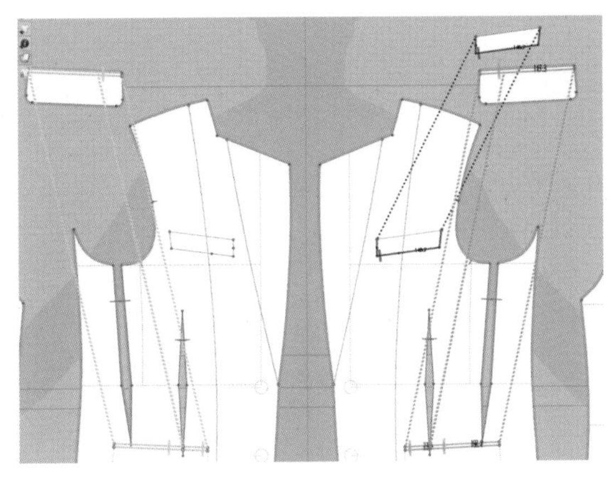

图3–1–24 缝合手巾袋和袋盖

（3）运用“自由缝纫”缝合后中线（图3–1–25）。

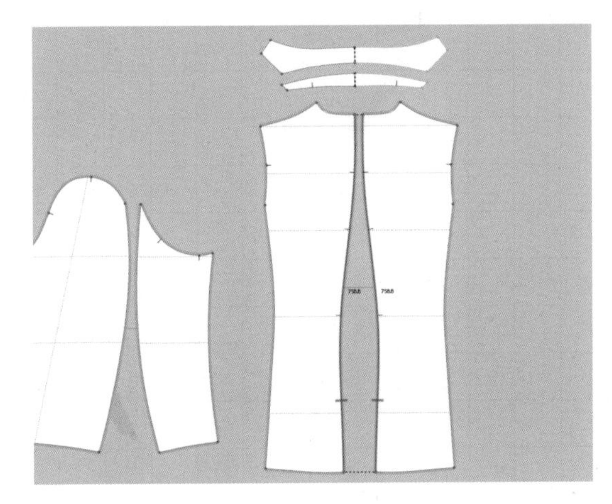

图3–1–25 缝合后中线

（4）运用“自由缝纫”缝合侧缝与肩线（图3–1–26）。

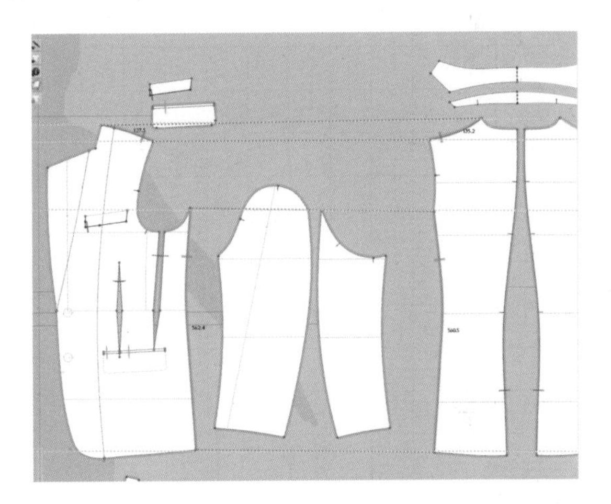

图3–1–26 缝合侧缝和肩线

2. 缝合挂面

（1）运用“自由缝纫”从侧颈点开始缝合前片与挂面的肩线（图3–1–27）。

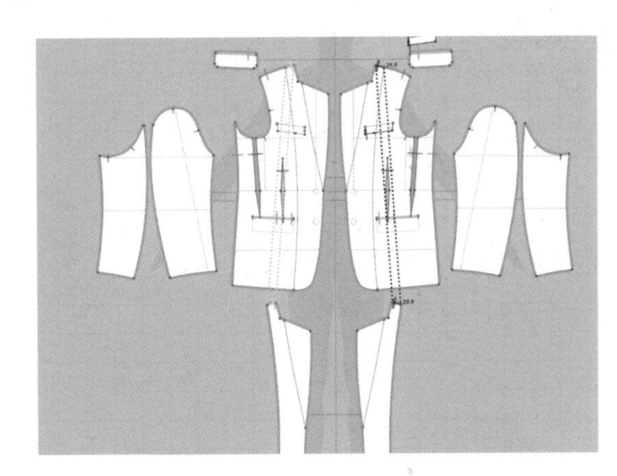

图3–1–27 缝合前片与挂面的肩线

（2）运用“自由缝纫”从侧颈点拼合至驳头（图3-1-28）。

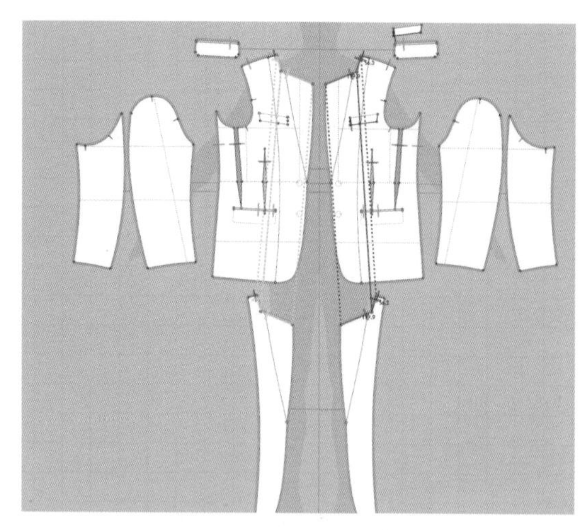

图3-1-28　拼合侧颈点至驳头

（3）运用“自由缝纫”从驳头拼合前中弧线至底摆（图3-1-29）。

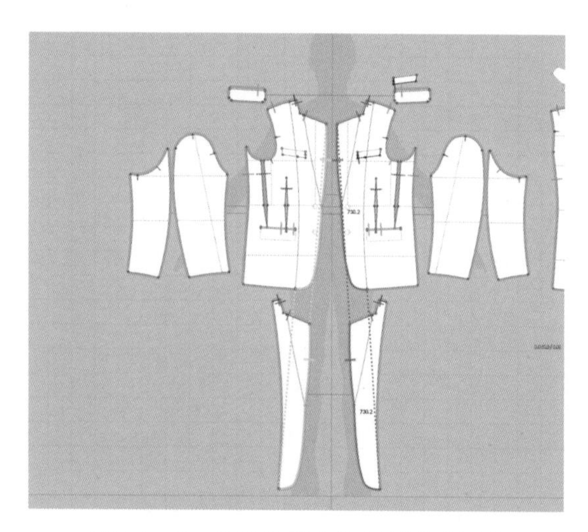

图3-1-29　从驳头拼合前中弧线至底摆

（4）运用“自由缝纫”固定前片与挂面内侧固定线（图3-1-30）。

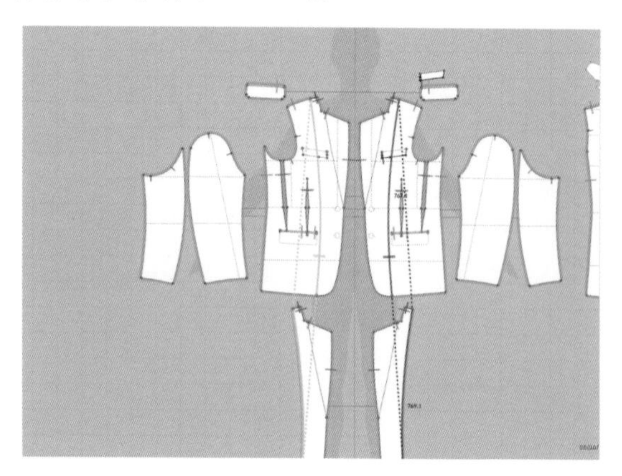

图3-1-30　固定前片与挂面内侧固定线

3. 缝合领子

（1）运用“自由缝纫”缝合领面与领底（图3-1-31）。

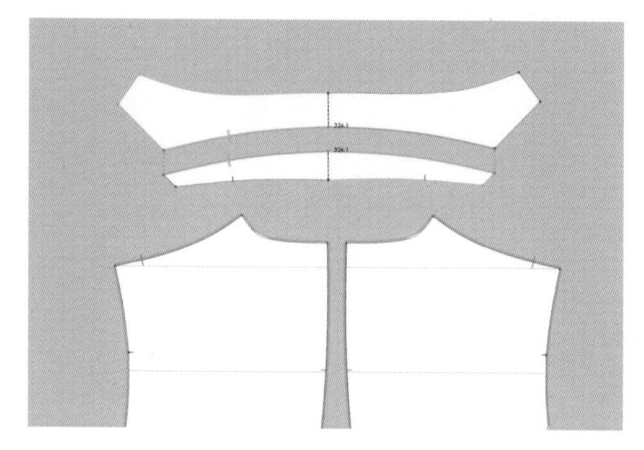

图3-1-31　缝合领面与领底

（2）运用“自由缝纫”拼合1/2领底弧线与前、后片领弧线，另外一侧因为对称关系会自动缝合（图3-1-32）。

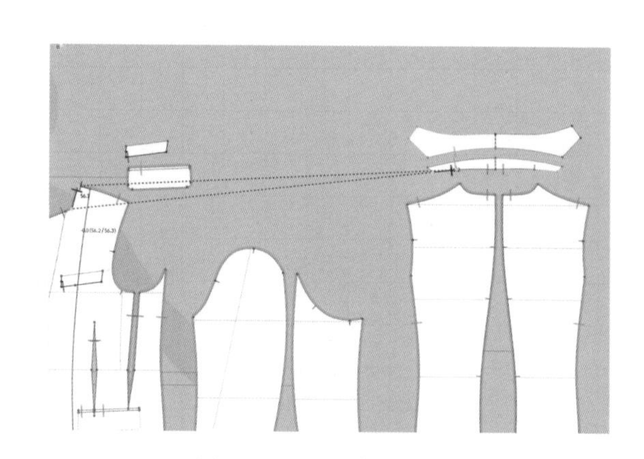

图3-1-32　缝合领子板片

（3）运用“自由缝纫”缝合领底部分与翻折点前领弧线（图3-1-33）。

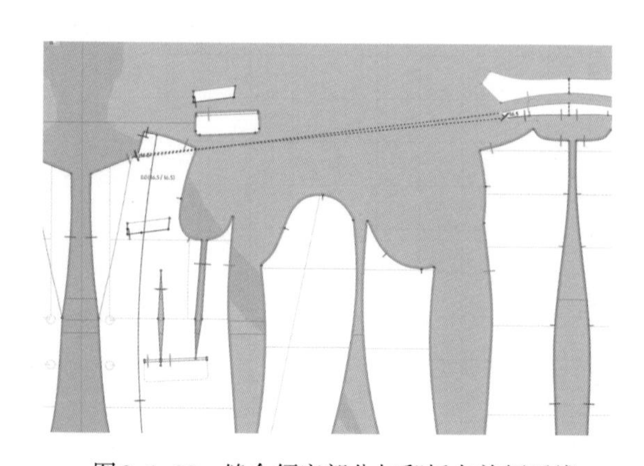

图3-1-33　缝合领底部分与翻折点前领弧线

（4）运用“自由缝纫”缝合领面部分与驳领部分（图3-1-34）。

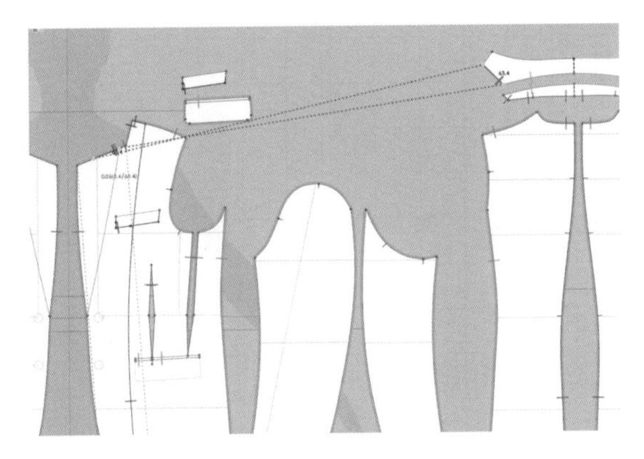

图3-1-34　缝合领面部分与驳领部分

4. 缝合袖子

（1）缝合大袖片与小袖片袖缝（图3-1-35）。

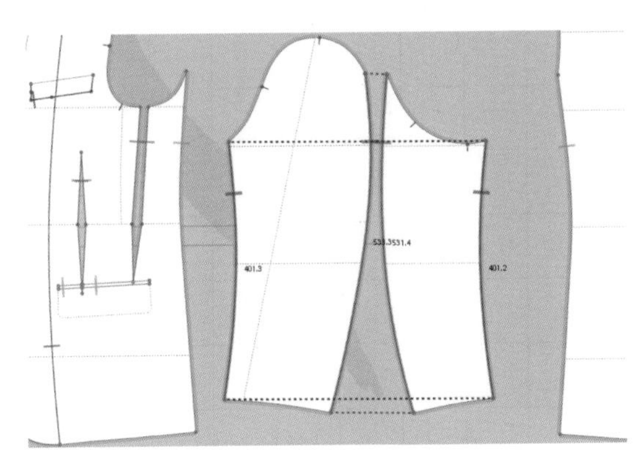

图3-1-35　缝合袖缝

（2）从袖山顶点开始缝合袖片与袖窿位置，按照对位符号指示缝合（图3-1-36）。

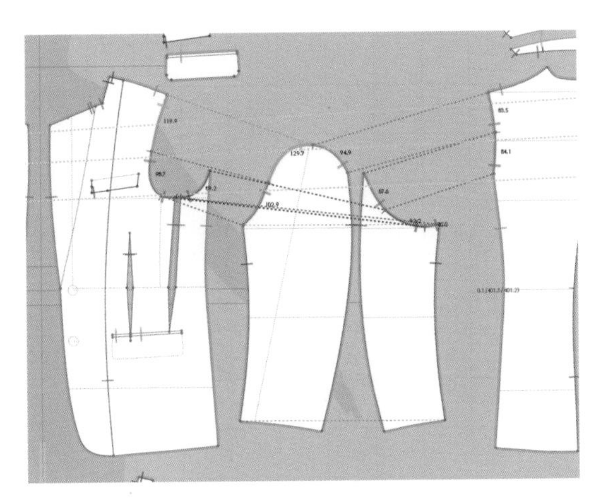

图3-1-36　缝合袖子板片

五、样板试穿

1. 试穿模拟

（1）切换至3D窗口，在停止“模拟”状态下，运用“选择/移动”全选所有样板，右键选择“硬化”属性，模拟效果呈现（图3-1-37）。

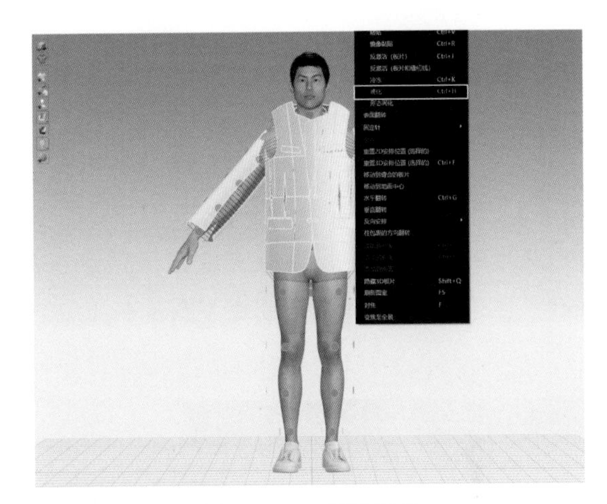

图3-1-37　硬化板片

（2）左键点击“模拟”开关，打开模拟，服装自然穿着于虚拟模特身上，查看有无抖动（图3-1-38）。

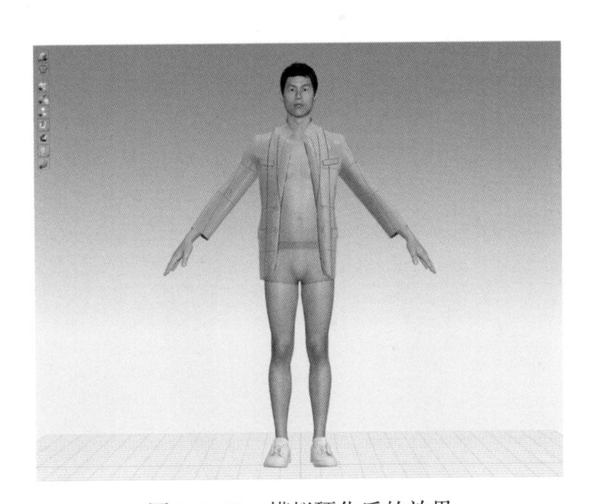

图3-1-38　模拟硬化后的效果

2. 翻折翻驳领

（1）从侧视角，运用“折叠安排”进行后领的翻折，操作尽量在领后中位置，方便翻折（图3-1-39）。

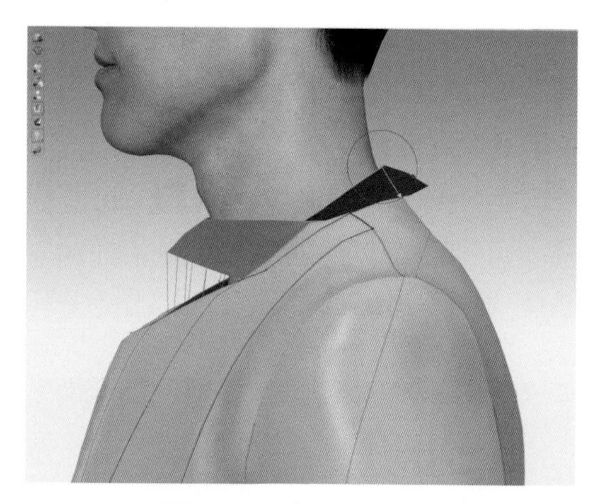

图3-1-39　折叠安排领面

（2）在右侧属性编辑器中设置折叠角度为“360° ”，使翻领领面扣合领底（图3-1-40）。

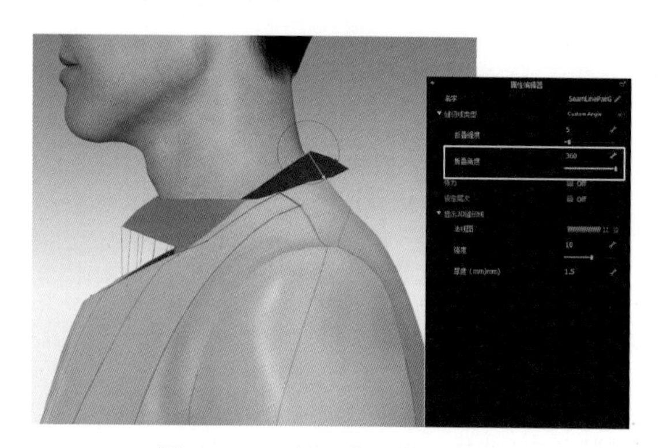

图3-1-40　设置领面折叠角度

（3）运用“折叠安排”进行驳领翻折，注意不要选到挂面翻折线上（图3-1-41）。

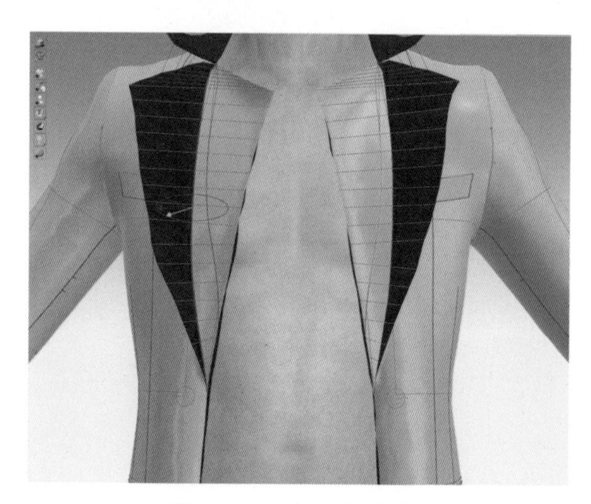

图3-1-41　折叠安排前片

（4）在右侧属性编辑器中设置前片折叠角度为“360° ”（图3-1-42）。

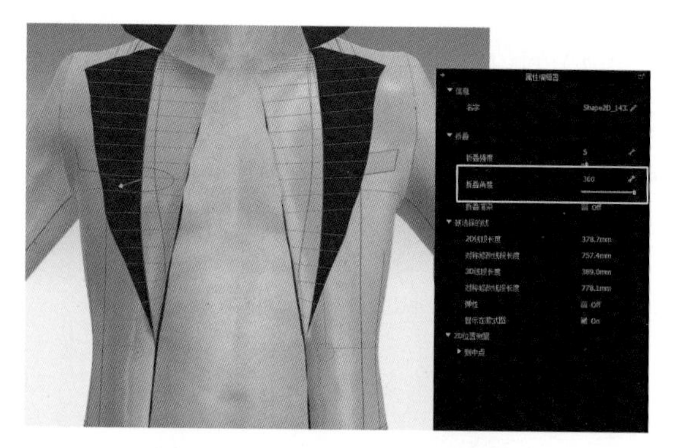

图3-1-42　设置前片折叠角度

（5）运用“选择/移动”选择挂面，在选中的样板中右键属性选择“表面反转”选项（图3-1-43）。

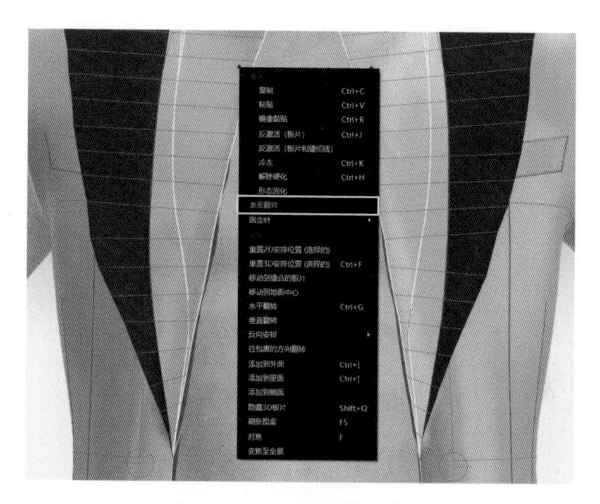

图3-1-43　翻转挂面表面

（6）运用“折叠安排”进行挂面翻折，设定角度为“0° ”（图3-1-44）。

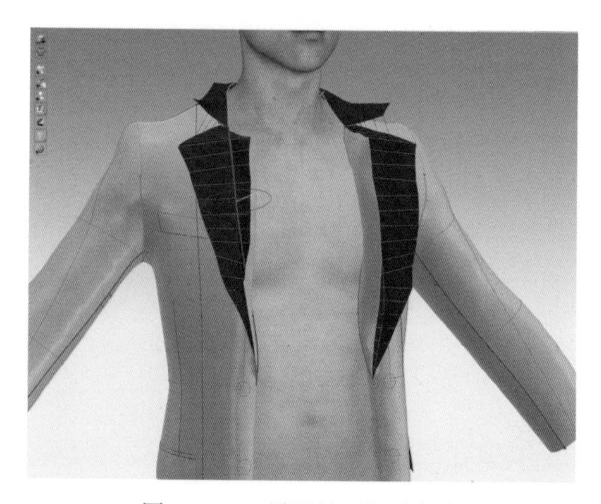

图3-1-44　设置挂面折叠角度

（7）打开“模拟”开关后，选择“熨烫”依次点击前片与挂面，完成熨烫（图3-1-45）。

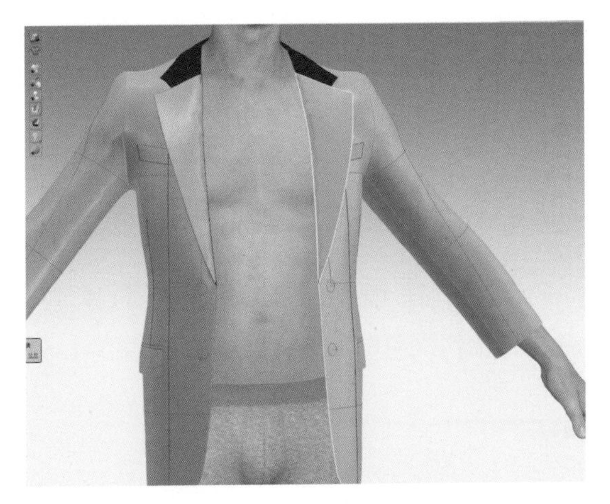

图3-1-45　熨烫前片挂面

（8）运用“选择/移动”选择翻领，在选中的样板上右键选择“表面翻转”（图3-1-46）。

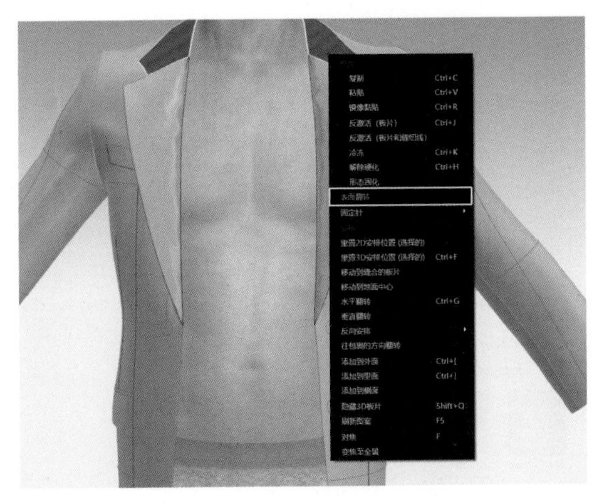

图3-1-46　翻转领片

3. 设定纽扣

（1）打开“3D/2D窗口”界面，在3D窗口运用“纽扣”点选右前片纽扣位置，安排纽扣（图3-1-47）。

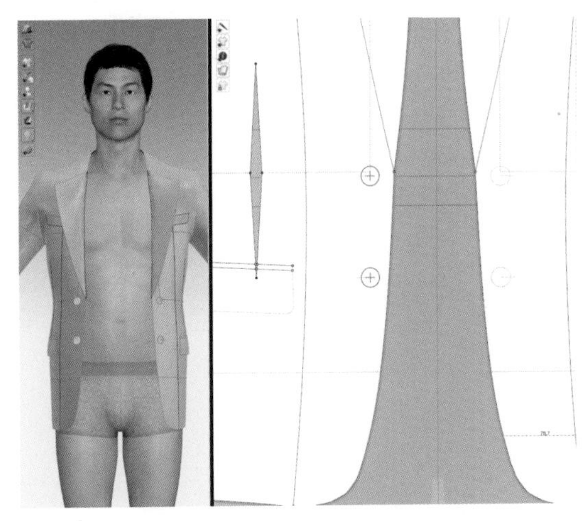

图3-1-47　设置纽扣

（2）在3D窗口运用“选择/移动纽扣”框选纽扣，右键选择“将扣眼复制到对称板片上”（图3-1-48）。

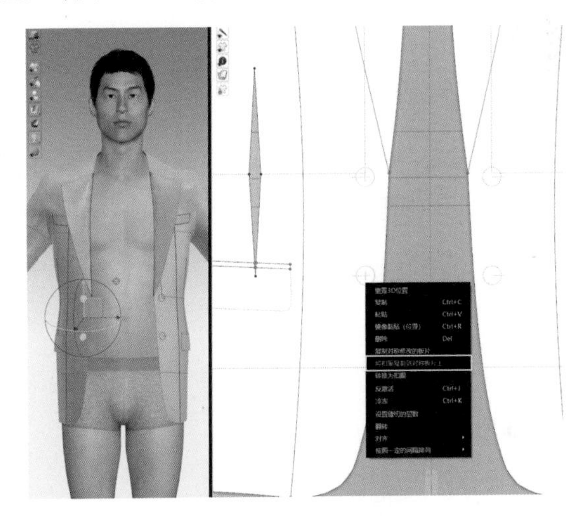

图3-1-48　复制扣眼

（3）在3D窗口运用“系纽扣”，依次点选对应的纽扣和扣眼（图3-1-49）。

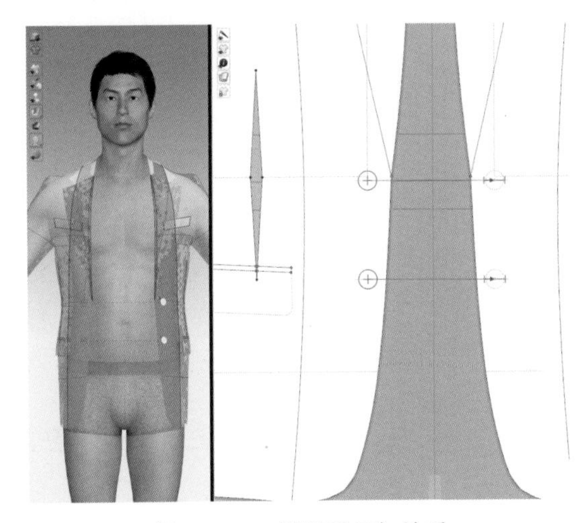

图3-1-49　设置系纽扣关系

（4）切换“选择/移动”，打开“模拟”，查看系纽扣效果（图3-1-50）。

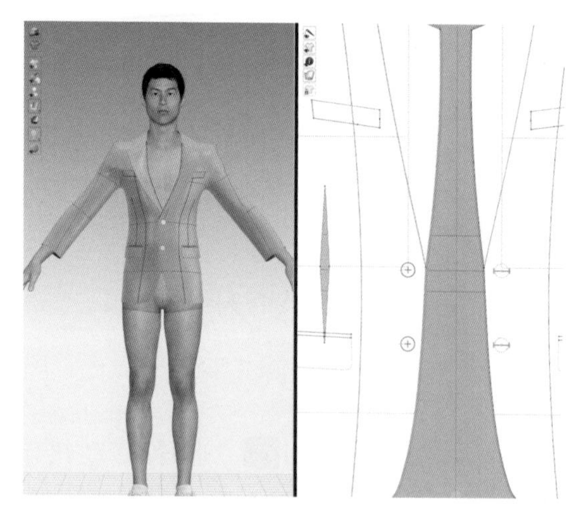

图3-1-50　模拟系纽扣效果

六、材质设置

1.设置织物面料属性

（1）运用“选择/移动”全选所有样板，右键选择“解除硬化”（图3-1-51）。

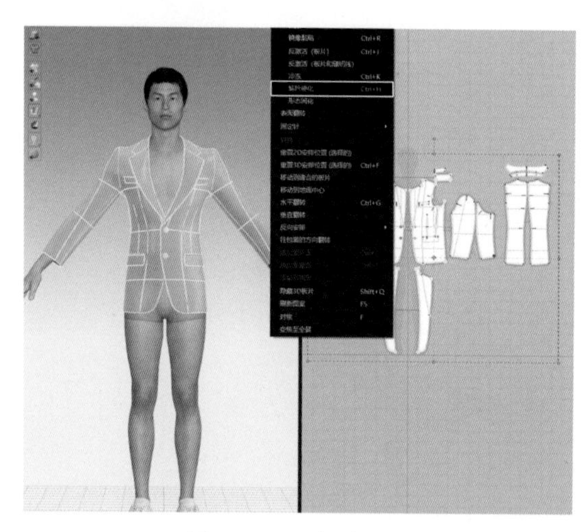

图3-1-51　解除硬化

（2）在“纹理”选项中点击选择“XX_Color”图片，此选项代表颜色信息（图3-1-52）。

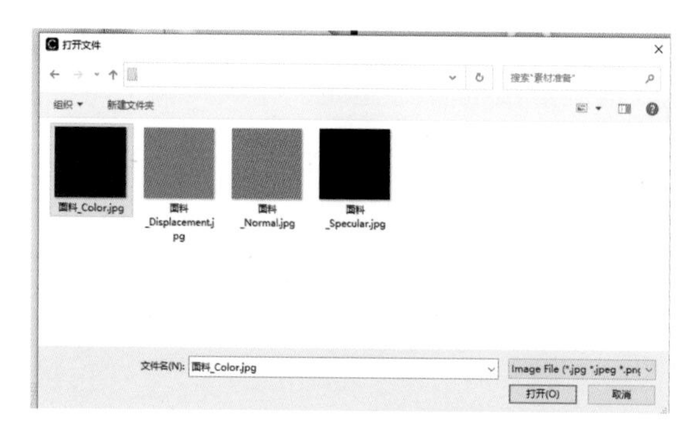

图3-1-52　设置纹理图

（3）在“法线图”选项点击选择“XX_Normal”图片，此选项代表凹凸信息（图3-1-53）。

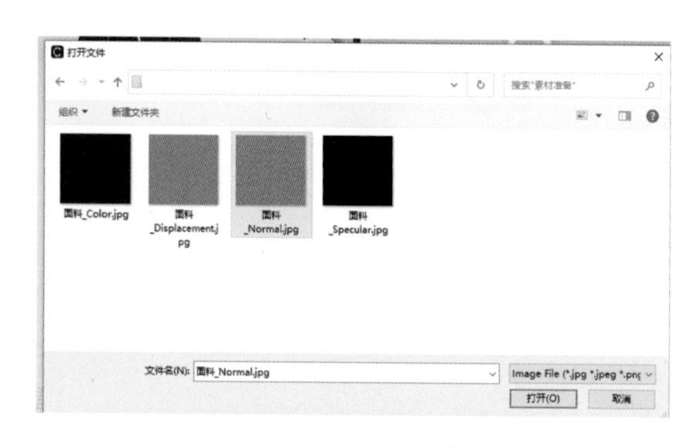

图3-1-53　设置法线图

（4）在“置换图”选项点击选择“XX_Displacement”图片，此选项代表凹凸细节信息（图3-1-54）。

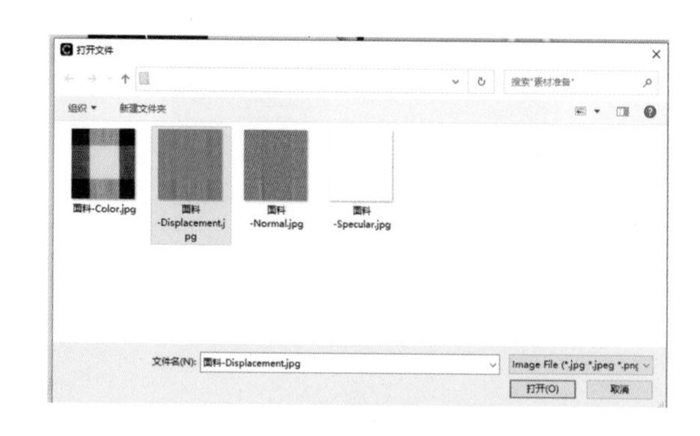

图3-1-54　设置置换图

（5）在“表面粗糙度”选项点击选择“高光图”，选择“XX_Specular”图片，此选项代表高光亮度信息（图3-1-55）。

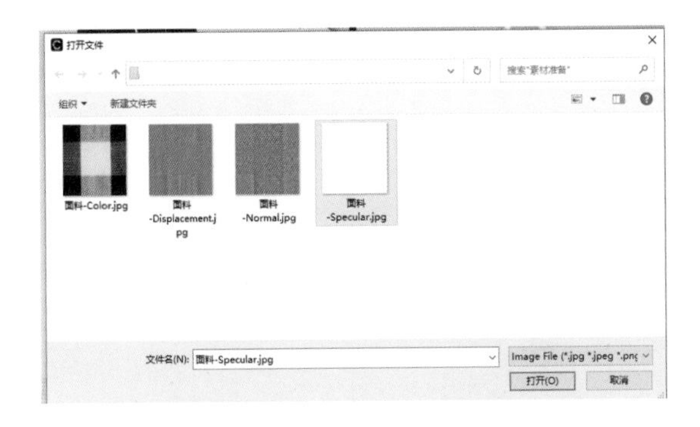

图3-1-55　设置高光图

（6）在物体窗口中左键选择“FABRIC1”，在属性视窗中设置“物理属性”为“Wool_Cashmere”（羊毛羊绒）（图3-1-56）。

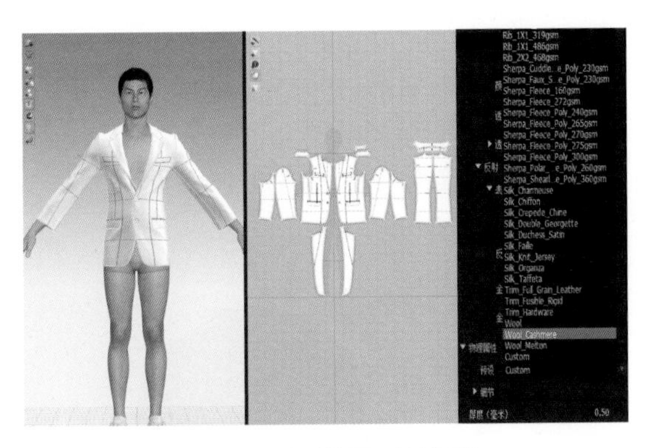

图3-1-56　设置面料属性

（7）运用“编辑纹理”，缩放调整织物精细程度，调整法线强度，设置法线强度为“5”（图3-1-57）。

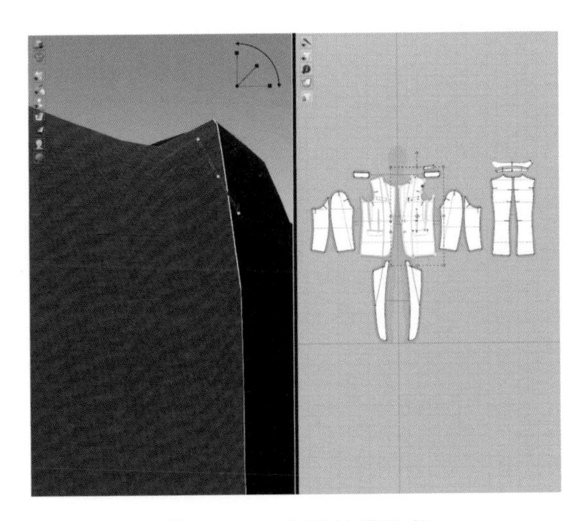

图3-1-57　调整法线强度

2. **纽扣设计**

（1）在物体窗口中选择纽扣样式，设置纽扣与扣眼的宽度及样式，注意扣眼要大于纽扣3mm（图3-1-58）。

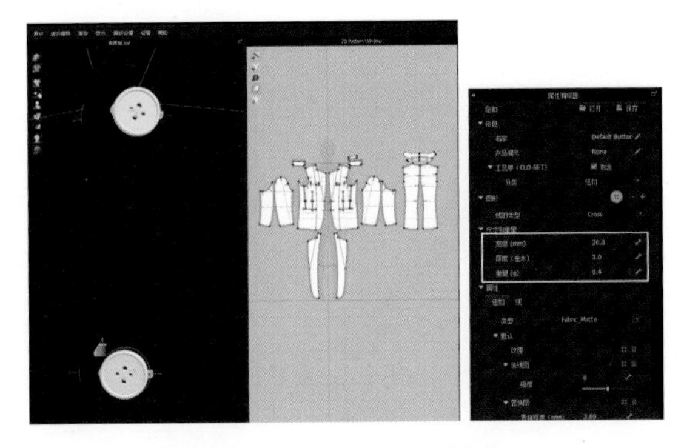

图3-1-58　设置纽扣样式

（2）在“属性→颜色”中，运用拾色器，选择大身面料颜色，统一服装面料与纽扣扣眼颜色（图3-1-59）。

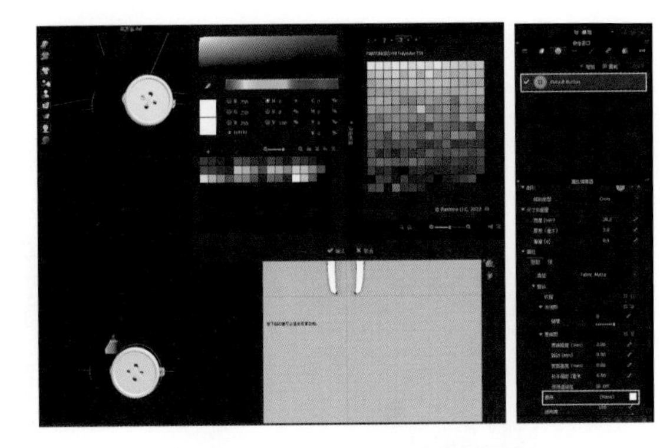

图3-1-59　设置纽扣颜色

七、成衣展示

（1）在3D窗口的状态栏中，选择“浓密纹理表面”，使服装更加自然（图3-1-60）。

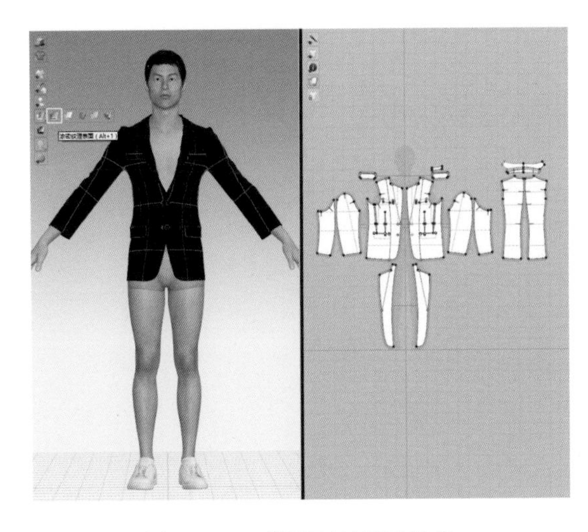

图3-1-60　设置面料显示效果

（2）在3D窗口的状态栏中，关闭"显示内部线"、"显示基础线"、"显示缝纫线"等（图3-1-61）。

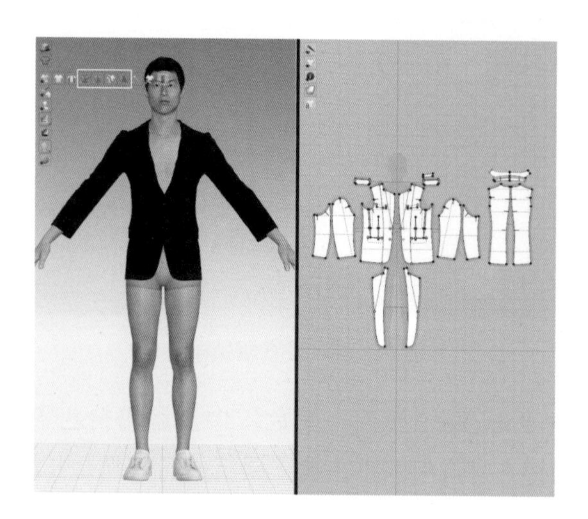

图3-1-61　设置显示开关

（3）在"图库→Avatar→Male_V2→Pose"中选择"MV2_03_Attention.pos2"动作（图3-1-62）。

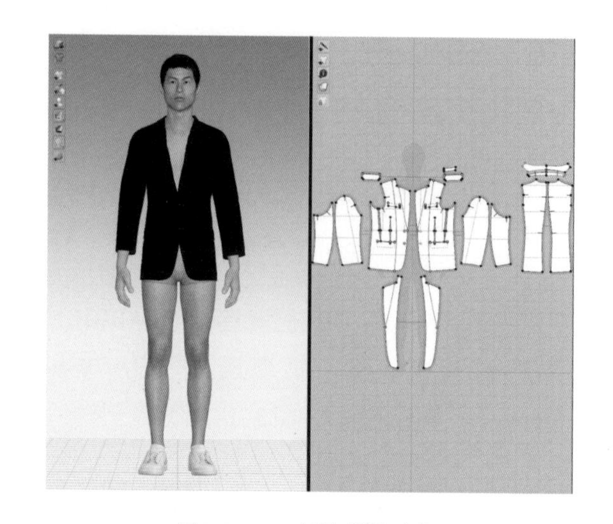

图3-1-62　切换模特动作

（4）成衣效果展示（图3-1-63）。

图3-1-63　成衣效果展示

第二节　男西裤制作

男西裤制作视频

教学目标：

1. 掌握3D男西裤制作流程。
2. 掌握男西裤的缝制方法。
3. 掌握挺缝线的制作。

教学内容：

通过本节课程，学习3D男西裤的缝制试穿方式，明线设置方式，掌握相关款式的虚拟制作方式。

教学要求：

通过本节课程，学习3D男西裤的缝制、试穿方式，掌握相关款式的虚拟制作方法。

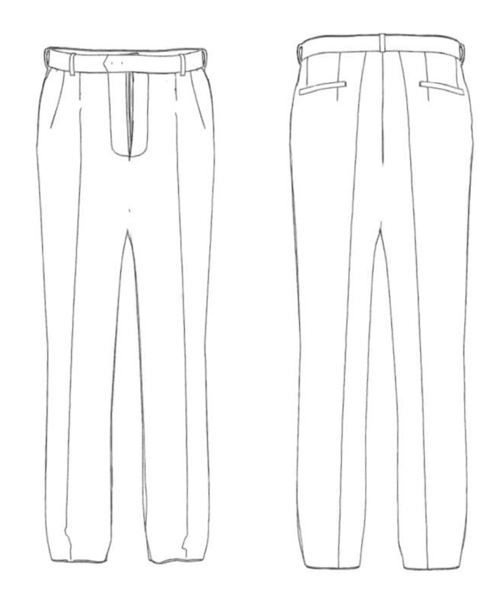
图3-2-1　男西裤款式图

一、文件准备

1. 准备款式图

准备男西裤的款式图，款式图可以明确显现服装分割线以及安排方式（图3-2-1）。

2. 准备样板文件

准备男西裤的样板文件，样板文件为净样板，包含制板的结构线、标记线、剪口、扣位等信息（图3-2-2）。

3. 准备面料文件

准备男西裤的面料文件，文件包括：颜色贴图、法线贴图、置换贴图、高光贴图（图3-2-3）。

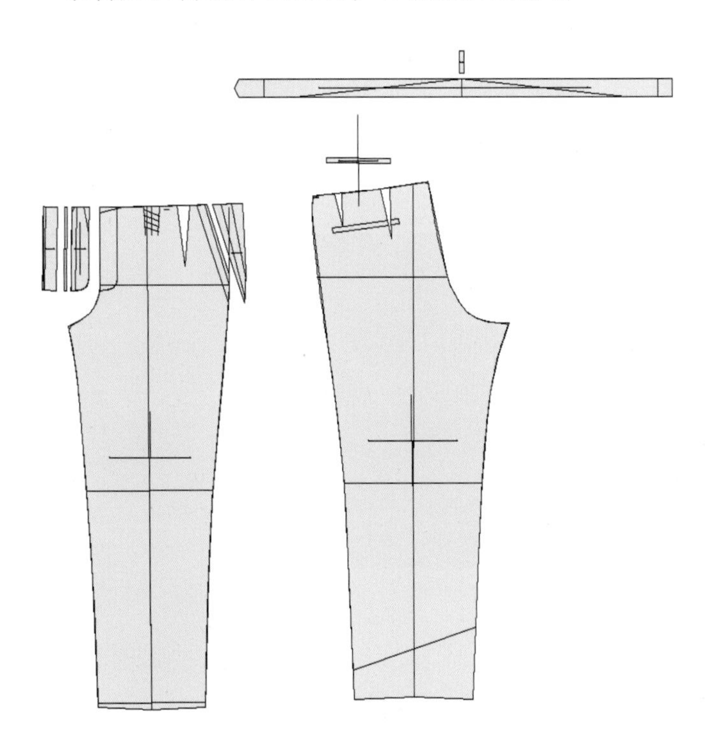
图3-2-2　男西裤板片图

图3-2-3　男西裤面料文件

二、样板导入

1. 调取模特

在图库窗体下选择Avatar，双击鼠标左键打开Male_V2文件夹，再双击鼠标左键加载MV2_Martin模特，在“打开虚拟模特”窗口中选择加载类型为打开后，点击“确认”（图3-2-4）。

2. 导入样板

（1）在菜单栏中选择“文件→导入→DXF（AAMA/ASTM）”，导入男款西裤板片文件（图3-2-5）。

（2）在“导入DXF”窗口中选择：加载类型为“打开”；比例为“自动规模”；旋转为“不旋转”，选项点击“板片自动排列”“优化所有曲线点”复选框（图3-2-6）。

三、样板调整

1. 数量补齐

（1）切换至2D窗口，运用“调整板片”拖动样板，按照服装结构对应关系放置到3D虚拟模特虚影上身位置（图3-2-7）。

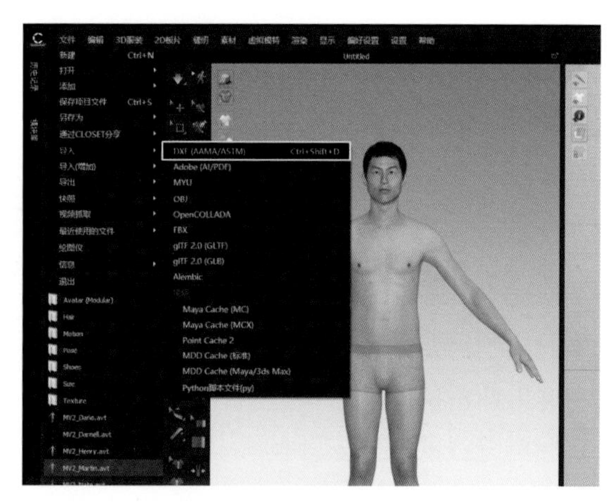

图3-2-5　导入板片

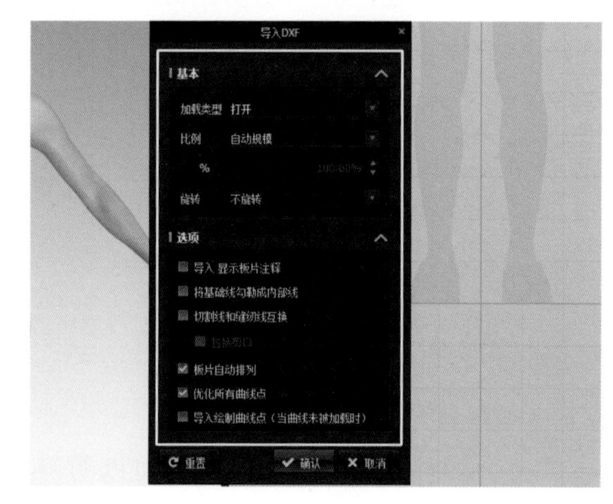

图3-2-6　确认导入选项

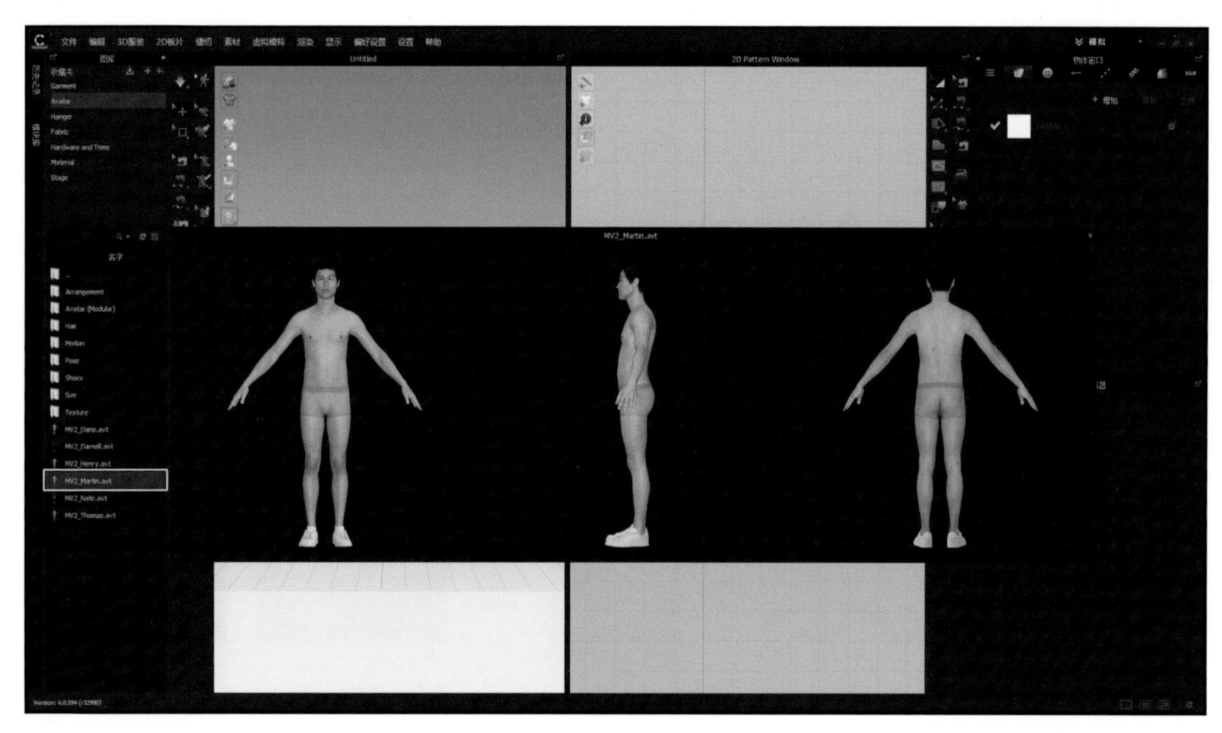

图3-2-4　选择虚拟模特

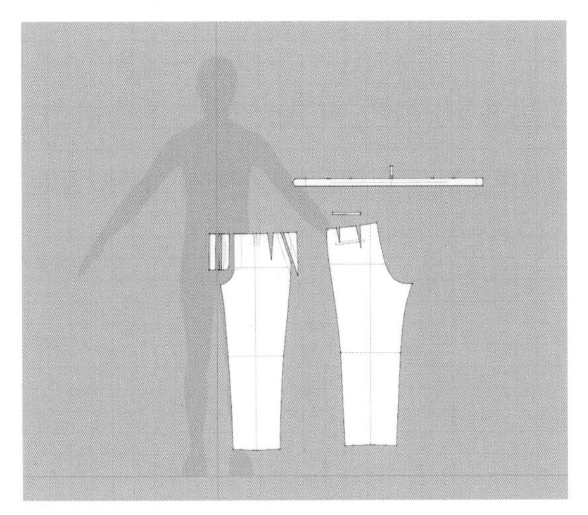

图3-2-7 放置板片至3D虚拟模特

（2）运用"调整板片"，左键框选左前片、垫底布，在选中的板片上右键选择"对称板片（板片和缝纫线）"选项，按下"Shift"键进行前中对称放置（图3-2-8）。

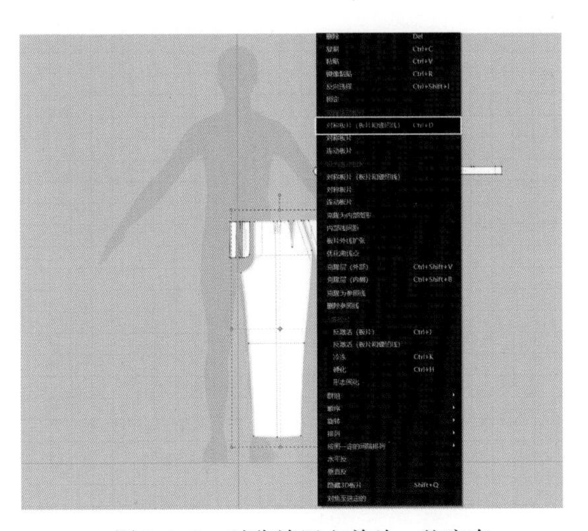

图3-2-8 对称放置左前片、垫底布

（3）运用"调整板片"，左键框选左后片、嵌线袋唇片，在选中的板片上右键选择"对称板片（板片和缝纫线）"选项，按下"Shift"键进行后中对称放置（图3-2-9）。

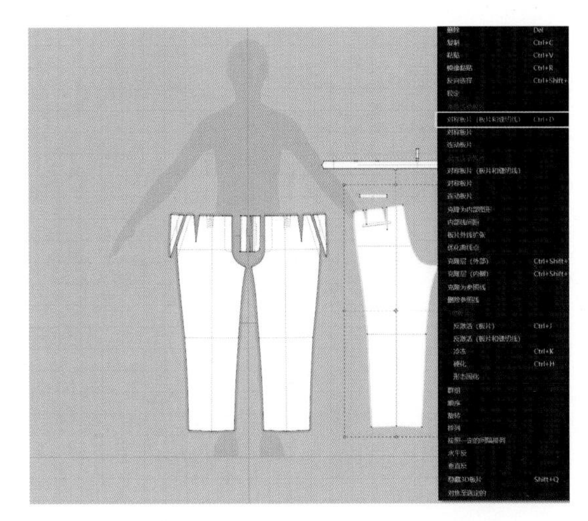

图3-2-9 对称放置左后片、嵌线袋唇片

（4）运用"调整板片"，左键点选裤袢并复制4份，按照腰头对应点位排列放置（图3-2-10）。

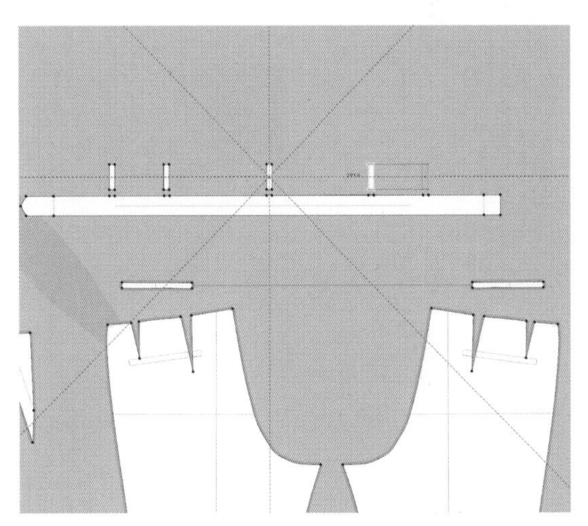

图3-2-10 复制裤袢板片

2. 内部线制作

（1）运用"勾勒轮廓"组合"Shift"键选择前片门襟、褶位、挺缝线、裤袢缝纫位置，在选中的基础线上右键选择"勾勒为内部图形"（图3-2-11）。

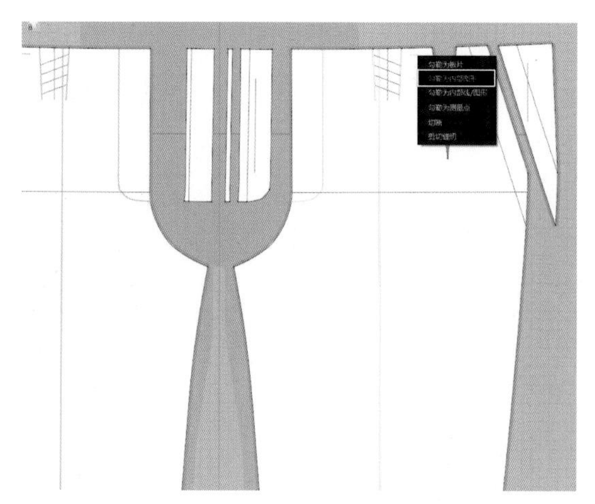

图3-2-11　勾勒板片内部线

（2）运用 “勾勒轮廓”组合“Shift”键，选择前片、后片嵌线缝纫位置、挺缝线、裤袢缝纫位置，在选中的基础线上右键选择“勾勒为内部图形”（图3-2-12）。

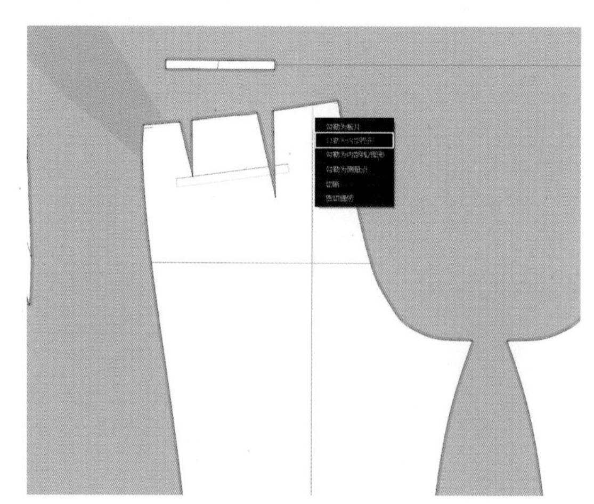

图3-2-12　勾勒板片内部线

（3）运用 “勾勒轮廓”组合“Shift”键，选择门襟、底襟拉链缝纫位置，在选中的基础线上右键选择“勾勒为内部图形”（图3-2-13）。

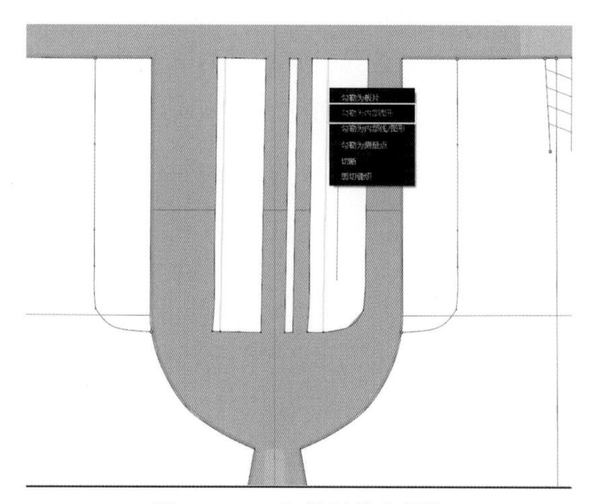

图3-2-13　勾勒板片内部线

3. 位置安排

（1）切换至3D窗口，左键点击 “重置2D安排位置（全部）”，重置样板位置（图3-2-14）。

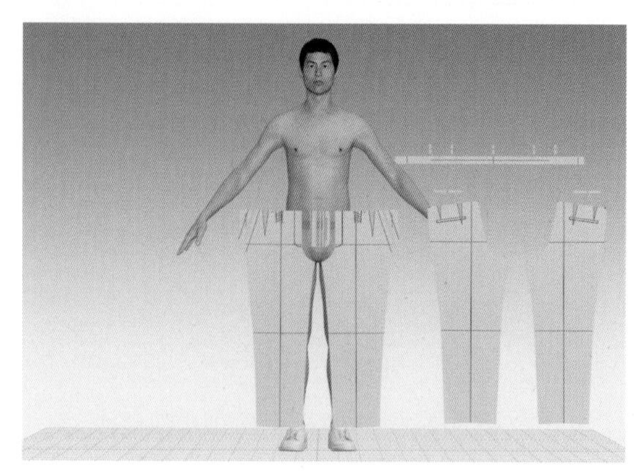

图3-2-14　重置2D安排位置（全部）

（2）打开3D状态中的 “显示安排点”，运用 “选择/移动”按照样板与人体位置放置板片（图3-2-15）。

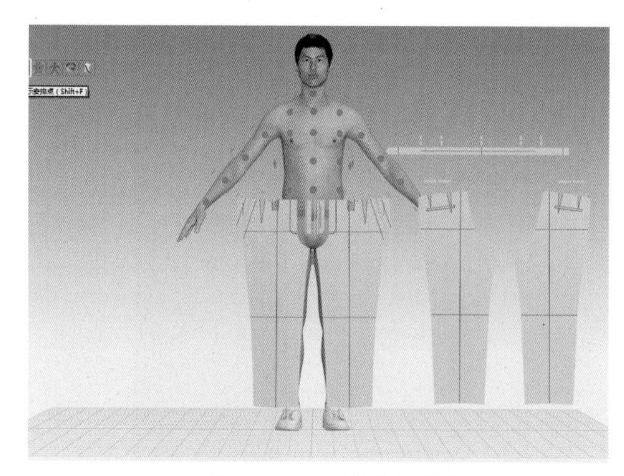

图3-2-15　显示安排点

（3）调整属性编辑器“安排”中X轴、Y轴的位置与间距，使样板与人体无交叉（图3-2-16）。

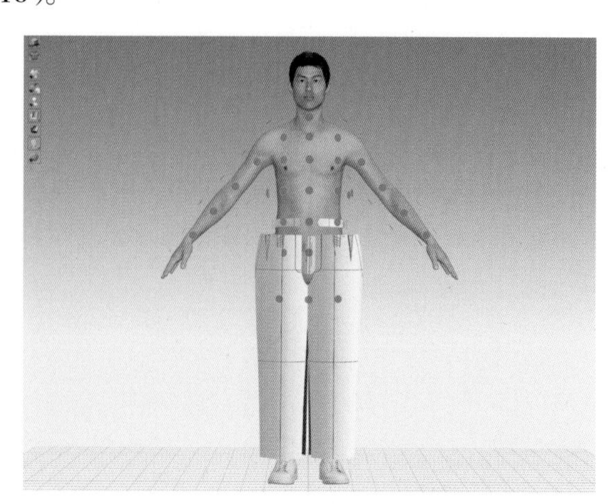

图3-2-16　设置X轴、Y轴位置、间距

（4）运用“选择/移动”，重点检查门襟处放置关系，从里到外分别是底襟、拉链、门襟里（图3-2-17）。

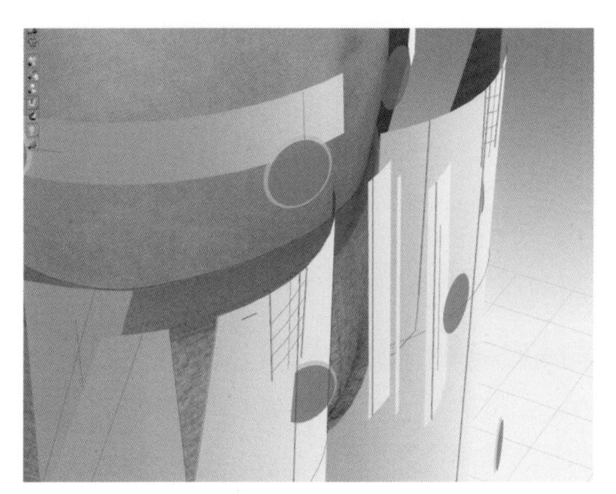

图3-2-17　检查门襟处放置位置

四、样板缝制

1.拼合零部件

（1）切换至2D窗口，运用“自由缝纫”缝合前片省道位置及固定垫底布（3D试衣中可不做口袋布）（图3-2-18）。

图3-2-18　缝合前片省道及固定垫底布

（2）运用“自由缝纫”缝合、固定前片叠褶位置，根据图片示意，叠褶位置需要进行边缘固定处理（图3-2-19）。

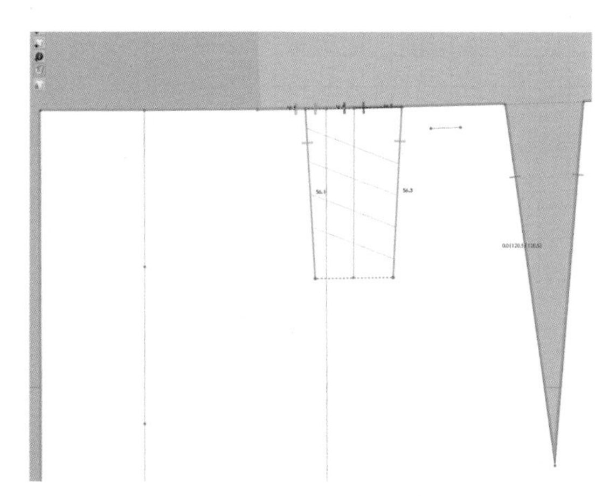

图3-2-19　缝纫前片叠褶

（3）运用“自由缝纫”缝合固定门襟里、拉链、底襟（图3-2-20）。

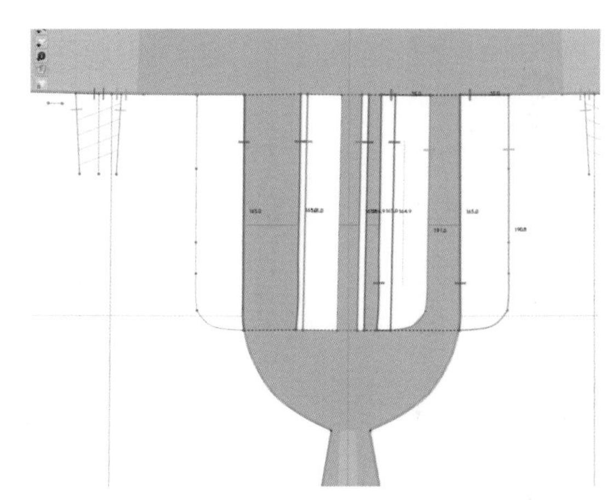

图3-2-20　固定门襟里、拉链、底襟

（4）运用“自由缝纫”缝合后片省位（图3-2-21）。

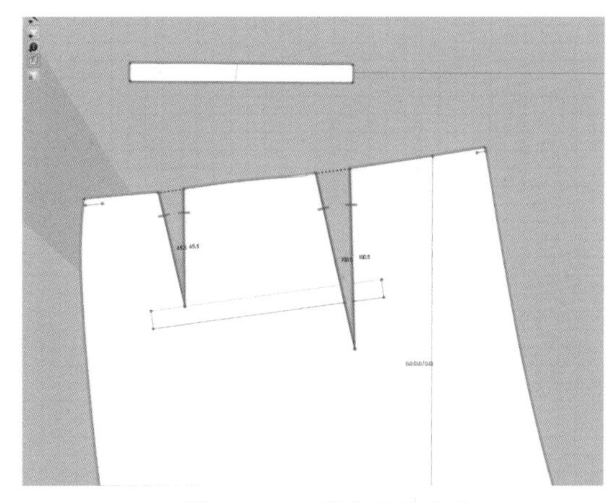

图3-2-21　缝合后片省位

（5）运用"自由缝纫"缝纫嵌线袋唇与后片，袋唇底边缘可用"Shift"键进行1∶N缝纫（图3-2-22）。

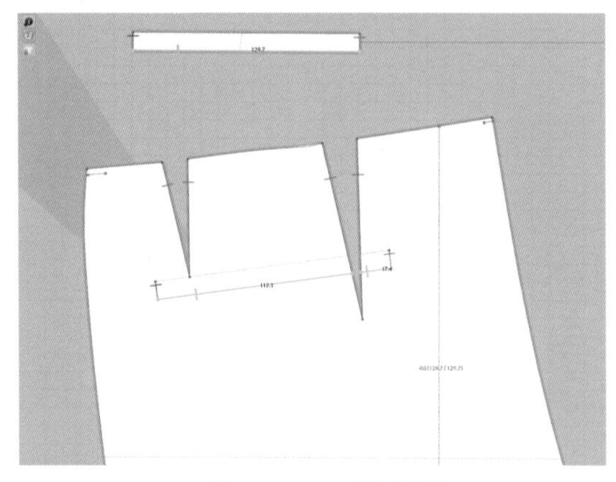

图3-2-22　缝纫嵌线

2. 缝合裤片

（1）运用"自由缝纫"缝合后片外侧缝、前片外侧缝、垫底布，可结合"Shift"键进行1∶N缝纫（图3-2-23）。

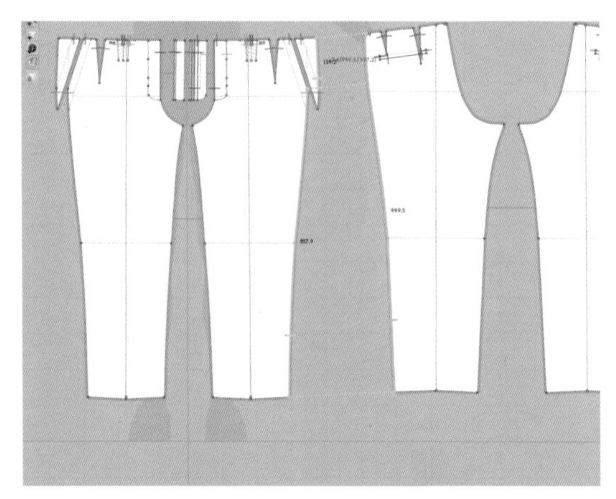

图3-2-23　缝纫外侧缝

（2）运用"自由缝纫"缝纫后片内侧缝与前片内侧缝（图3-2-24）。

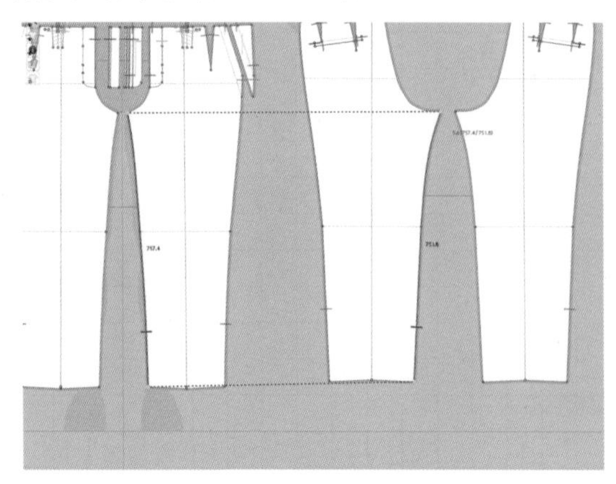

图3-2-24　缝纫内侧缝

（3）运用"自由缝纫"缝合后片立裆部分（图3-2-25）。

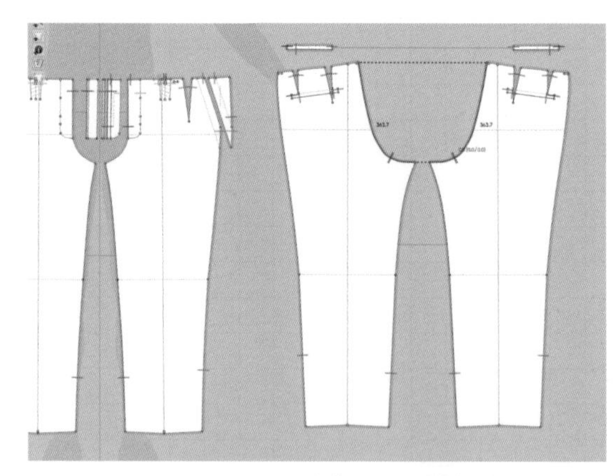

图3-2-25　缝合后片立裆部分

（4）运用"自由缝纫"拼合前裤片立裆部分，注意门襟部分不进行缝纫（图3-2-26）。

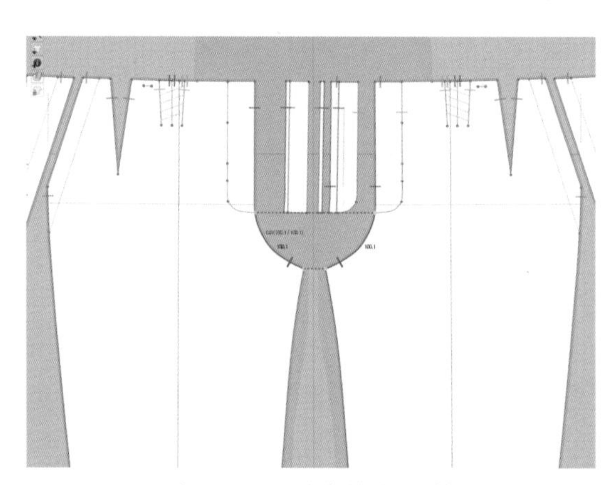

图3-2-26　缝合前片立裆部分

3. 缝合腰头

（1）运用"自由缝纫"缝合腰头与前后裤片、垫底布、底襟部分，需要按照对应位置进行1∶N缝纫（图3-2-27）。

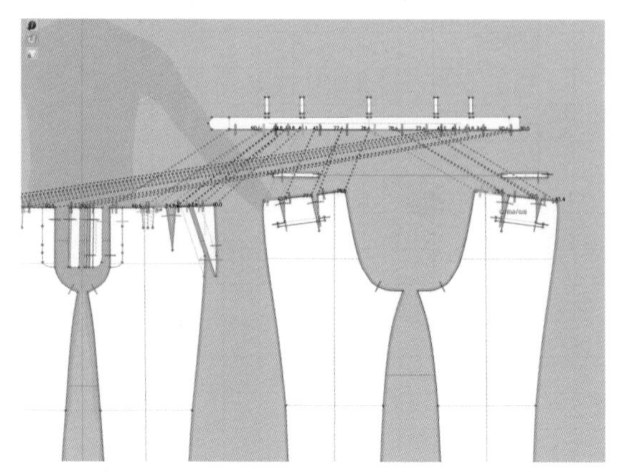

图3-2-27　缝合腰头

（2）运用 “自由缝纫”缝合裤袢上边缘与腰头，进行等长固定（图3-2-28）。

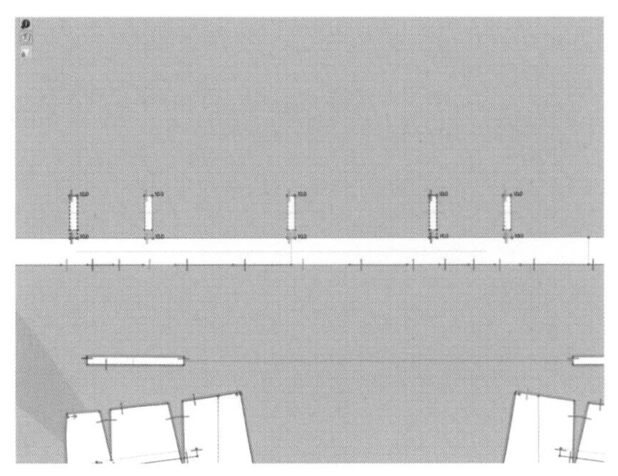

图3-2-28　缝合裤袢上边缘与腰头

（3）运用 “自由缝纫”缝合裤袢下边缘与裤片，进行一一对应（图3-2-29）。

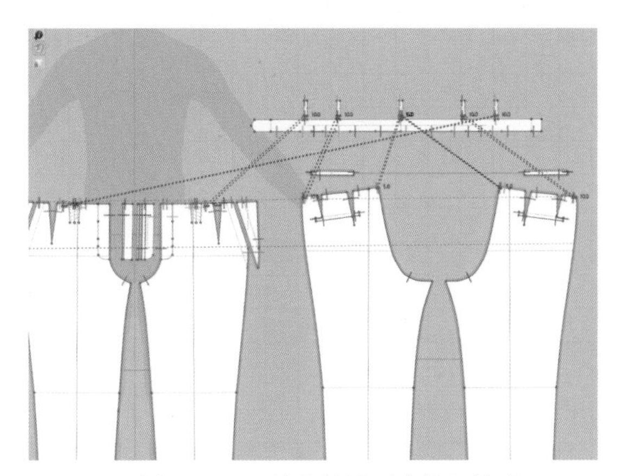

图3-2-29　缝合裤袢下边缘与裤片

4. 设置褶向

（1）运用 “调整板片”选择折中线，属性编辑器中设置折叠角度为“360°”（图3-2-30）。

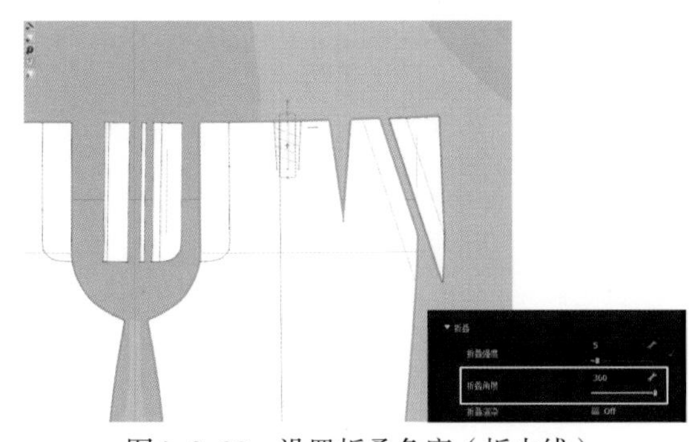

图3-2-30　设置折叠角度（折中线）

（2）运用 “调整板片”选择近前中一侧的缝纫线，属性编辑器中设置折叠角度为“0°”（图3-2-31）。

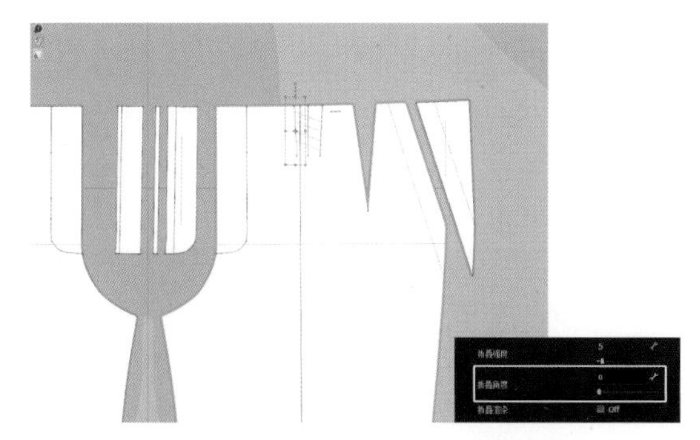

图3-2-31　设置折叠角度（缝纫线）

（3）运用 “调整板片”选择前片挺缝线，属性编辑器中设置折叠角度为“90°”（图3-2-32）。

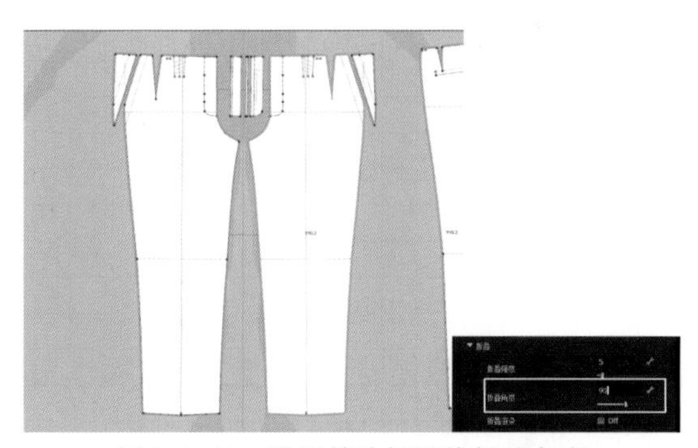

图3-2-32　设置前片挺缝线折叠角度

（4）运用 “调整板片”选择后片挺缝线，属性编辑器中设置折叠角度为“90°”（图3-2-33）。

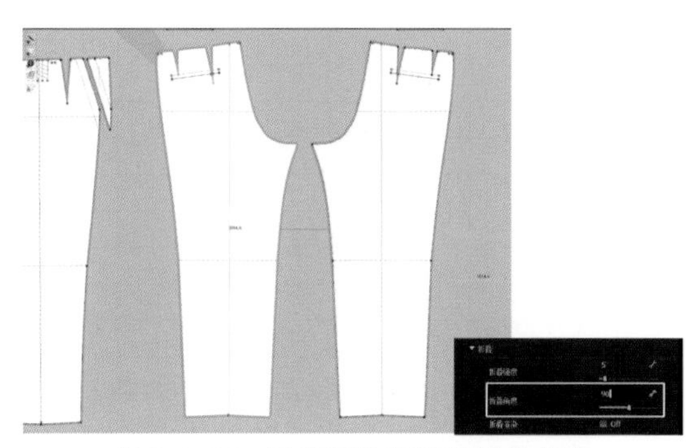

图3-2-33　设置后片挺缝线折叠角度

五、样板试穿

1.试穿模拟

（1）切换至3D窗口，在停止“模拟”状态下，运用“选择/移动”全选所有样板，右键选择“硬化”方便模拟效果呈现（图3-2-34）。

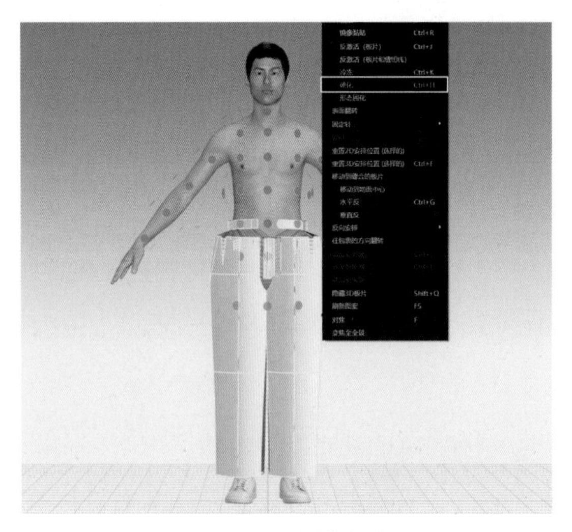

图3-2-34　硬化板片

（2）点击“模拟”开关，打开“模拟”，服装实时根据重力和服装关系进行着装。男西裤自然穿着于虚拟模特身上，查看服装有无抖动等异常状态（图3-2-35）。

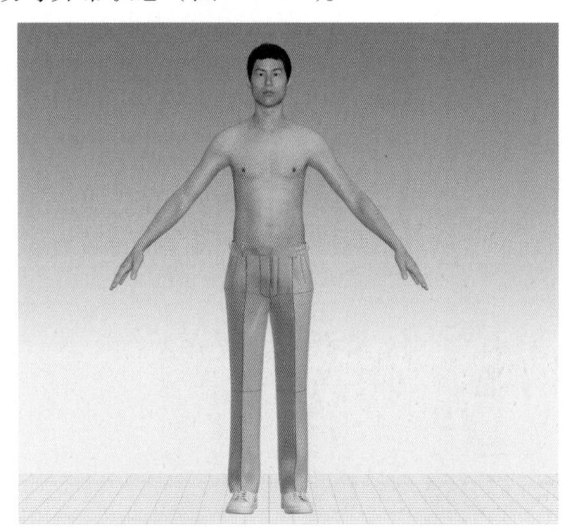

图3-2-35　模拟硬化后的效果

2.服装调整

（1）运用“选择/移动”，在门襟处从侧视角推动底襟贴近模特身体（图3-2-36）。

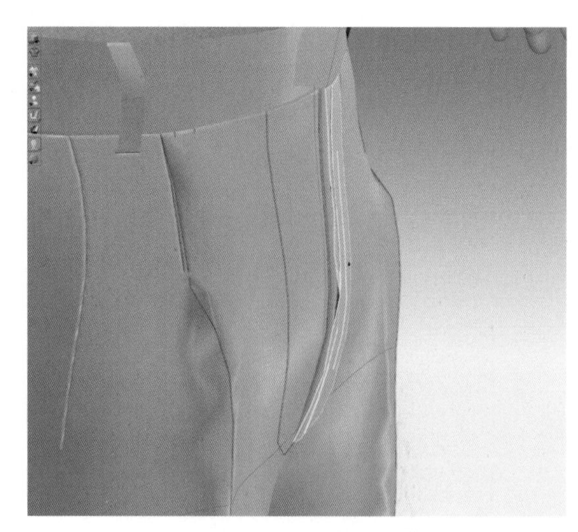

图3-2-36　调整底襟

（2）全选所有样板，属性编辑器中设置粒子间距为“10”，再进行模拟查看调整效果（图3-2-37）。

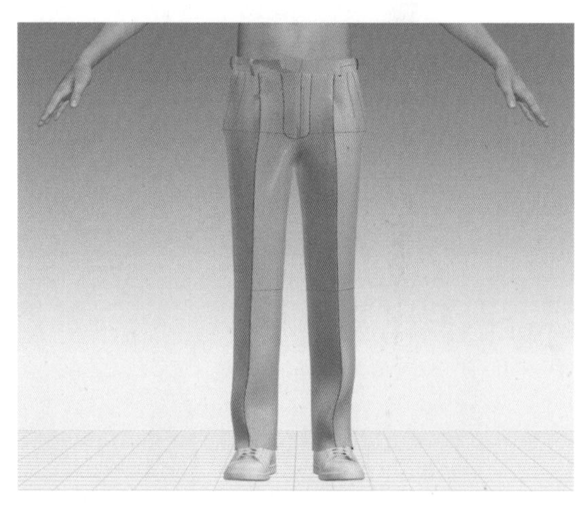

图3-2-37　设置粒子间距

3.设定纽扣

（1）打开“3D/2D窗口”，在3D窗口运用“扣眼”点选腰头宝剑头位置，安排扣眼（图3-2-38）。

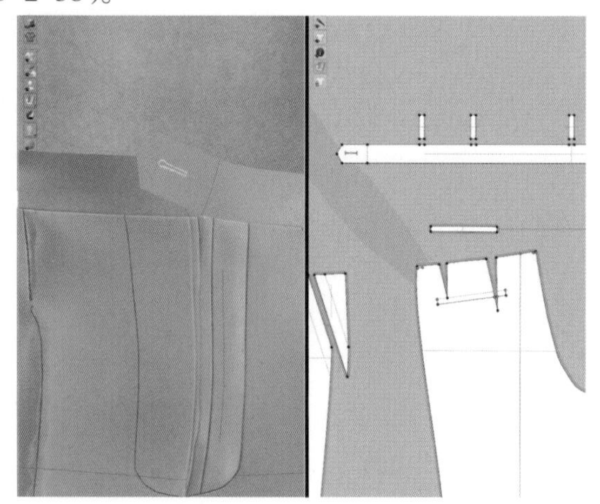

图3-2-38　设置扣眼

（2）在3D窗口运用“纽扣”设定纽扣位置（图3-2-39）。

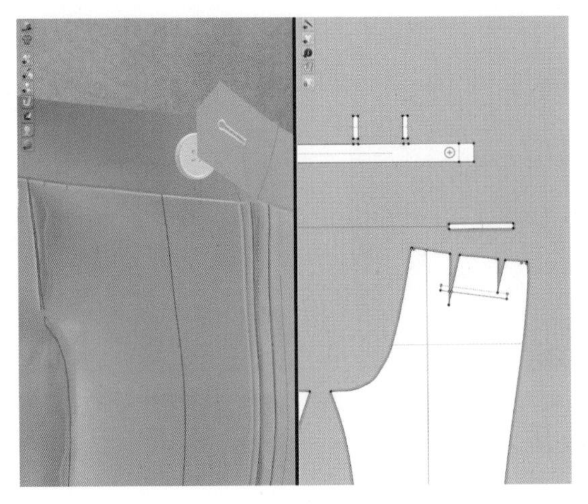

图3-2-39　设置纽扣

（3）在3D窗口运用“系纽扣”依次点选对应的纽扣和扣眼（图3-2-40）。

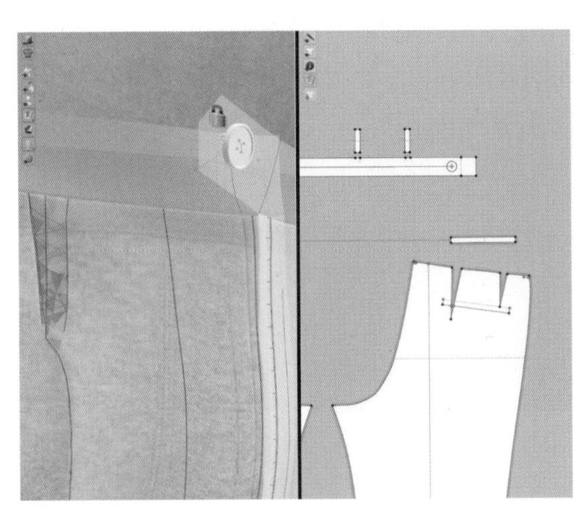

图3-2-40　设置系纽扣关系

（4）切换“选择/移动”，打开“模拟”，查看系纽扣效果并上移裤装（图3-2-41）。

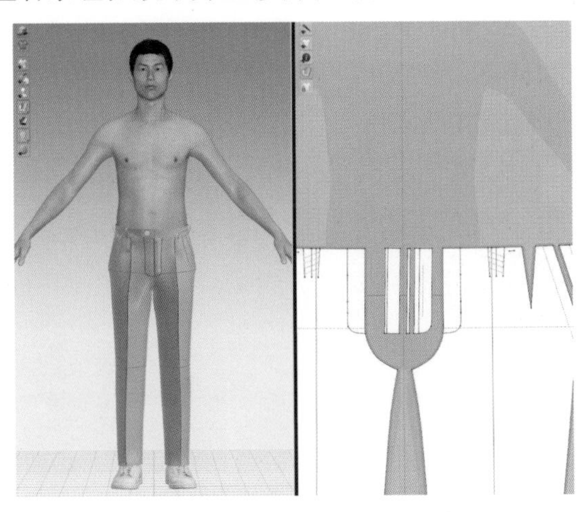

图3-2-41　移动调整着装效果

六、材质设置

1. 设置织物面料属性

（1）运用“选择/移动”全选所有样板，右键选择“解除硬化”（图3-2-42）。

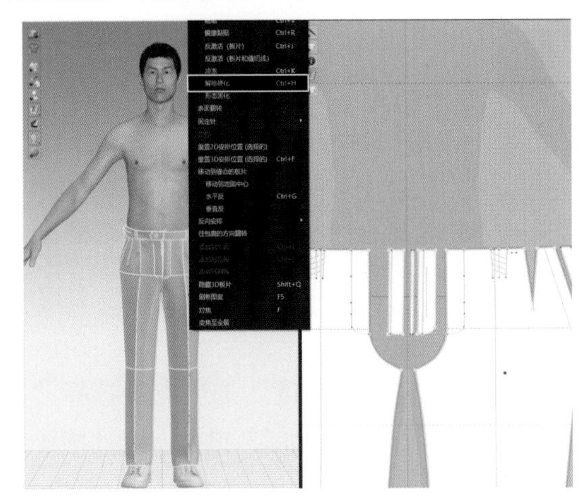

图3-2-42　解除硬化

（2）在“纹理”选项点击选择“XX_Color”图片，此选项代表颜色信息（图3-2-43）。

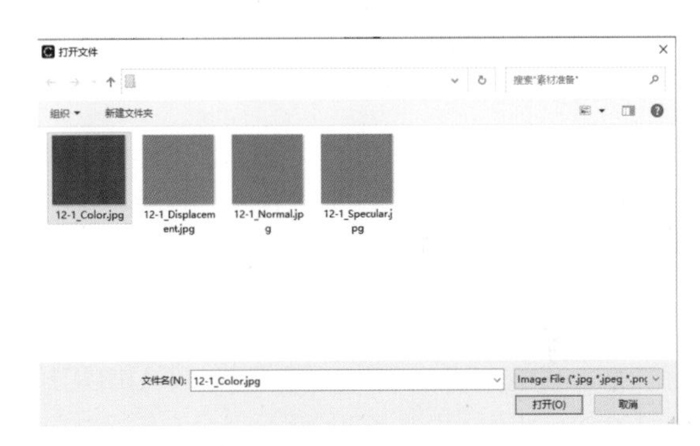

图3-2-43　设置纹理图

（3）在“法线图”选项点击选择“XX_Normal”图片，此选项代表凹凸信息（图3-2-44）。

图3-2-44　设置法线图

（4）在“置换图”选项点击选择“XX_Displacement”图片，此选项代表凹凸细节信息（图3-2-45）。

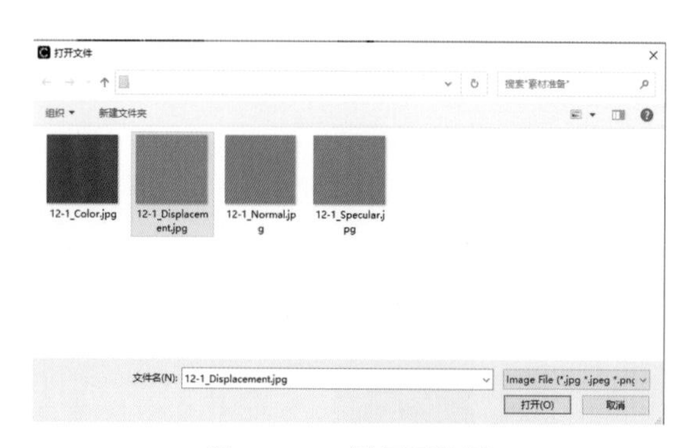

图3-2-45　设置置换图

（5）在“表面粗糙度”选项点击选择“高光图”，选择“XX_Specular”图片，此选项代表高光亮度信息（图3-2-46）。

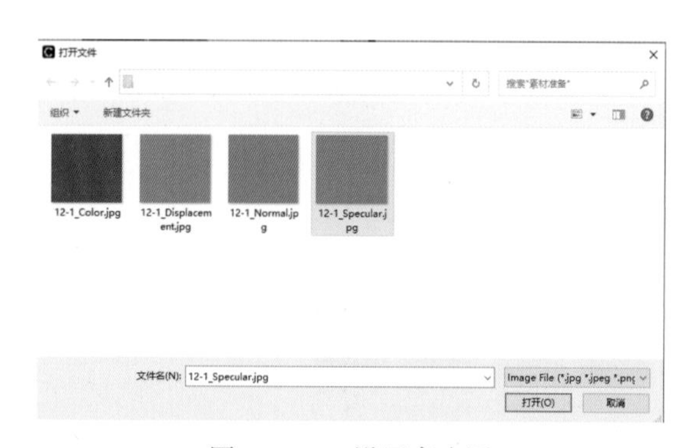

图3-2-46　设置高光图

（6）在物体窗口中左键选择“FABRIC1”，在属性视窗中设置物理属性预设为“Wool_Cashmere”（羊毛羊绒）（图3-2-47）。

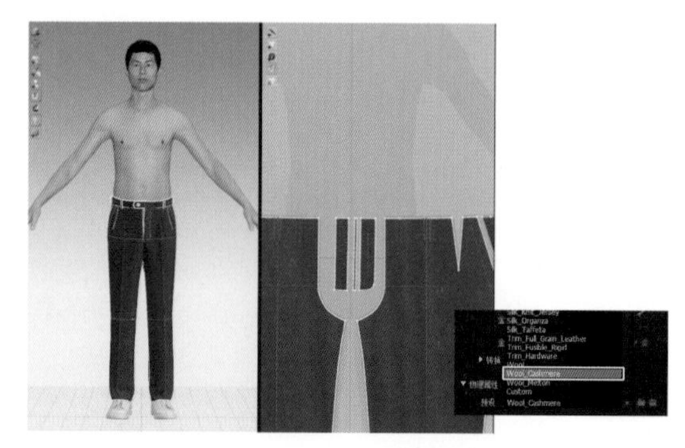

图3-2-47　设置面料属性

（7）运用“编辑纹理”，缩放调整织物精细程度，调整法线强度（图3-2-48）。

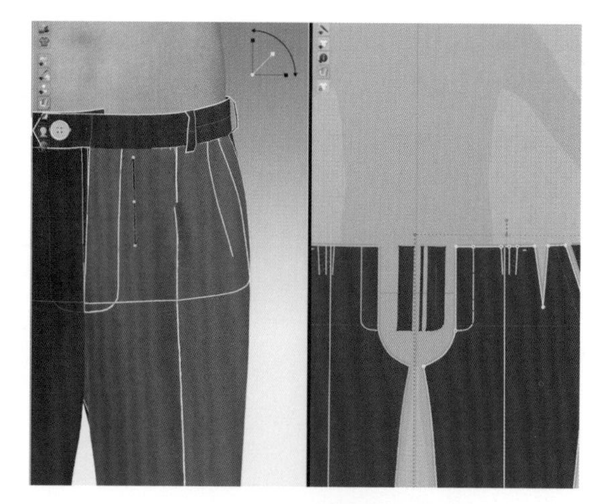

图3-2-48　调整法线强度

2. **纽扣设计**

（1）在物体窗口中选择纽扣样式，设定纽扣与扣眼的样式，注意扣眼要略大于纽扣3mm（图3-2-49）。

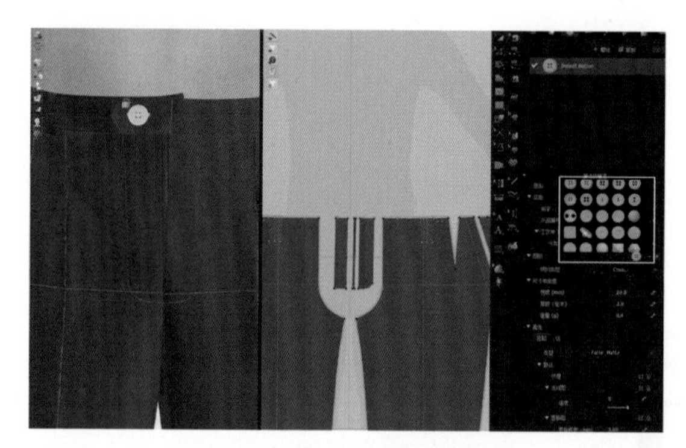

图3-2-49　调整纽扣样式

（2）在“属性→颜色”中，运用拾色器，选择大身面料颜色，统一服装面料与纽扣扣眼颜色（图3-2-50）。

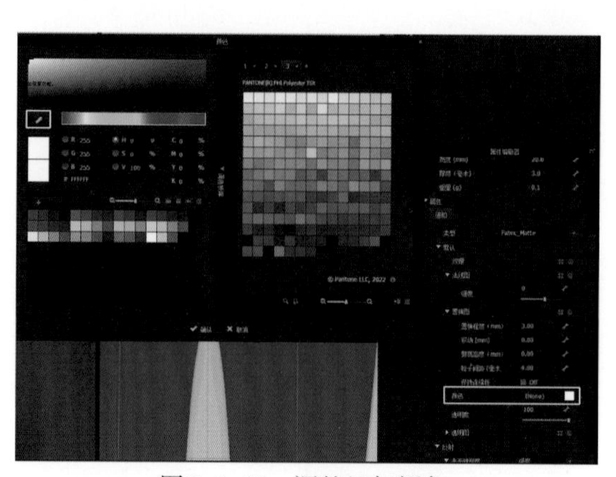

图3-2-50　调整纽扣颜色

七、成衣展示

（1）在3D窗口的状态栏中，选择 "浓密纹理表面"，使服装更加自然（图3-2-51）。

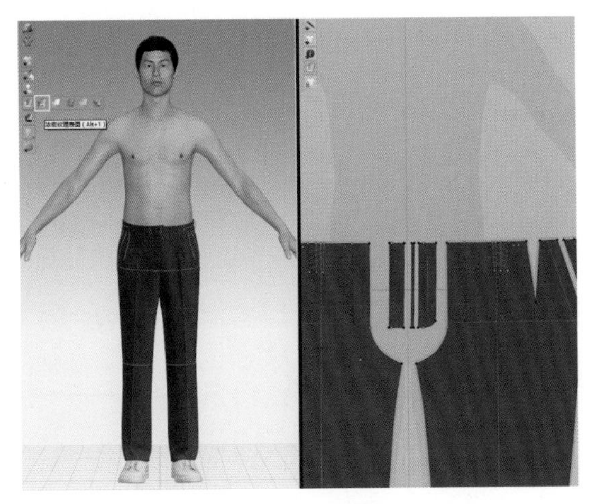

图3-2-51　调整面料显示效果

（2）在3D窗口的状态栏中，关闭 "显示内部线"、 "显示基础线"、 "显示缝纫线"等（图3-2-52）。

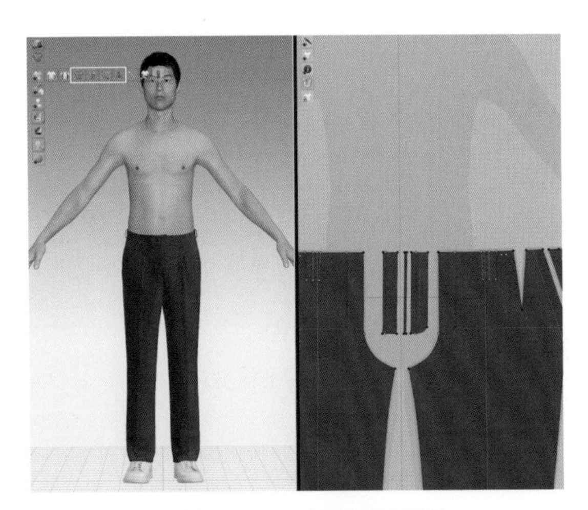

图3-2-52　设置显示开关

（3）运用 "选择/移动" 全选样板，属性编辑器中设置粒子间距为 "10"、增加厚度-渲染为 "1.5"（图3-2-53）。

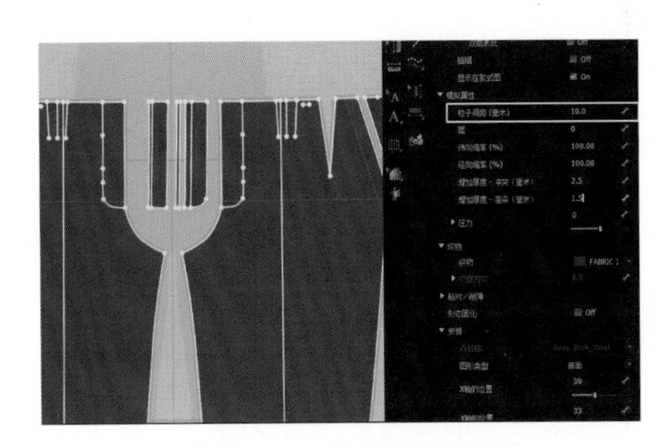

图3-2-53　设置面料厚度

（4）成衣效果展示（图3-2-54）

图3-2-54　成衣效果展示

羽绒服制作视频

第三节　羽绒服制作

教学目标：

1. 掌握 3D 羽绒服制作流程。
2. 掌握 3D 羽绒服里外层缝制方法。
3. 掌握 3D 羽绒服充绒方法。

教学内容：

根据服装款式图，通过3D服装设计软件，运用编辑工具、内部线工具、缝纫工具缝合、试穿款式该羽绒服。

教学要求：

通过本节课程，学习3D羽绒服的缝制试穿方式，掌握里外层充绒方法及制作方式。

图3-3-1　羽绒服款式图

一、文件准备

1. 准备款式图

准备男式羽绒服的款式图，款式图可以明确显现服装分割线以及安排方式（图3-3-1）。

2. 准备样板文件

准备男款羽绒服的样板文件，样板文件为净样板，包含制板的结构线、标记线、剪口、扣位等信息（图3-3-2）。

3. 准备面料文件

准备男款羽绒服的面料文件，文件包括：颜色贴图、法线贴图、置换贴图、高光贴图（图3-3-3）。

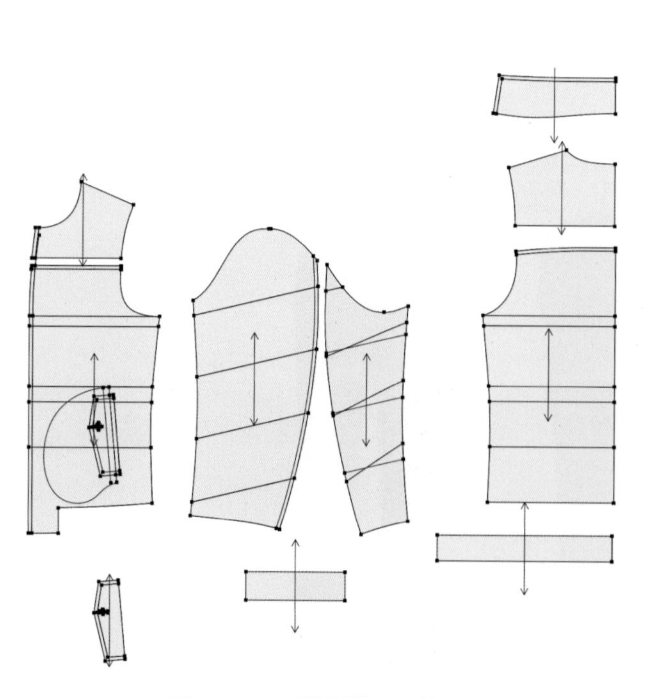
图3-3-2　羽绒服样板文件

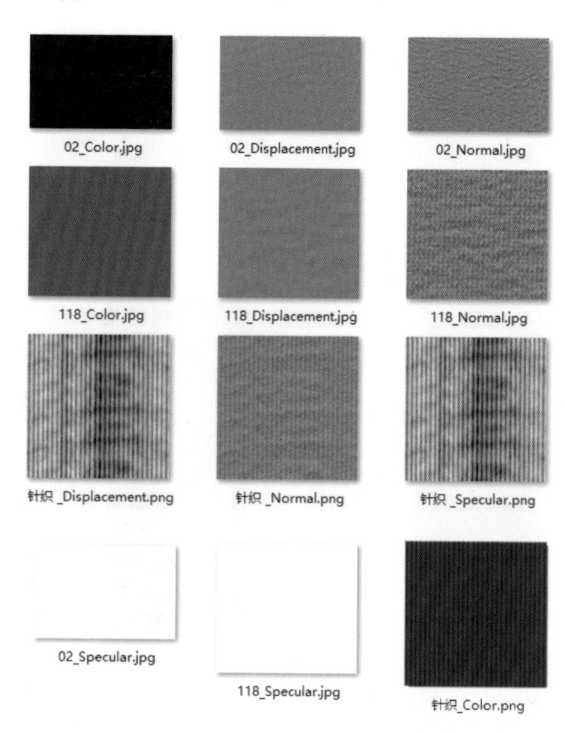

图3-3-3　羽绒服面料文件

二、样板导入

1. 调取模特

在图库窗体下选择Avatar，双击鼠标左键打开Male_V2文件夹，再双击鼠标左键加载MV2_Martin模特，在“打开虚拟模特”窗口中选择加载类型为打开后，点击“确认（图3-3-4）”。

2. 导入样板

（1）在菜单栏中选择“文件→导入→DXF（AAMA/ASTM）”，导入男款羽绒服样板文件（图3-3-5）。

（2）在“导入DXF”窗口中选择：加载类型为“打开”；比例为“自动规模”；旋转为“不旋转”，选项点击“板片自动排列”“优化所有曲线点”复选框（图3-3-6）。

三、样板调整

1. 数量补齐

（1）切换至2D窗口，运用“调整板片”拖动样板，按照服装结构对应关系放置到模特虚影上身位置，上侧为外层，下侧为内层（图3-3-7）。

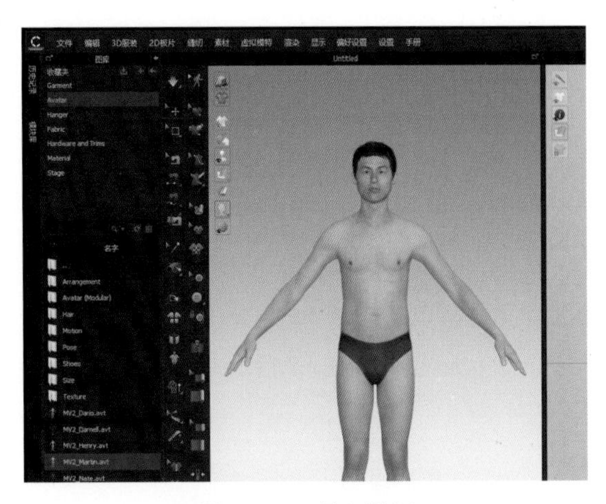

图3-3-5　导入样板

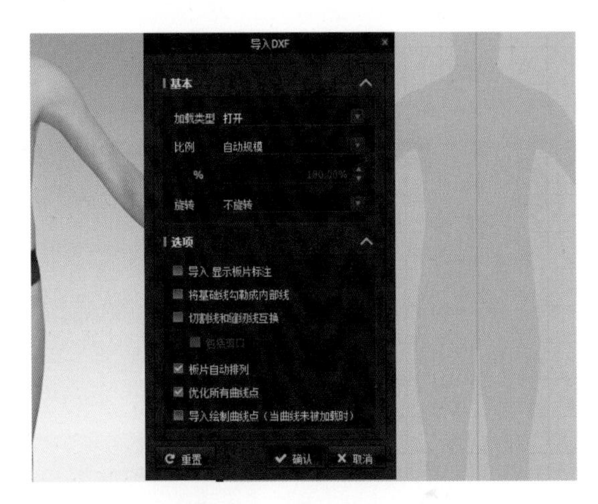

图3-3-6　确认导入选项

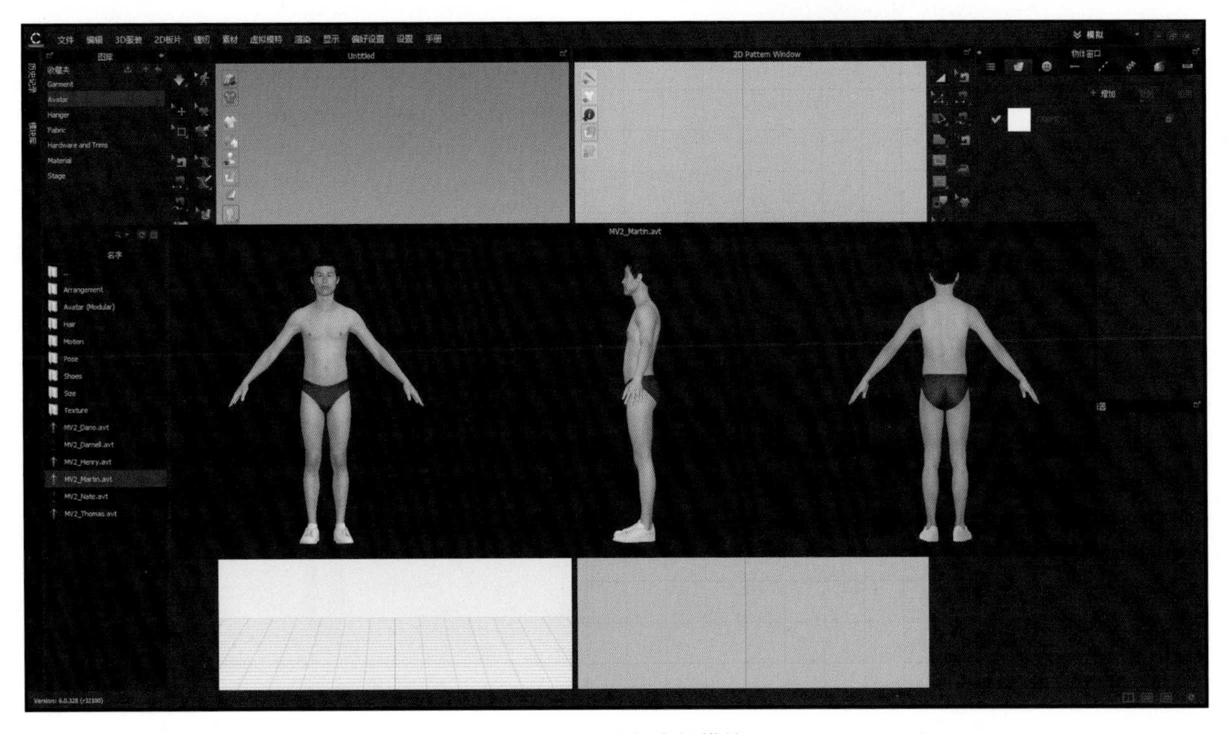

图3-3-4　选择虚拟模特

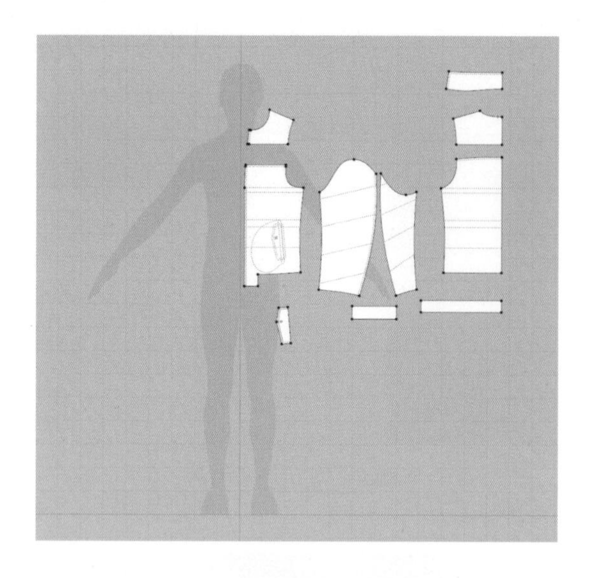

图3-3-7　放置板片至3D虚拟模特

（2）运用"调整板片"，左键框选左前片、左拼接片、袋盖、大袖、小袖及袖口，在选中的样板上右键选择"对称板片（板片和缝纫线）"选项，按下"Shift"键进行前中对称放置（图3-3-8）。

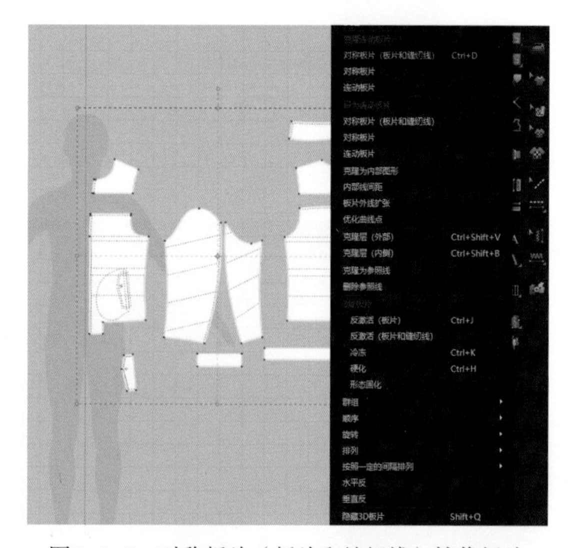

图3-3-8　对称板片（板片和缝纫线）镜像板片

（3）运用"编辑板片"选择领后中线，右键选择"对称展开编辑（缝纫线）"，同样操作后拼接片、后片及底摆（图3-3-9）。

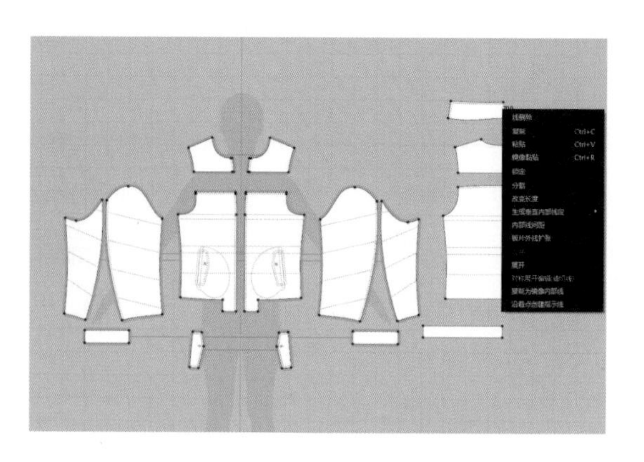

图3-3-9　对称展开编辑连裁板片

2. 内部线制作

（1）运用"勾勒轮廓"组合"Shift"键，选择前片、袖片、后片及领片的绗缝线及袋盖缝合位置，在选中的基础线上右键选择"勾勒为内部图形"（图3-3-10）。

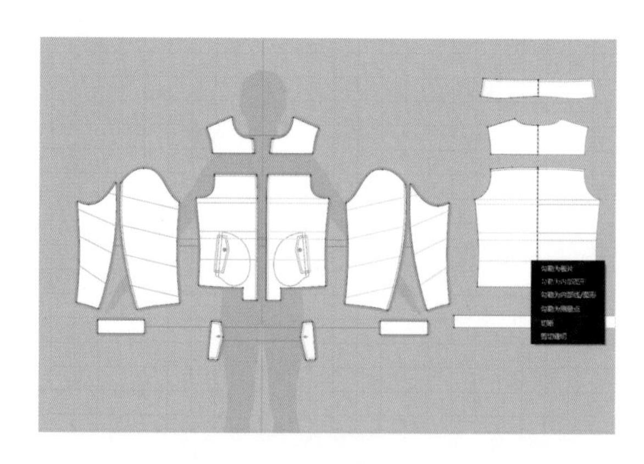

图3-3-10　勾勒板片内部线

3. 位置安排

（1）切换至3D窗口，左键点击"重置2D安排位置（全部）"，重置样板位置（图3-3-11）。

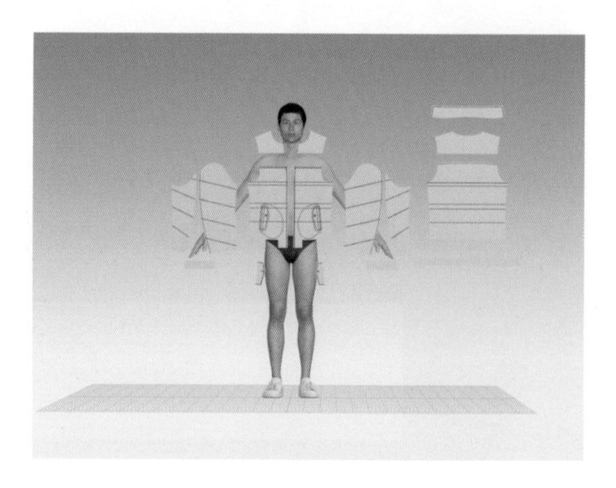

图3-3-11　重置2D安排位置（全部）

（2）打开3D状态中的 “显示安排点”，运用 “选择/移动”按照样板与人体位置放置（图3-3-12）。

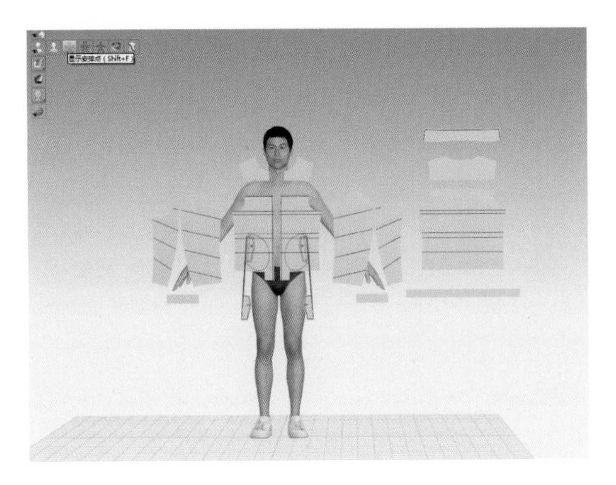

图3-3-12 显示安排点开关

（3）运用 “选择/移动”安排放置服装板片，先放置内侧服装层板片，调整属性编辑器“安排”中X轴、Y轴位置与间距，使板片与人体无交叉（图3-3-13）。

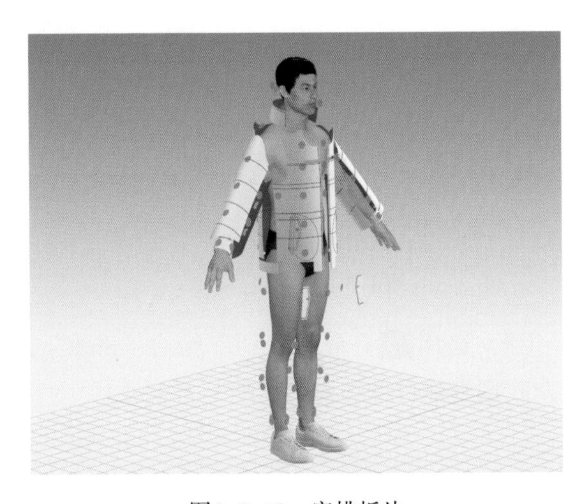

图3-3-13 安排板片

（4）运用 “选择/移动”安排放置外侧袋盖层板片，要求调整与内侧层板片预留一定间隙，方便模拟调整（图3-3-14）。

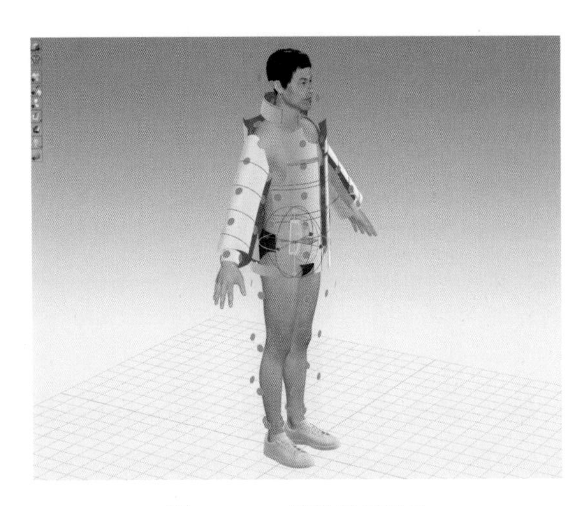

图3-3-14 安排外层板片

四、样板缝制

1. 拼合外层

（1）切换至2D窗口，运用 “自由缝纫”缝合袋盖与前片（图3-3-15）。

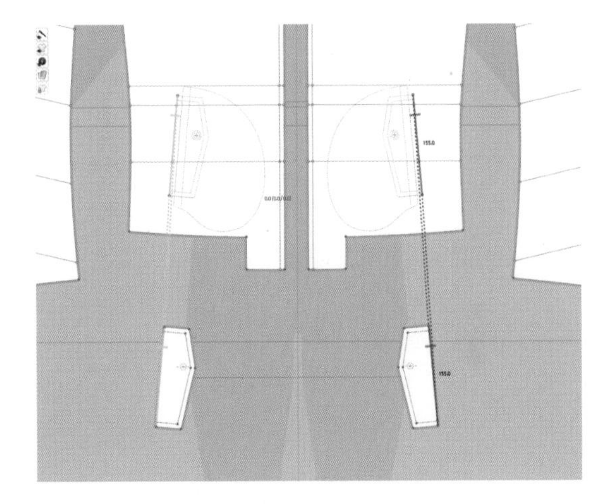

图3-3-15 缝合袋盖板片

（2）运用 “自由缝纫”缝合前片拼接部分与前片、后片拼接部分与后片（图3-3-16）。

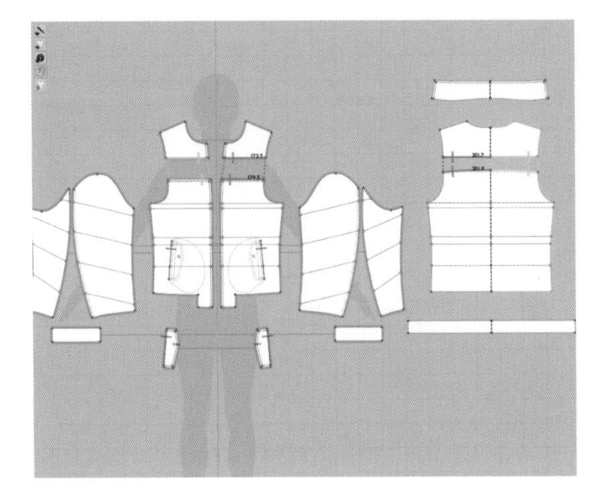

图3-3-16 缝合前、后片

（3）运用"自由缝纫"缝合固定前、后片侧缝及肩线（图3-3-17）。

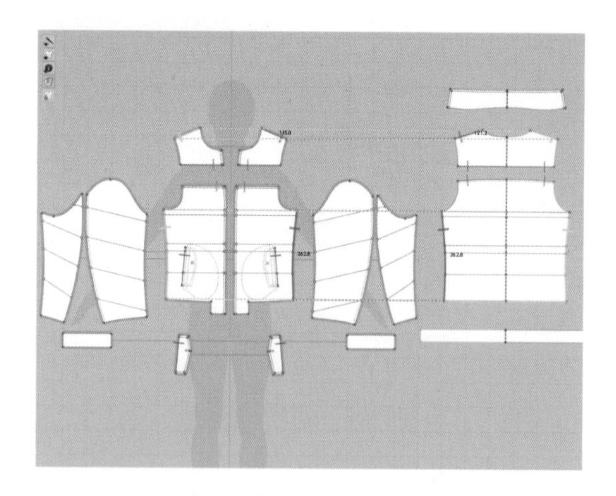

图3-3-17 缝合过肩肩线

（4）运用"自由缝纫"缝合袖缝（图3-3-18）。

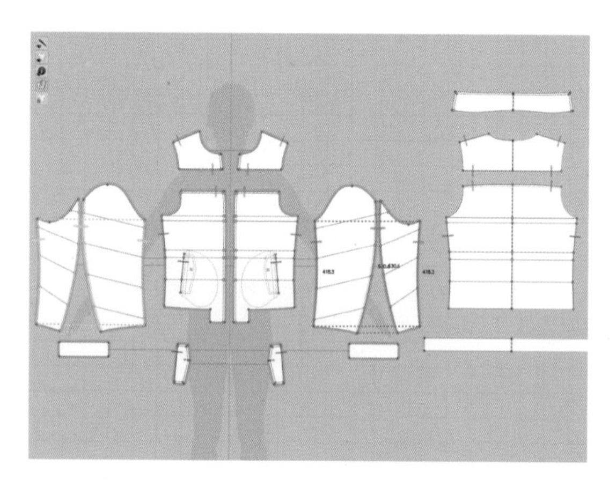

图3-3-18 缝合袖缝

（5）运用"M:N自由缝纫"缝合袖山袖窿部位，从袖山顶点沿前袖山方向选择全部袖山线后按"Enter"确认（图3-3-19）。

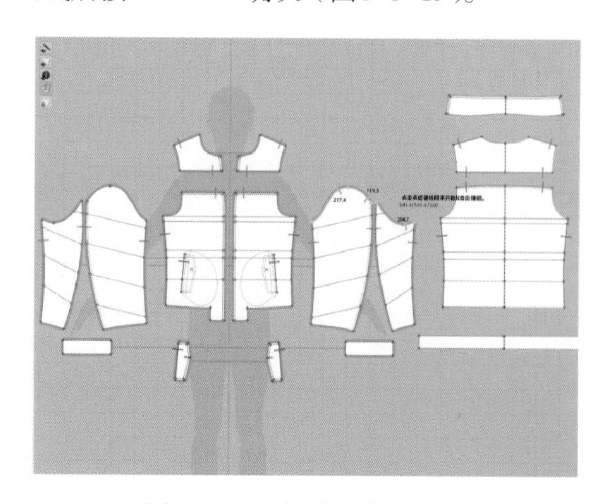

图3-3-19 确认袖山缝合方向

（6）运用"M:N自由缝纫"继续缝合袖山袖窿，在确认袖山线后，再缝合袖窿线，最后按"Enter"结束（图3-3-20）。

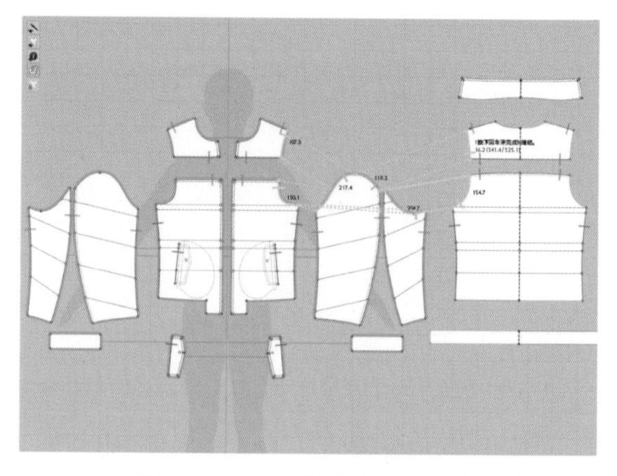

图3-3-20 确认袖窿缝纫方向

（7）运用"自由缝纫"结合"Shift"键缝合领面、领底与前、后领弧线，之后再进行一侧的缝合，另一侧会联动缝合（图3-3-21）。

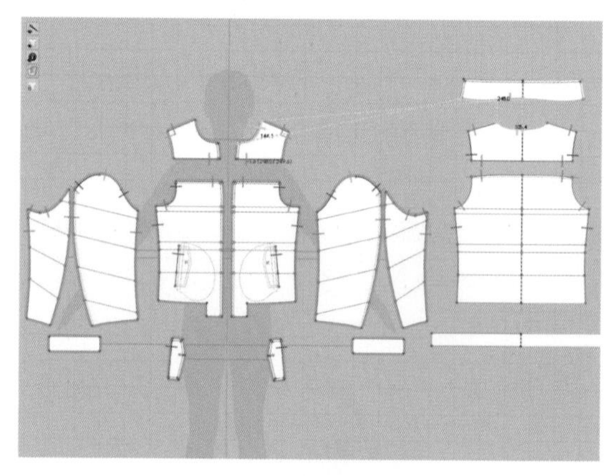

图3-3-21 缝合领片

（8）运用"自由缝纫"结合"Shift"键缝合底摆及袖口针织样片（图3-3-22）。

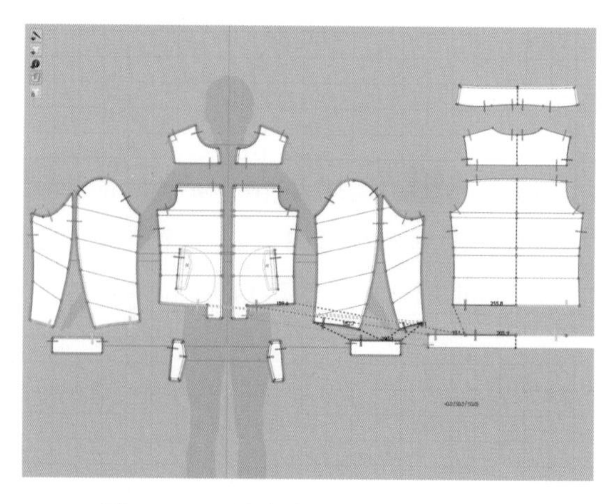

图3-3-22 缝合底摆及袖口针织样片

2. 克隆内层

（1）运用“调整板片”选择大身、袖片及领片，在选中的样片上右键选择“克隆层（内侧）”并放置在正下方（图3-3-23）。

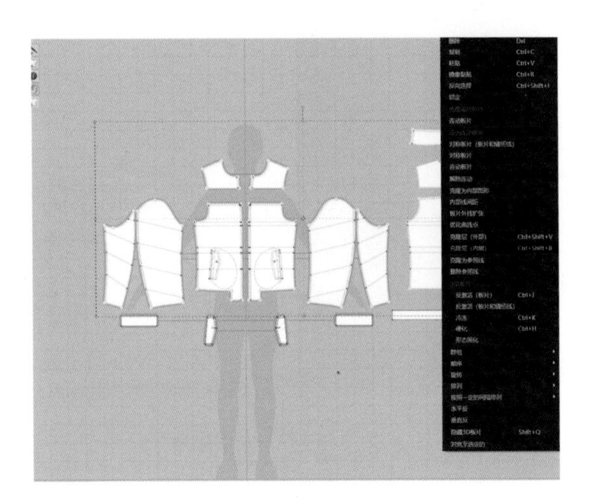

图3-3-23　克隆双层板片

（2）运用“调整板片”选择袋盖，在选中的样片上右键选择“克隆层（内侧）”并放置在袋盖下方（图3-3-24）。

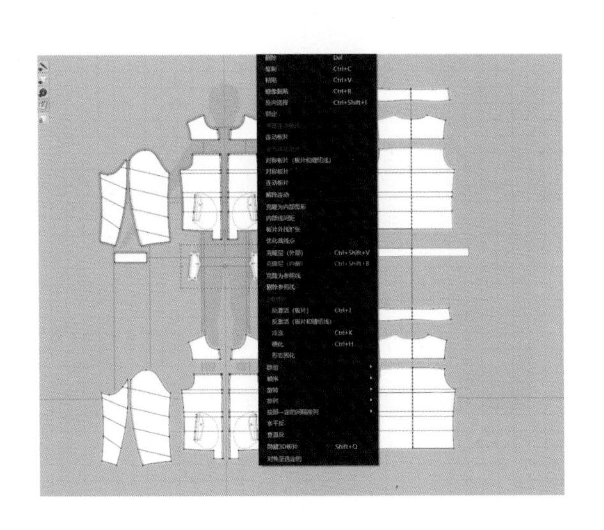

图3-3-24　克隆双层板片

（3）切换至“3D/2D窗口”，运用“调整板片”选择所有内侧板片，在3D窗口中选中的样板上右键选择“表面翻转”（图3-3-25）。

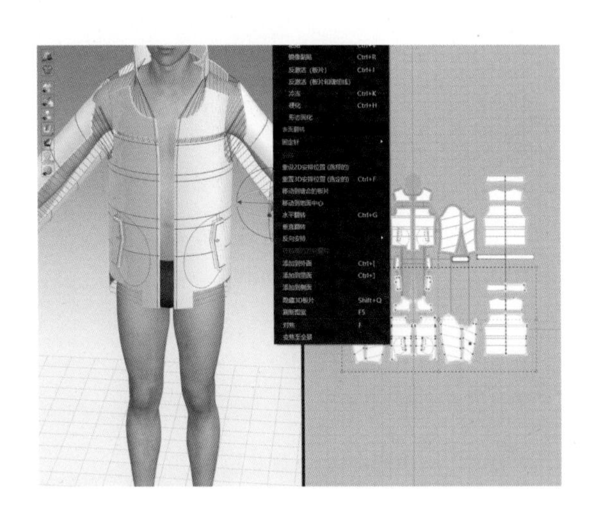

图3-3-25　表面翻转内层板片

（4）运用“自由缝纫”缝纫拼合袖片的袖缝，同外侧袖山、袖窿缝纫方式一样缝合内里的袖山、袖窿（图3-3-26）。

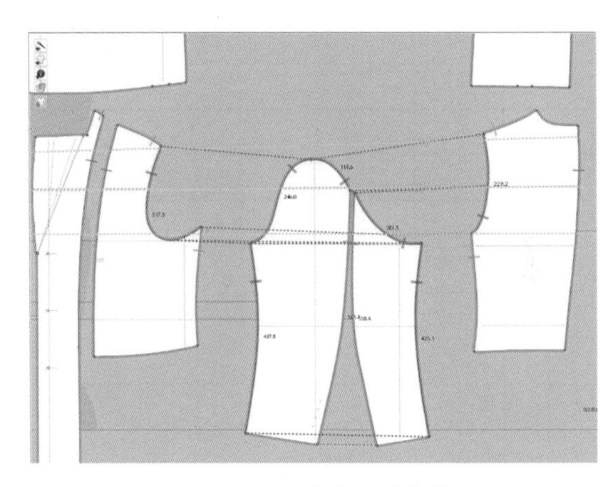

图3-3-26　缝合内层袖窿位置

五、样板试穿

1. 试穿模拟

（1）切换3D窗口，在停止“模拟”状态下，运用“选择/移动”全选所有样板，右键选择“硬化”方便模拟效果呈现（图3-3-27）。

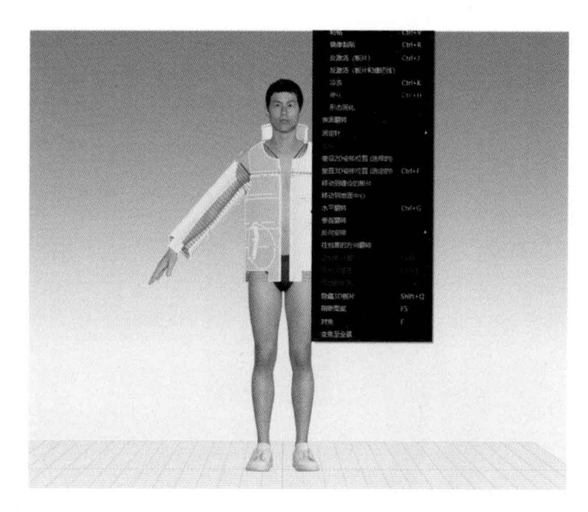

图3-3-27　硬化板片

（2）点击 “模拟”开关，打开“模拟”，羽绒服自然穿着于虚拟模特身上（图3-3-28）。

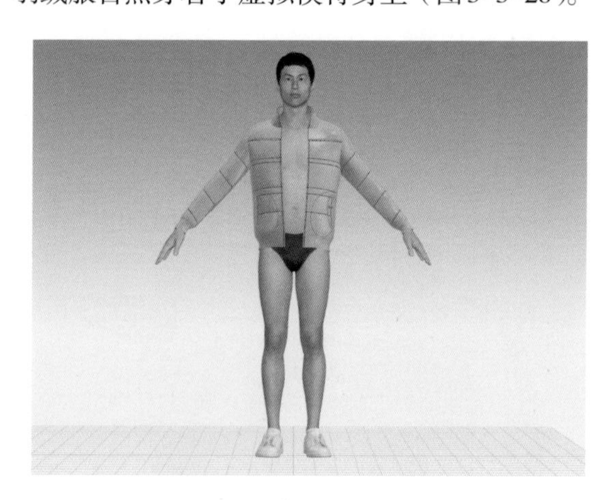

图3-3-28　模拟硬化后的效果

2. 设定纽扣拉链

（1）切换“3D/2D窗口”，在3D窗口运用 “扣眼”在袋盖上设定扣眼位置（图3-3-29）。

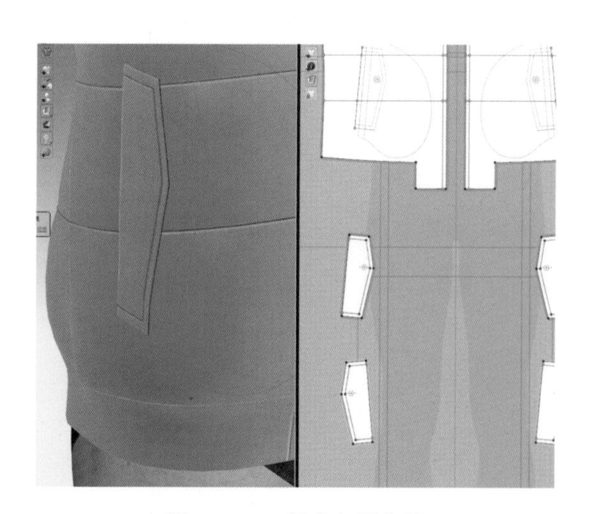

图3-3-29　设定扣眼位置

（2）在3D窗口运用 “纽扣”在前片上设定纽扣位置（图3-3-30）。

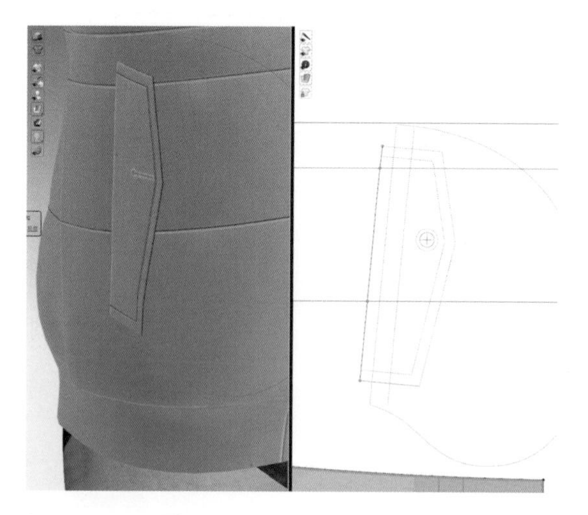

图3-3-30　设定纽扣位置

（3）在3D窗口运用 “系纽扣”框选纽扣选择对应的扣眼，系统会自动设置纽扣与扣眼的关系（图3-3-31）。

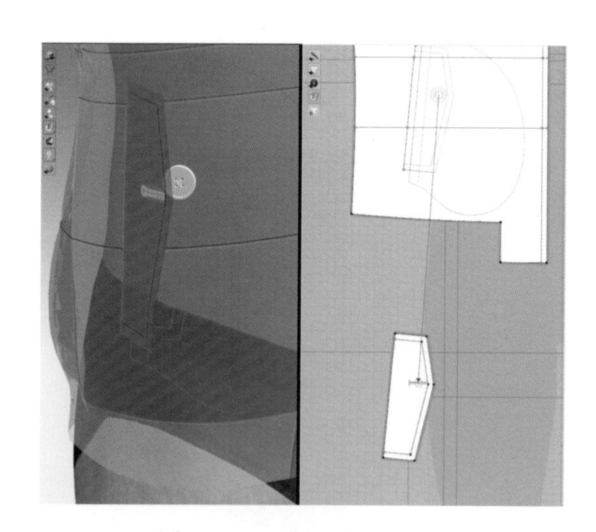

图3-3-31　设置系纽扣关系

（4）在物体窗口中设置扣眼宽度为“13”，纽扣宽度为“10”（图3-3-32）。

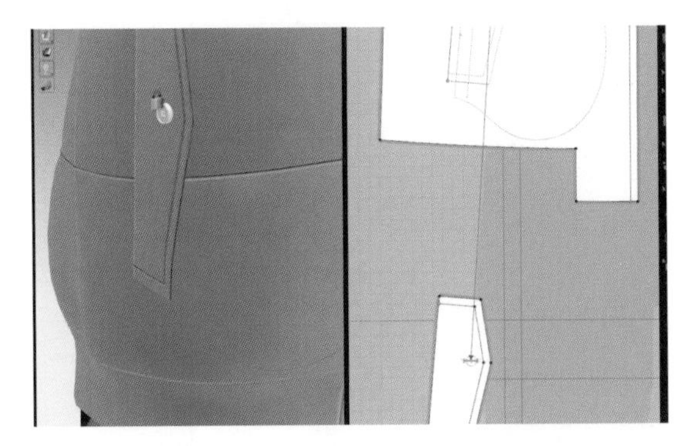

图3-3-32　设置扣眼纽扣样式

（5）运用“选择/移动纽扣”选择扣眼，右键选择“设置缝纫层次”，并设置数量为“2”，两侧袋盖同样设置（图3-3-33）。

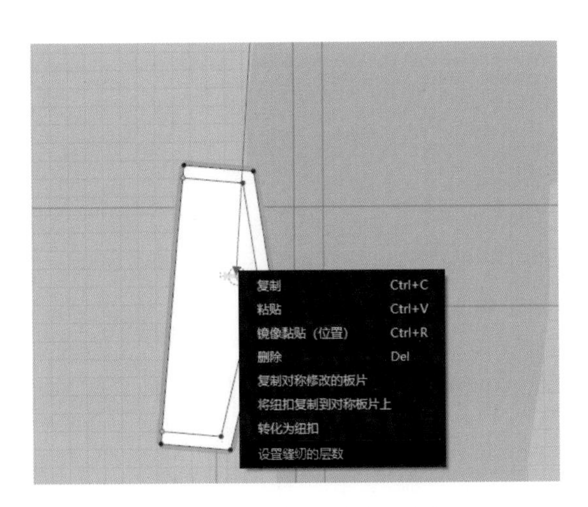

图3-3-33　设置系纽扣层次

（6）切换“选择/移动”，打开“模拟”，查看系纽扣效果并调整袋盖及前片的关系（图3-3-34）。

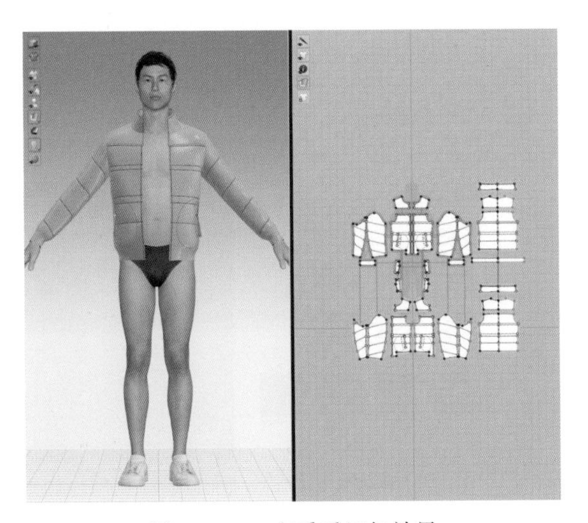

图3-3-34　查看系纽扣效果

（7）运用“拉链”依次点选门襟两侧的起止点，设置拉链缝纫位置（图3-3-35）。

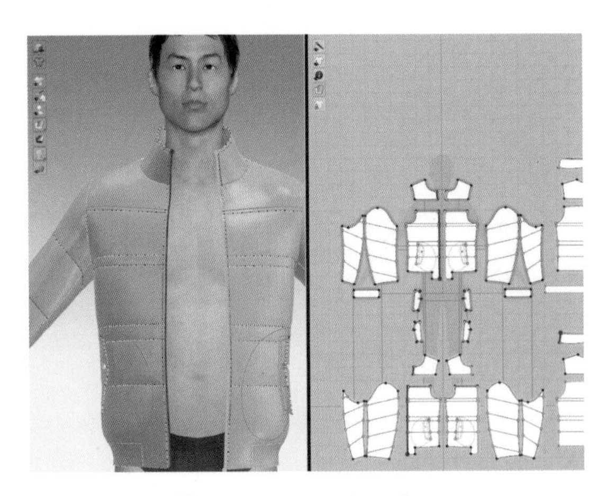

图3-3-35　设置拉链位置

（8）运用“选择/移动”选择拉链，属性编辑器中设置宽度为“10”，粒子间距为“5”（图3-3-36）。

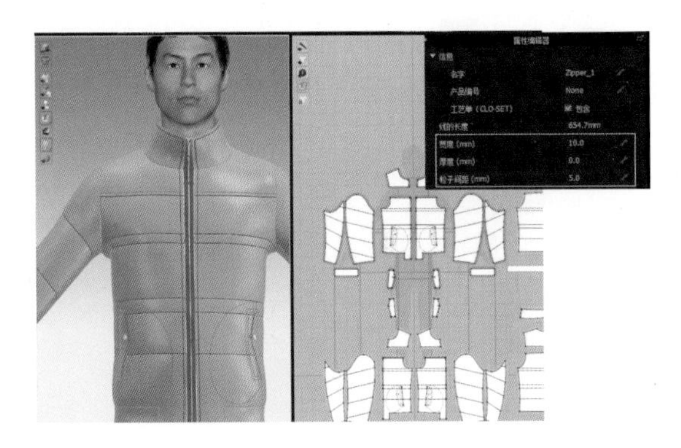

图3-3-36　设置拉链属性

3. 充绒设定

（1）在不同样板上需要对应的设置充绒量，解除“硬化”后，运用“调整板片”选择大身样板，在属性编辑器中设置压力为“20”（图3-3-37）。

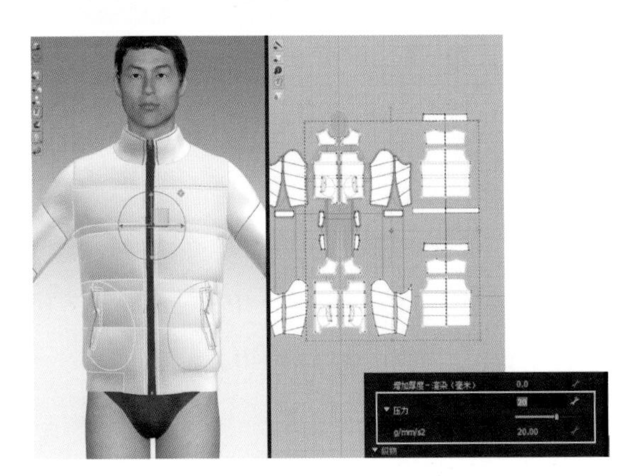

图3-3-37　解除硬化，设置大身充绒量

（2）运用“调整板片”选择袖片及领片，在属性编辑器中设置压力为“40”（图3-3-38）。

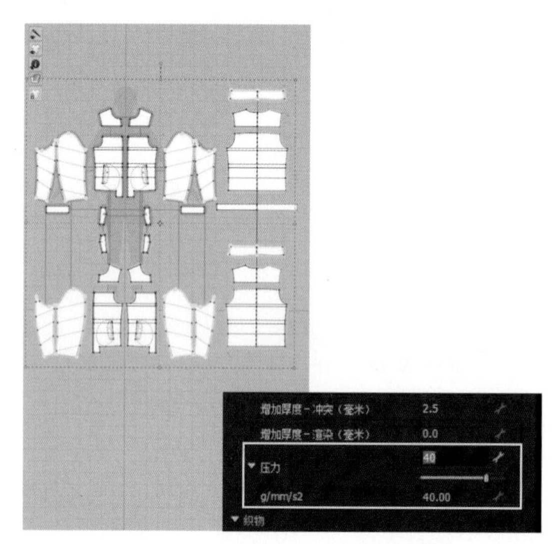

图3-3-38　设置袖片、领片充绒量

（3）运用“调整板片”选择袋盖，在属性编辑器中设置压力为“15”（图3-3-39）。

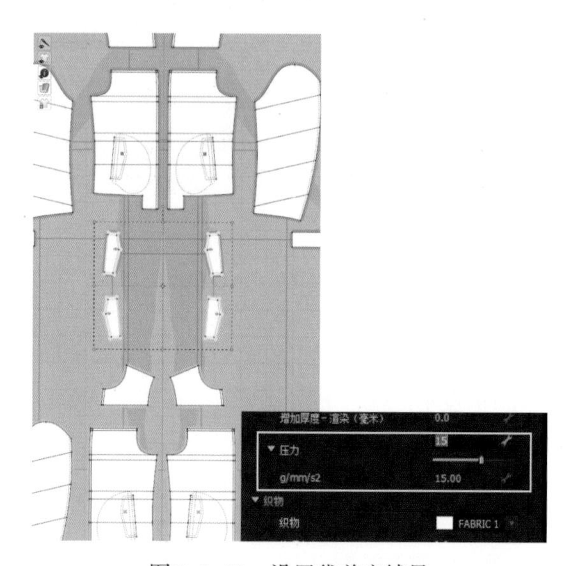

图3-3-39　设置袋盖充绒量

4. 着装调整

（1）打开“模拟”，在“图库→Avatar→Male_V2→Pose”中选择“MV2_03_Attention.pos”动作（图3-3-40）。

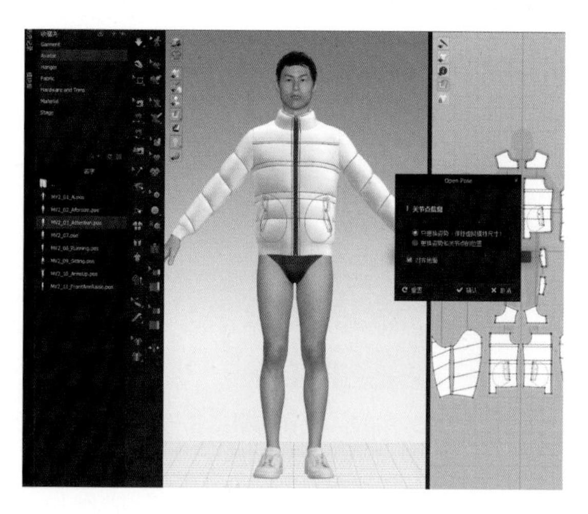

图3-3-40　设置模特动作

（2）运用“选择/移动”调整服装着装效果，自然着装无抖动即可（图3-3-41）。

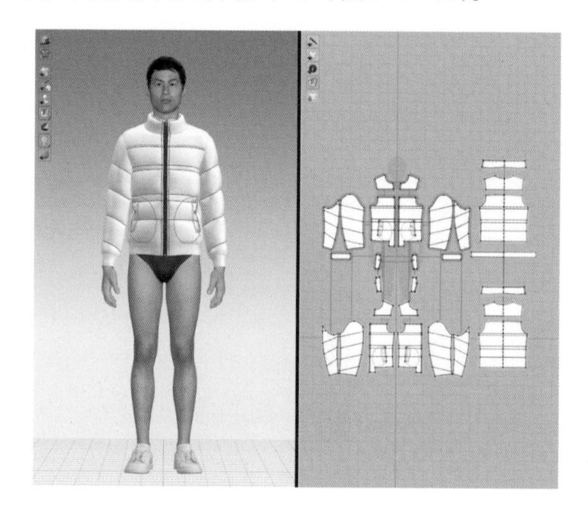

图3-3-41　模拟调整效果

六、材质设置

1. 设置织物面料属性

（1）设置FABRIC1的面料属性，在“纹理”选项点击选择“XX_Color”图片，此选项代表颜色信息（图3-3-42）。

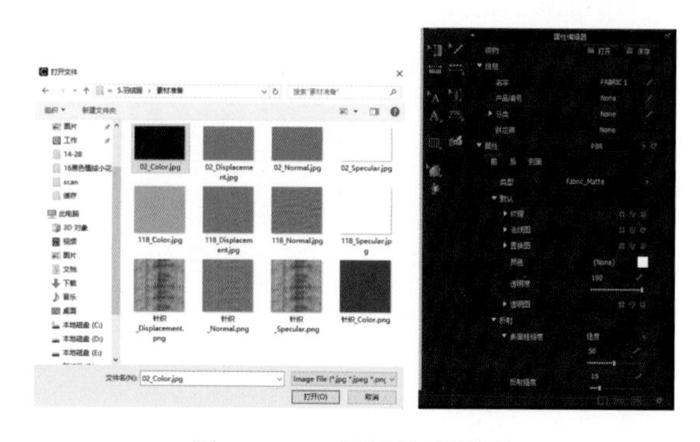

图3-3-42　设置纹理贴图

（2）在“法线图”选项点击选择“XX_Normal”图片，此选项代表凹凸信息（图3-3-43）。

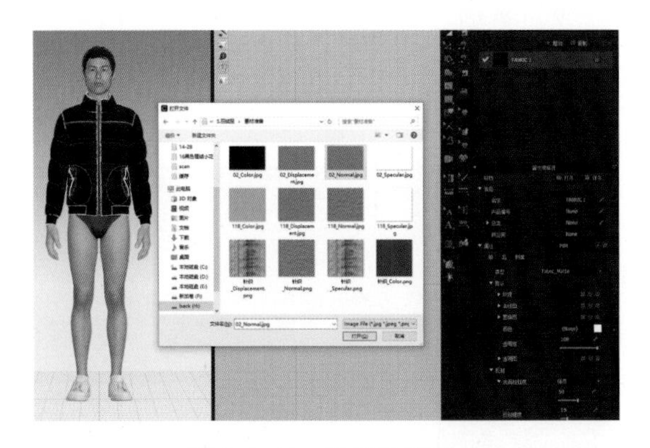

图3-3-43　设置法线图

（3）在“置换图”选项点击选择“XX_Displacement”图片，此选项代表凹凸细节信息（图3-3-44）。

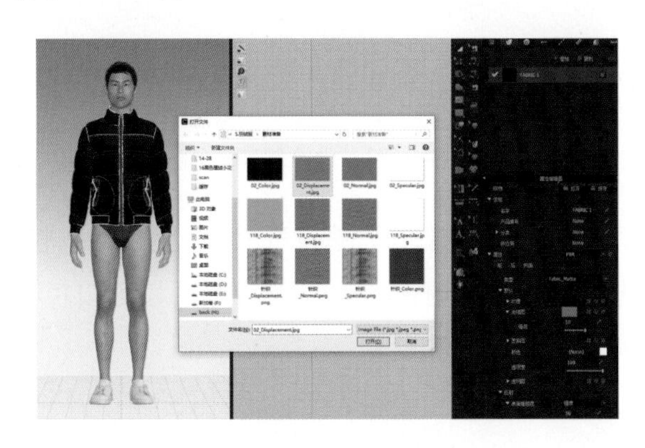

图3-3-44　设置置换图

（4）在“表面粗糙度”选项点击选择“贴图”，选择“XX_Specular”图片，此选项代表高光亮度信息，反射强度设置为“38”，强度设置为“40”（图3-3-45）。

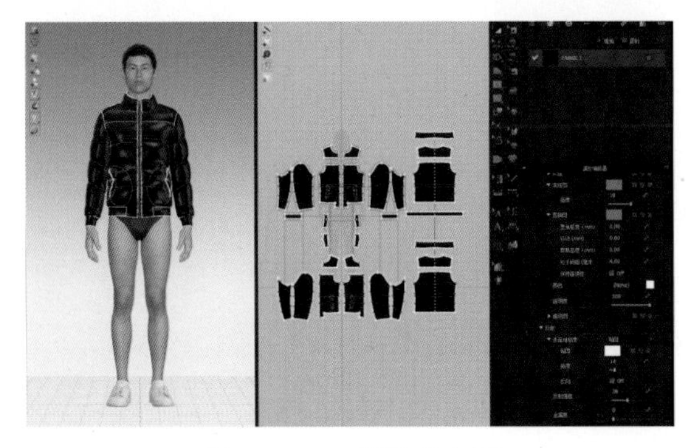

图3-3-45　设置高光图

（5）运用■“调整板片”选择前片大身、后片大身、袖片，在物体窗口中点击“应用”，以应用于一款新的织物上（图3-3-46）。

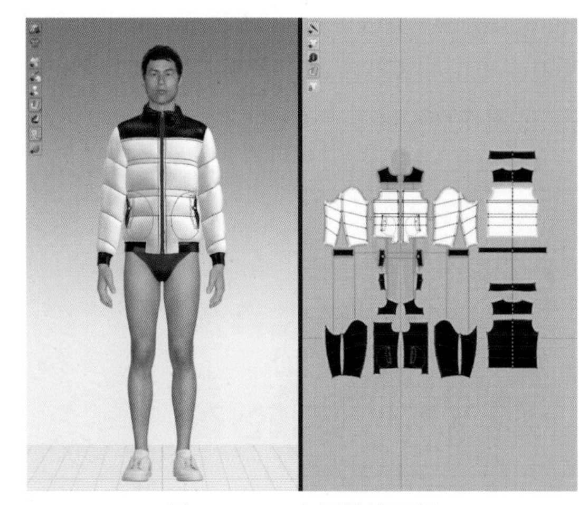

图3-3-46　应用拼接面料

（6）设置FABRIC2对应的面料信息，分别设置“XX_Color”“XX_Normal”“XX_Displacement”“XX_Specular”信息（图3-3-47）。

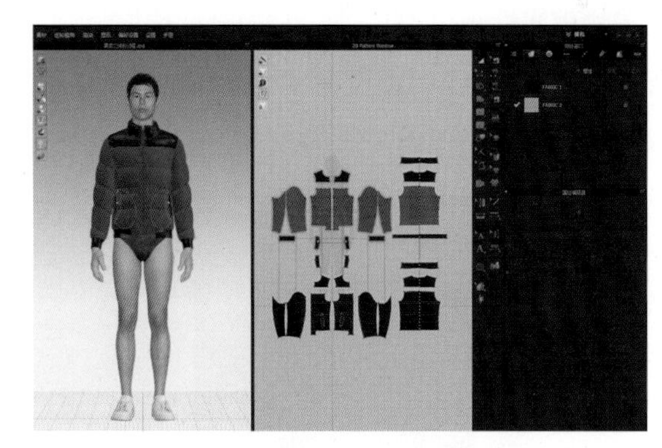

图3-3-47　设置FABRIC2面料信息

（7）运用■“调整板片”选择袖口及大身底摆板片，在物体窗口中点击“应用”以应用于一款新的织物上（图3-3-48）。

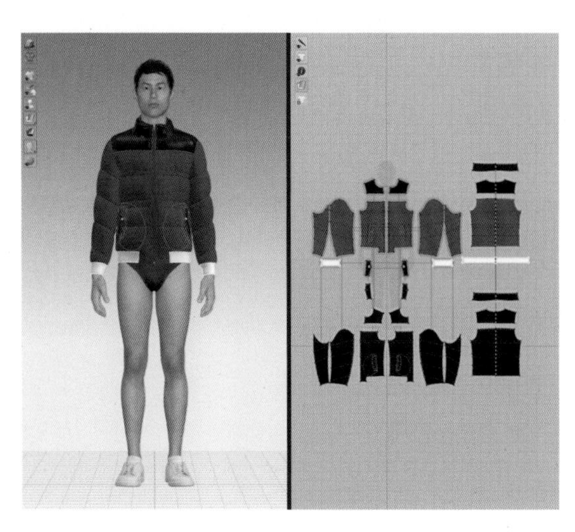

图3-3-48　应用板片

（8）设置FABRIC3对应的面料信息，分别设置“XX_Color”“XX_Normal”“XX_Displacement”“XX_Specular”信息，并在“颜色”设置与领片相近的颜色（图3-3-49）。

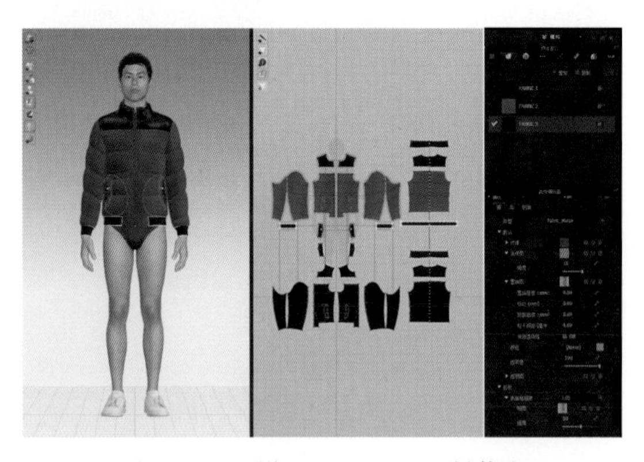

图3-3-49 设置FABRIC3面料信息

（9）在物体窗口中分别对FABRIC1、FABRIC2、FABRIC3选择“设置”，在属性视窗中设置物理属性预设为Leather_Lambskin（皮革_小羊皮）、Cotton_Oxford（棉_牛津）、Rib_2X2_468gms（罗纹_2X2_468gms）（图3-3-50）。

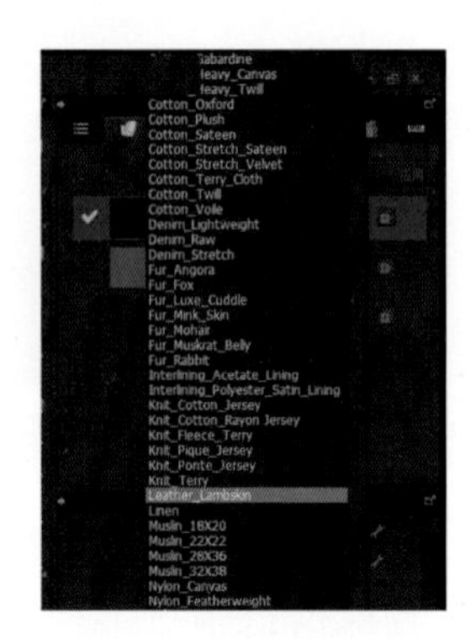

图3-3-50 设置所有面料属性

（10）运用“选择/移动”选择拉链，在属性编辑器中，运用拾色器设置颜色与大身颜色相同即可（图3-3-51）。

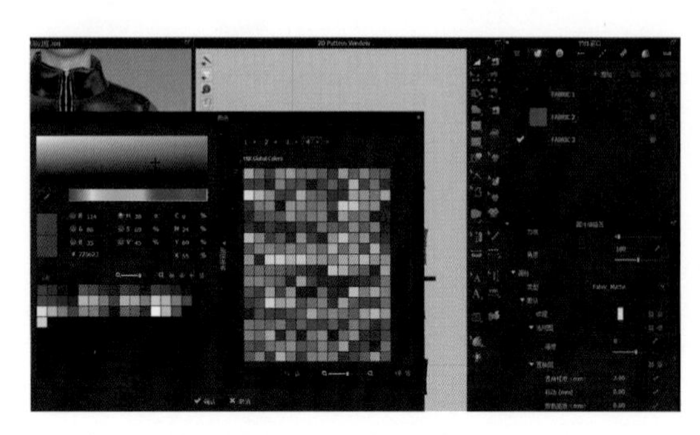

图3-3-51 设置拉链颜色信息

2.纽扣设计

（1）在物体窗口中选择纽扣样式，设置为平扣样式，类型设置为“Metal”（金属）（图3-3-52）。

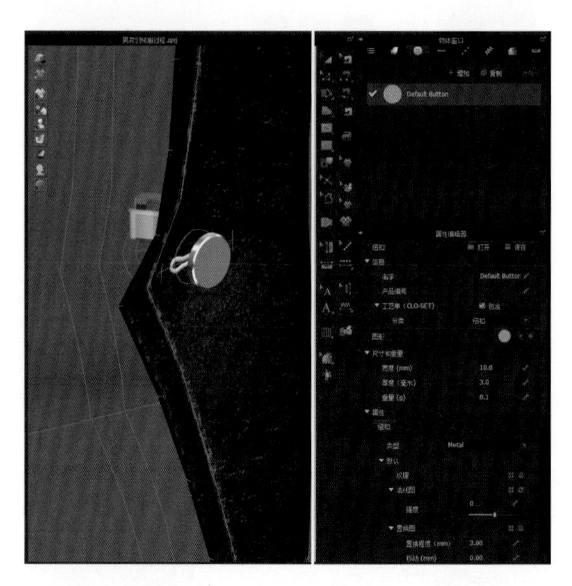

图3-3-52 设置纽扣样式

（2）在“属性→颜色”中，运用拾色器，选择大身面料颜色，统一服装面料与纽扣扣眼颜色（图3-3-53）。

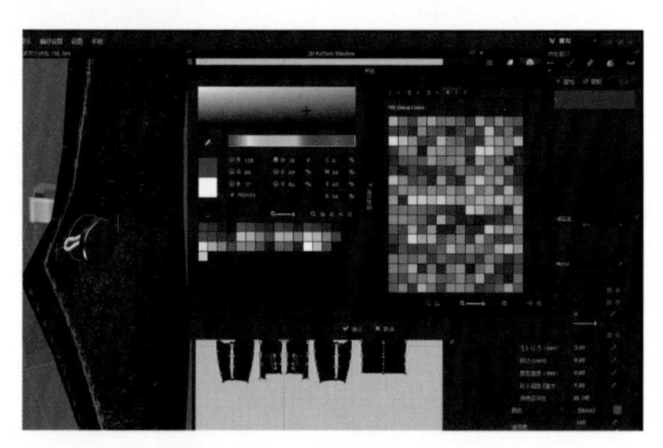

图3-3-53 设置纽扣颜色

七、成衣展示

（1）在3D窗口的状态栏中，选择“浓密纹理表面”，使服装更加自然（图3-3-54）。

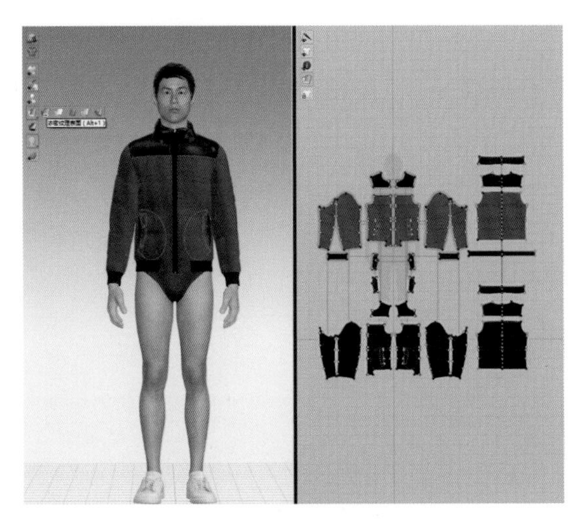

图3-3-54　调整面料显示效果

（2）在3D窗口的状态栏中，关闭 “显示内部线”、 “显示基础线”、 “显示缝纫线”、 “显示粘衬/削薄”等（图3-3-55）。

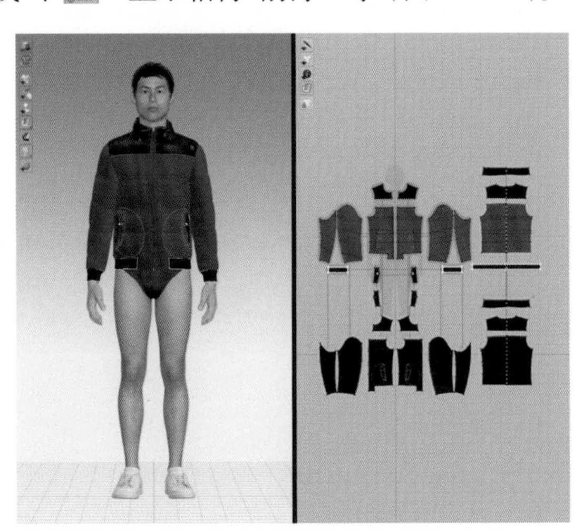

图3-3-55　设置显示开关

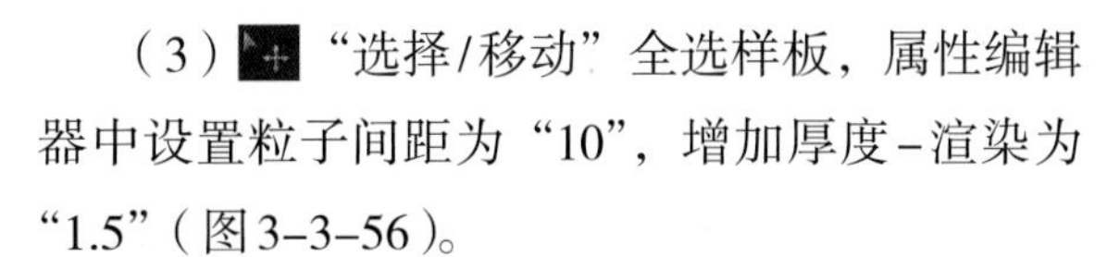

（3） “选择/移动”全选样板，属性编辑器中设置粒子间距为“10”，增加厚度-渲染为“1.5”（图3-3-56）。

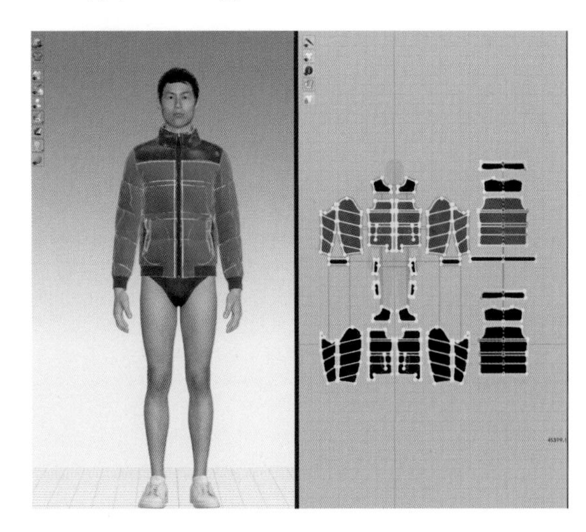

图3-3-56　设置面料厚度

（4）成衣效果展示（图3-3-57）。

图3-3-57　成衣效果展示

第四章 箱包制作与应用

★ 托特包制作
★ 凯莉包制作
★ 双肩包制作
★ 拓展：钱夹制作
公文包制作
相机包制作

托特包制作视频

第一节　托特包制作

教学目标：

1. 掌握托特包制作流程。

2. 掌握挂绳的缝制及处理。

教学内容：

根据款式图，通过3D服装设计软件，运用编辑工具、内部线工具、缝纫工具缝制一款托特包。

教学要求：

通过本节课程，学习托特包及同类款式包的缝制方式，掌握相关款式的虚拟制作方式。

一、文件准备

1. 准备款式图

准备托特包的款式图，款式图可以明确显现分割线以及安排方式（图4-1-1）。

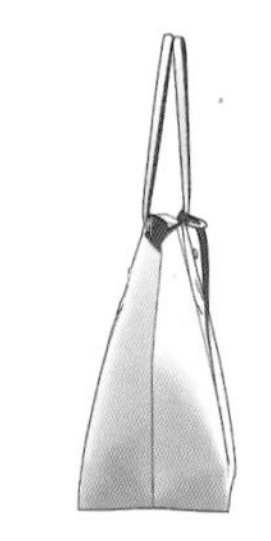

图4-1-1　托特包款式图

2. 准备样板文件

准备托特包的样板文件，样板文件为净样板，包含制板的结构线、标记线、剪口、扣位等信息（图4-1-2）。

3. 准备面料文件

准备托特包的面料文件，文件包括：颜色贴图、法线贴图、高光贴图、置换贴图（图4-1-3）。

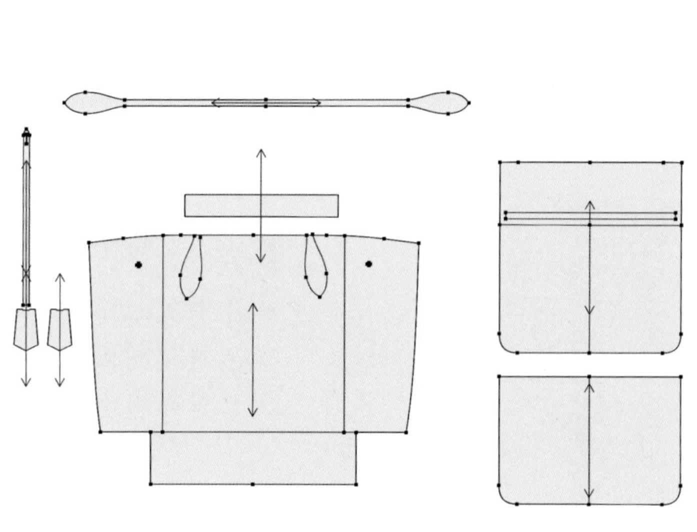

图4-1-2　托特包板片文件

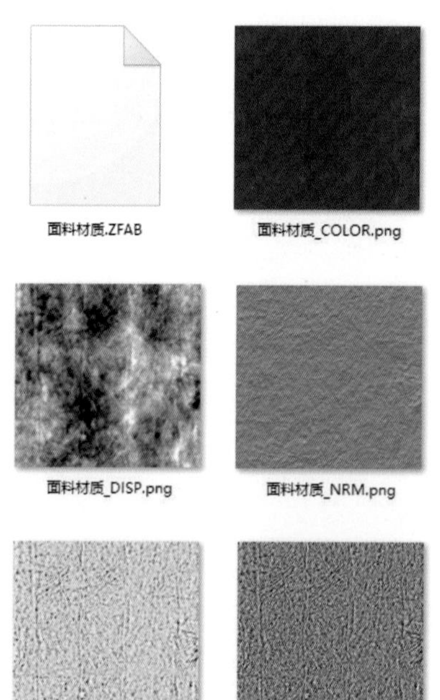

图4-1-3　托特包面料文件

二、板片导入

1. 调取模型

（1）在图库窗体下选择Avatar，双击鼠标左键打开“3D_Shape”文件夹，再双击鼠标左键加载“3D_Shape_02”模型（图4-1-4）。

（2）点击模型，在属性编辑器的规格中取消固定比例，分别设置X：320、Y：230、Z：40（图4-1-5）。

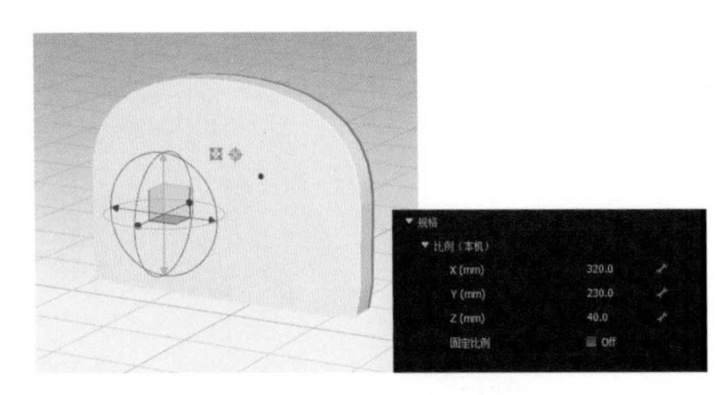

图4-1-5　调整填充模型

2. 导入板片

（1）在菜单栏中选择“文件→导入→DXF（AAMA/ASTM）”，导入板片文件（图4-1-6）。

（2）在“导入DXF”窗口中选择：选项点击“板片自动排列”“优化所有曲线点”复选框（图4-1-7）。

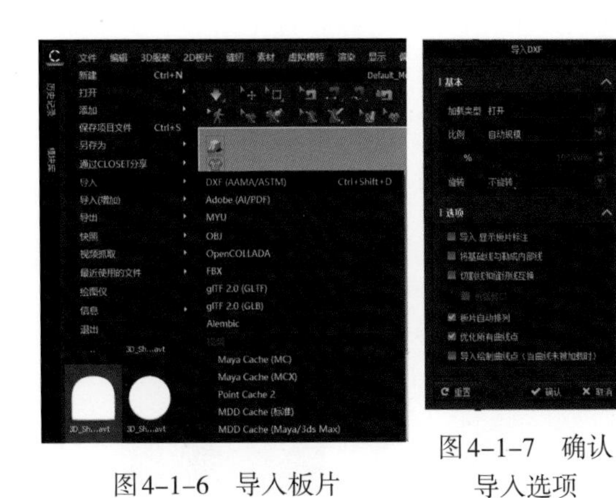

图4-1-6　导入板片

图4-1-7　确认导入选项

三、板片调整

1. 数量检查

（1）切换至2D窗口，运用“调整板片”拖动板片按照对应关系放置到模型虚影位置（图4-1-8）。

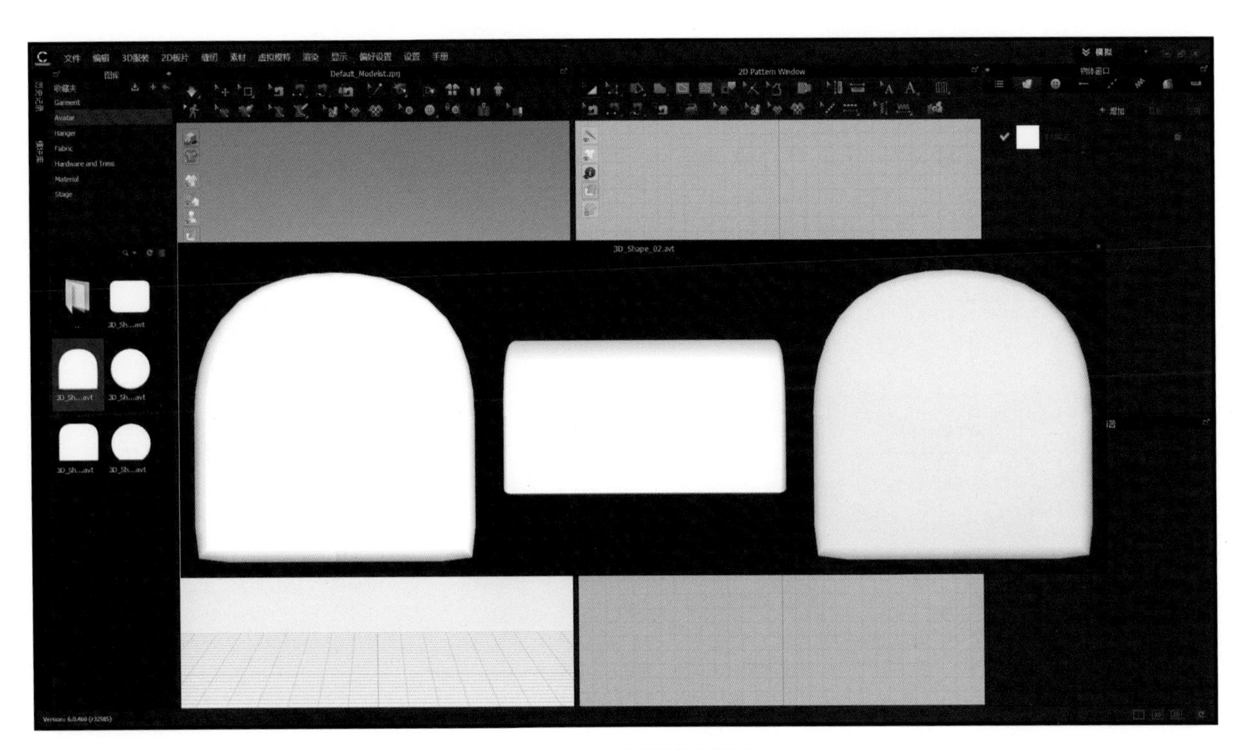

图4-1-4　选择填充模型

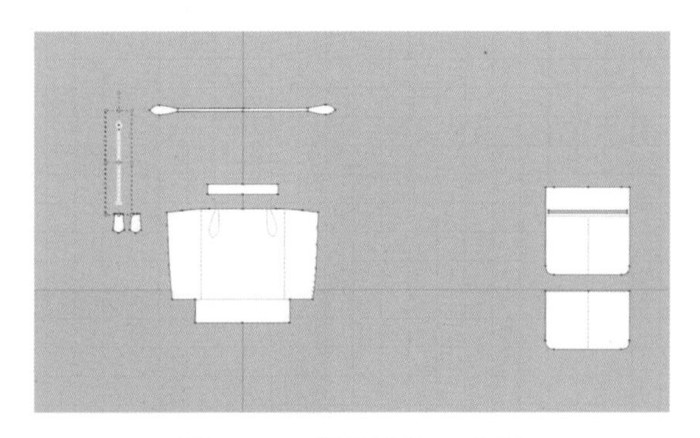

图4–1–8　调整板片2D位置

（2）补齐板片数量，运用“调整板片”选择前幅及手挽，右键选择“对称板片（板片和缝纫线）”选项，对称放置（图4–1–9）。

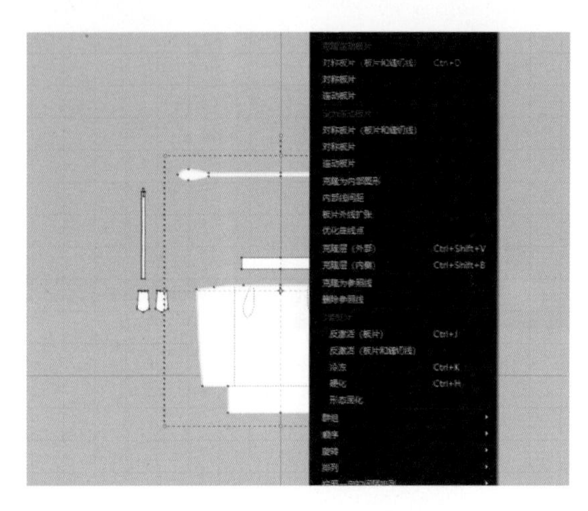

图4–1–9　补齐板片数量

2. **内部线制作**

（1）运用“勾勒轮廓”组合“Shift”键，左键选择前后幅及扣带零部件中的内部线，在选中的基础线上右键选择“勾勒为内部线/图形”（图4–1–10）。

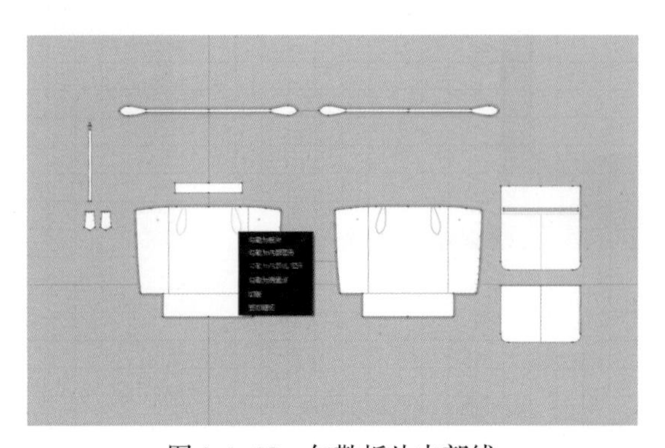

图4–1–10　勾勒板片内部线

（2）切换至“3D/2D窗口”，左键点击“重置2D安排位置（全部）”重置板片位置，选择挂绳及插袋，右键选择“冷冻”选项（图4–1–11）。

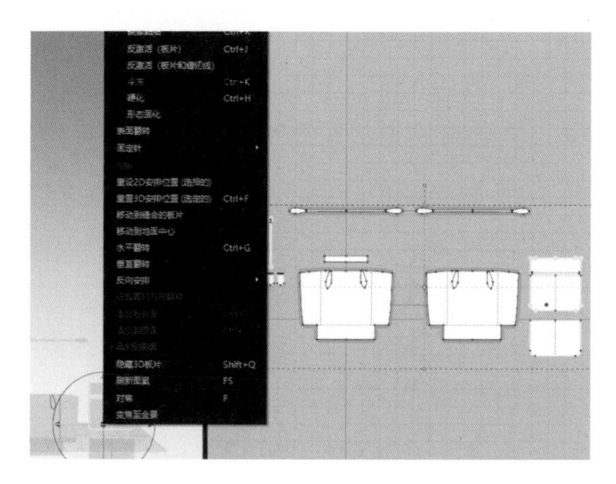

图4–1–11　重置2D安排位置（全部）

四、板片缝制

1. **包体制作**

（1）选择所有板片进行硬化，运用“选择/移动”按照板片与模型的位置放置前后幅大身围（图4–1–12）。

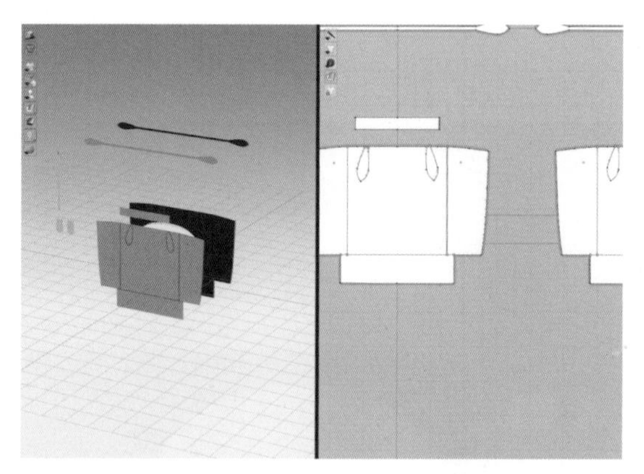

图4–1–12　硬化所有板片

（2）运用“自由缝纫”缝纫包体前、后幅大身围（图4–1–13）。

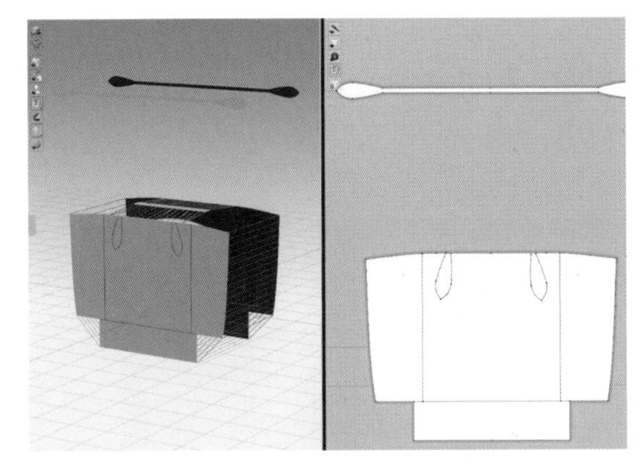

图4-1-13　缝纫包体前、后幅

（3）设置侧片与袋底缝纫线为“0°”，运用“折叠安排”翻折袋底至“90°”（图4-1-14）。

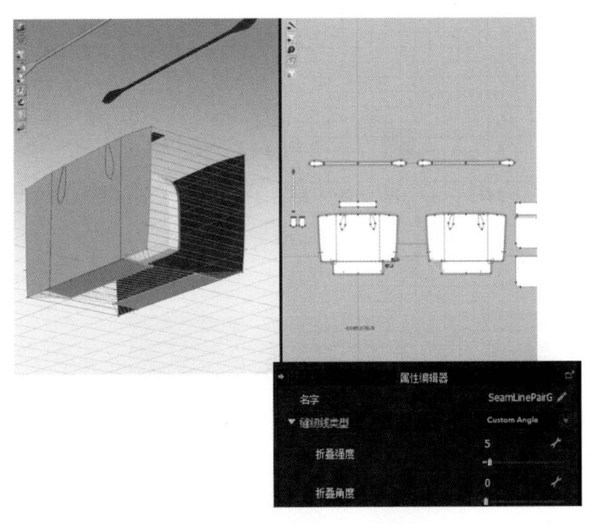

图4-1-14　设置袋底缝纫线角度

（4）设置侧片拼接缝纫线角度为“30°”（图4-1-15）。

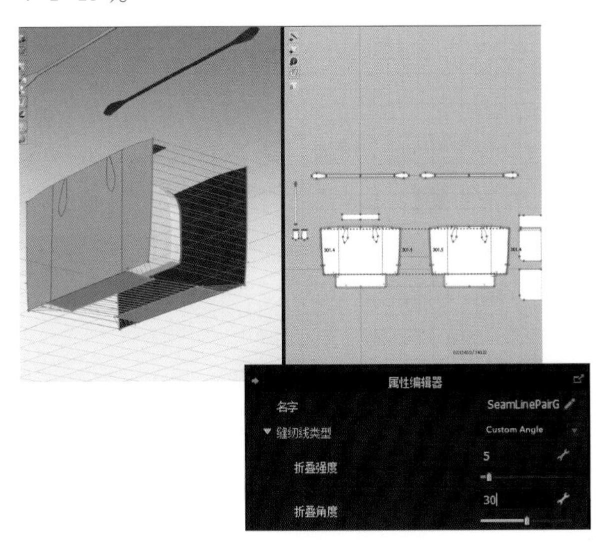

图4-1-15　设置侧片缝纫线角度

（5）运用“自由缝纫”缝纫手挽与前、后幅，缝纫前、后幅与辅助样板片，辅助板片缝纫线为“140°”（图4-1-16）。

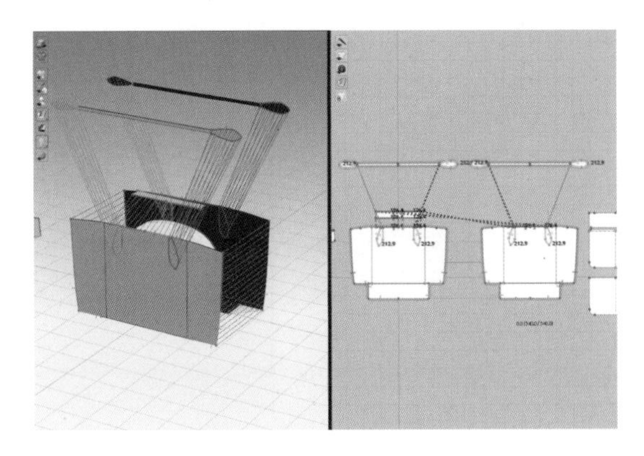

图4-1-16　缝纫手挽及设置缝纫角度

（6）点击“模拟”开关，打开模拟，调整前、后幅大身围与手挽、辅助板片的关系（图4-1-17）。

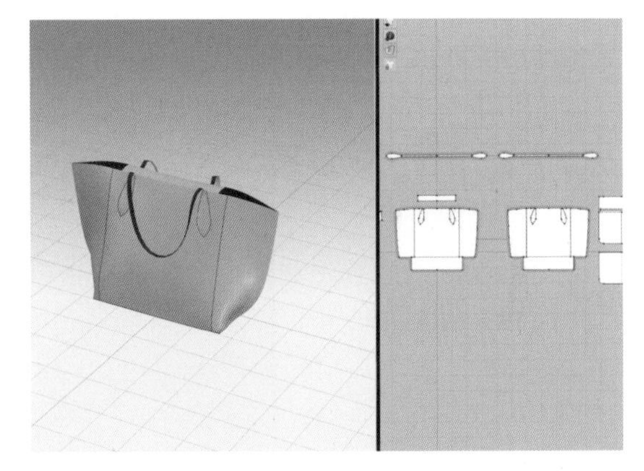

图4-1-17　模拟查看效果

2. **插袋制作**

（1）运用“选择/移动”选择前幅大身围，右键选择“隐藏3D板片”（图4-1-18）。

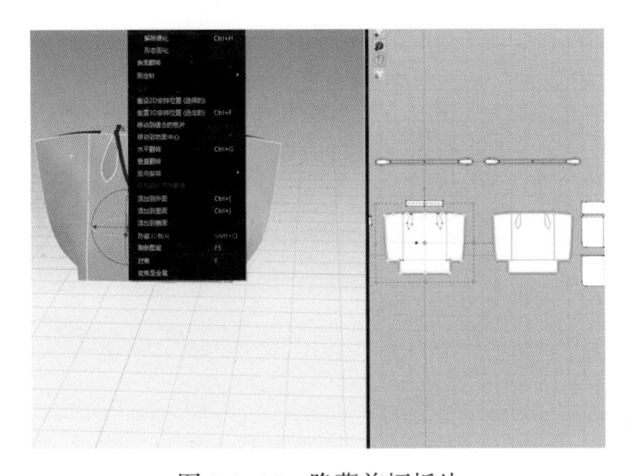

图4-1-18　隐藏前幅板片

（2）运用 “选择/移动”选择后幅大身围及其手挽，向后移动一段距离（图4–1–19）。

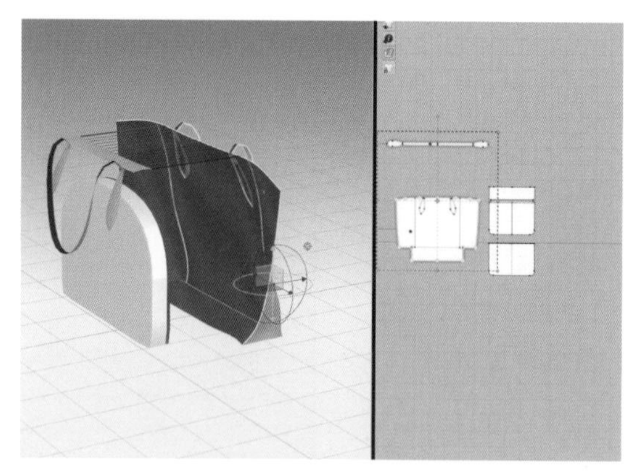

图4–1–19　移动后幅板片位置

（3）运用 “调整板片”选择插袋两层板片，在3D窗口移动至后幅大身围与模型之间（图4–1–20）。

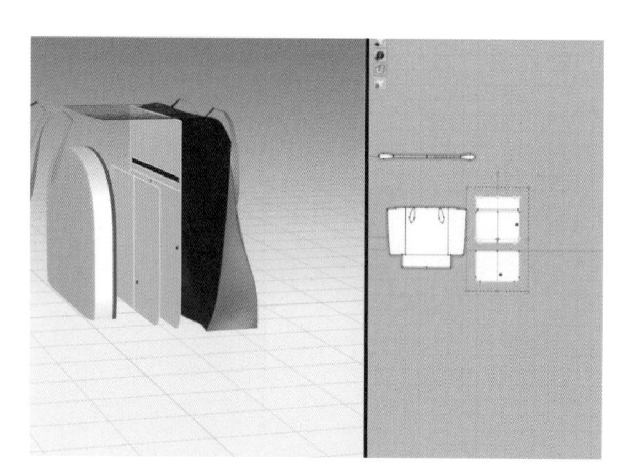

图4–1–20　移动插袋板片位置

（4）运用 “自由缝纫”缝纫插袋与后幅上边缘，缝纫插袋两层之间固定位置（图4–1–21）。

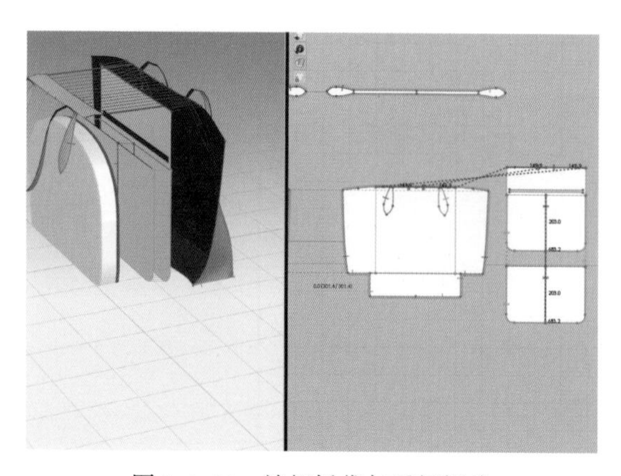

图4–1–21　缝纫插袋与后幅板片

（5）解冻两层插袋板片，进行插袋板片部分调整，内部缝纫线设置为“TURNED”模式（图4–1–22）。

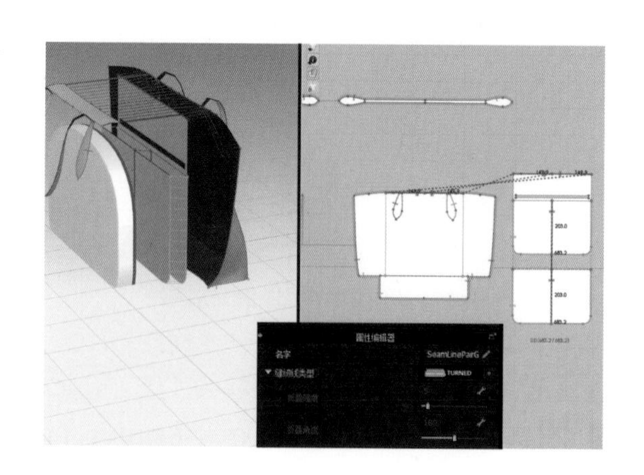

图4–1–22　解冻板片及设定缝纫线

（6）运用 “调整板片”在2D窗口选择前幅大身围，在选中的板片上右键选择“显示3D板片”并模拟（图4–1–23）。

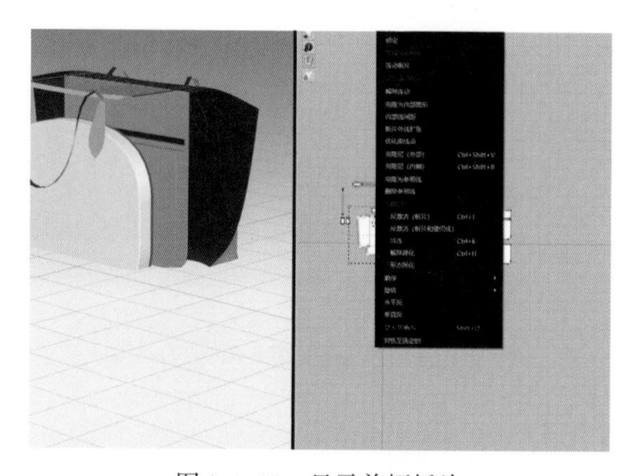

图4–1–23　显示前幅板片

（7）隐藏前、后幅、手挽挂扣和模型，3D窗口中选择 “拉链”工具，在插袋开口处依次点击两条边线起止端，单侧结束操作时点击鼠标左键（图4–1–24）。

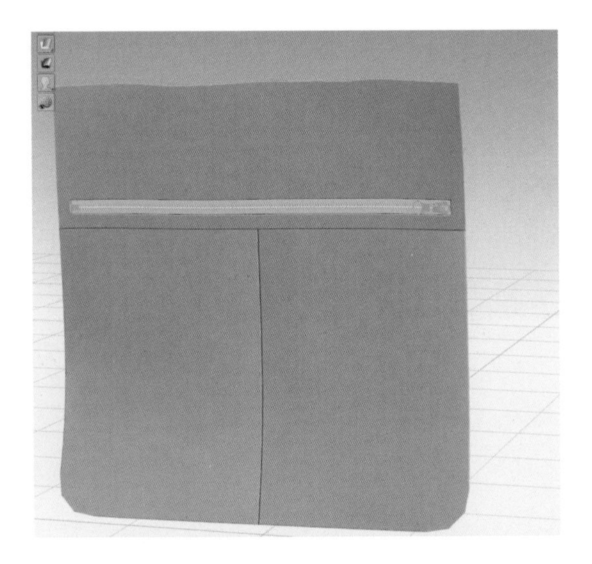

图4-1-24　设定插袋板片拉链

3. 挂绳制作

（1）显示所有板片，运用 “选择/移动” 选择两侧手挽至正上方，停止“模拟”后，用 “固定针（箱体）”固定到合适位置（图4-1-25）。

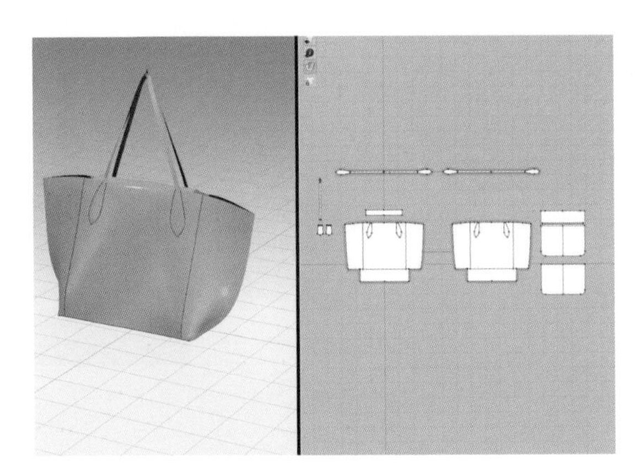

图4-1-25　固定手挽位置

（2）运用 “选择/移动” 选择挂绳板片，右键选择“解冻”（图4-1-26）。

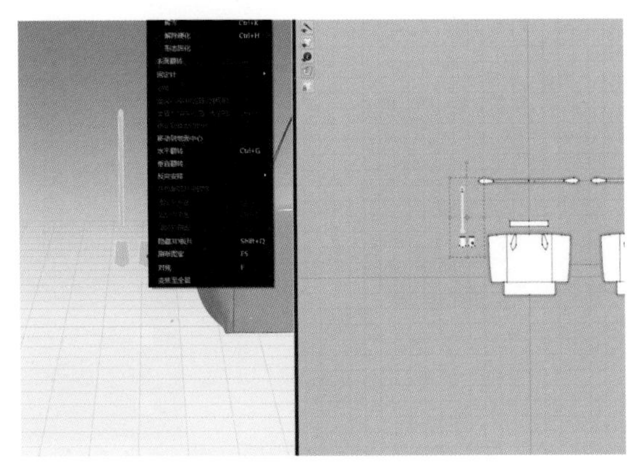

图4-1-26　解冻挂绳板片

（3）运用 “选择/移动” 移动挂绳板片到手挽根部进行缠绕放置（图4-1-27）。

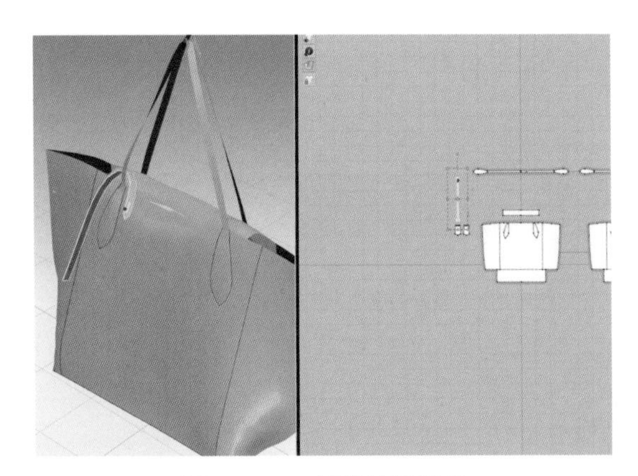

图4-1-27　缠绕挂绳板片

（4）设置挂绳粒子间距为“3”，结合 “模拟”开关与 “固定针（箱体）”进行挂绳打结（图4-1-28）。

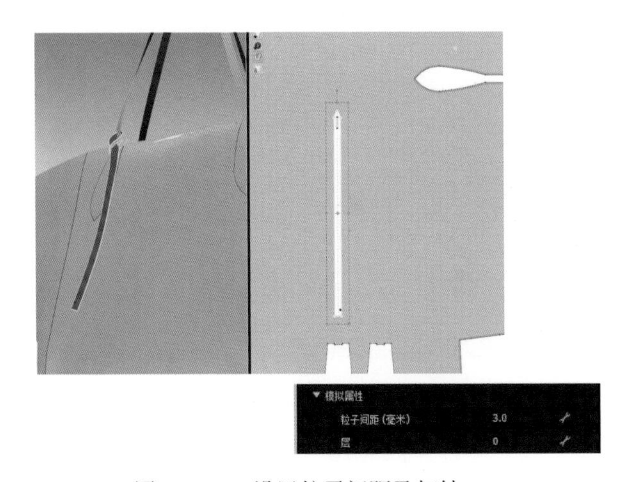

图4-1-28　设置粒子间距及打结

（5）运用 “自由缝纫”缝纫挂扣与挂绳，设置挂扣之间缝纫关系为“TURNED”（图4-1-29）。

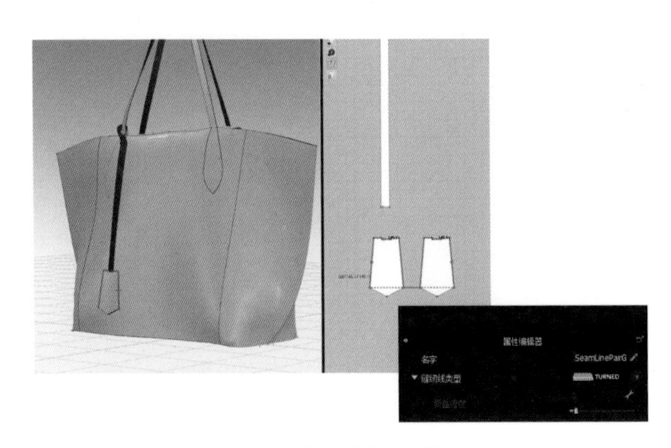

图4-1-29　缝纫挂绳与挂扣

五、材料设置

（1）在物体窗口中增加一款织物，在物理属性预设处打开“面料材质.ZFAB”文件，用于前、后幅大身围与插袋的设置（图4-1-30）。

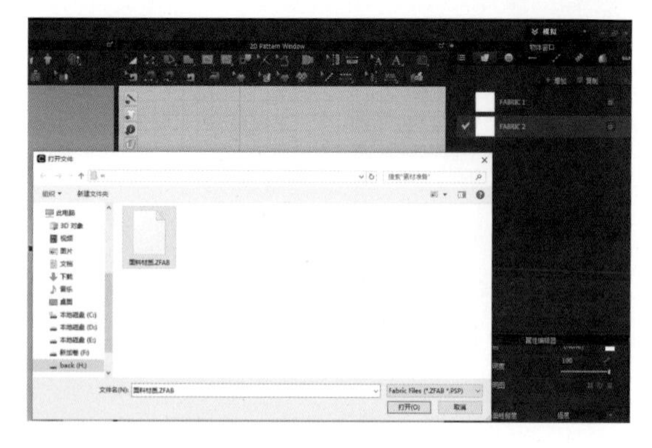

图4-1-30 加载面料属性

（2）在物体窗口中增加一款织物，设置为手挽板片属性，并设置颜色为黑色，物理属性打开“面料材质.ZFAB”文件（图4-1-31）。

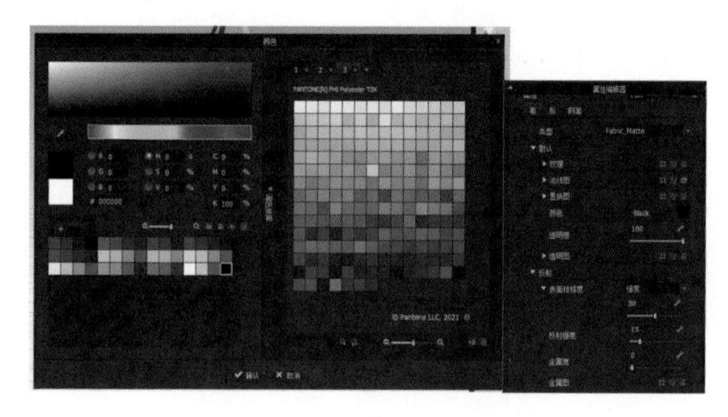

图4-1-31 设置面料颜色

（3）选择“FABRIC2”织物后，点击复制，应用于挂绳挂扣板片（图4-1-32）。

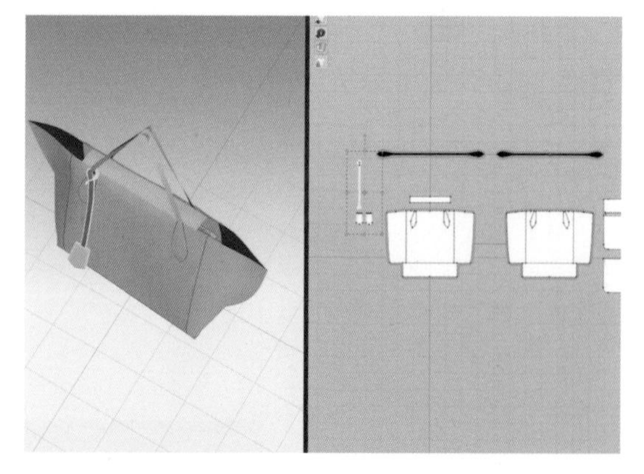

图4-1-32 复制织物应用于板片

（4）设置原有“FABRIC1”透明度为“0”，此时隐藏了前、后幅之间连接处板片（图4-1-33）。

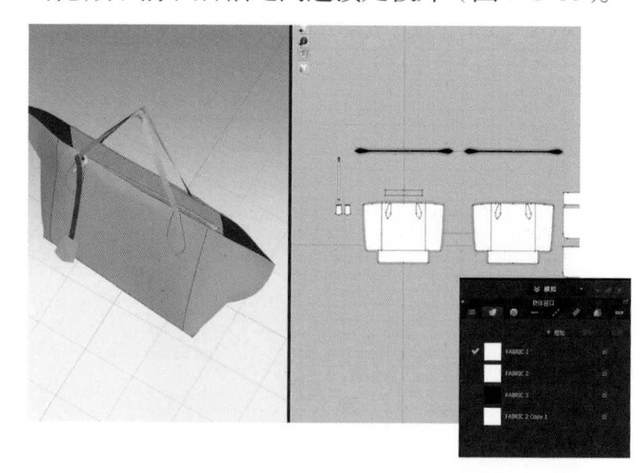

图4-1-33 设置织物透明度

（5）设置“FABRIC2”织物的纹理、法线图、置换图、表面粗糙度，并解除所有板片“硬化”（图4-1-34）。

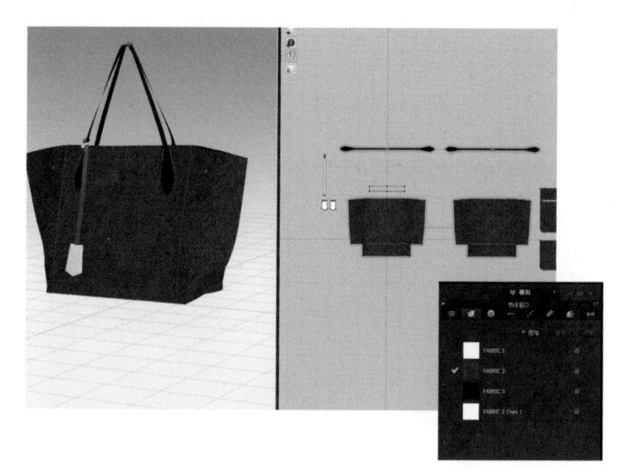

图4-1-34 设置织物纹理材质

（5）设置“FABRIC2 Copy1”织物的纹理、法线图、置换图、表面粗糙度，并设置纹理“冲淡颜色”（图4-1-35）。

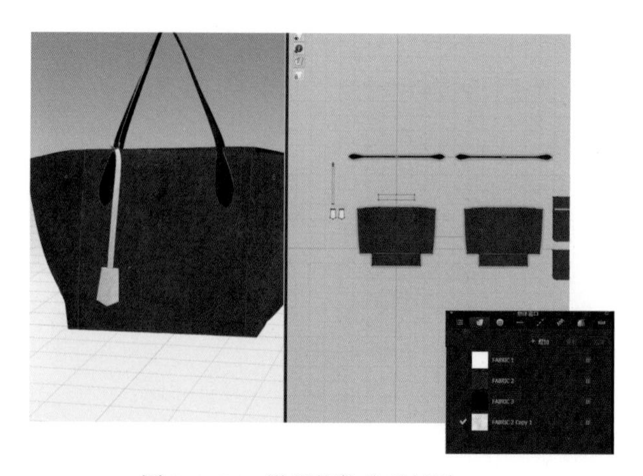

图4-1-35 设置织物纹理材质

六、调整展示

1. 细节调整

（1）运用“纽扣”在前、后幅大身围标记位置钉纽扣，并在纽扣图形选择为平扣，尺寸宽度为“10”（图4-1-36）。

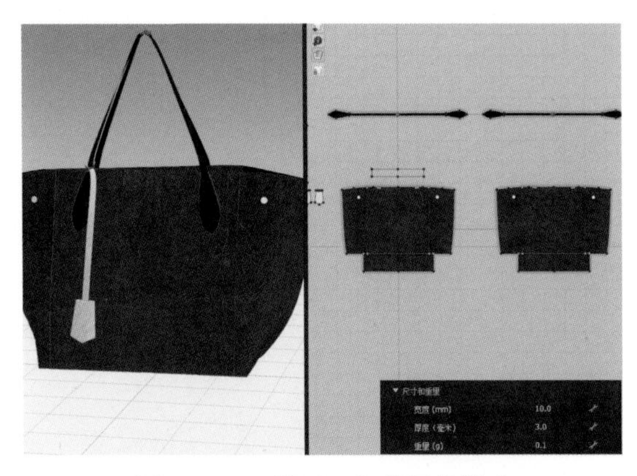

图4-1-36　设置纽扣并调整样式

（2）在3D窗口中关闭“显示虚拟模特”开关，隐藏填充模型（图4-1-37）。

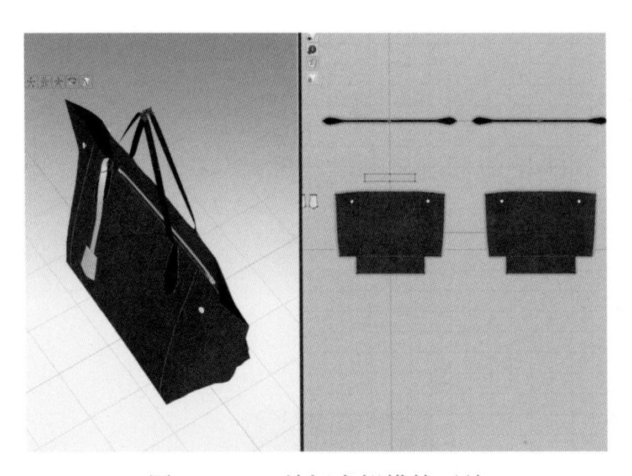

图4-1-37　关闭虚拟模特开关

（3）在3D窗口，关闭“显示粘衬/削薄”开关，切换“浓密纹理表面”效果（图4-1-38）。

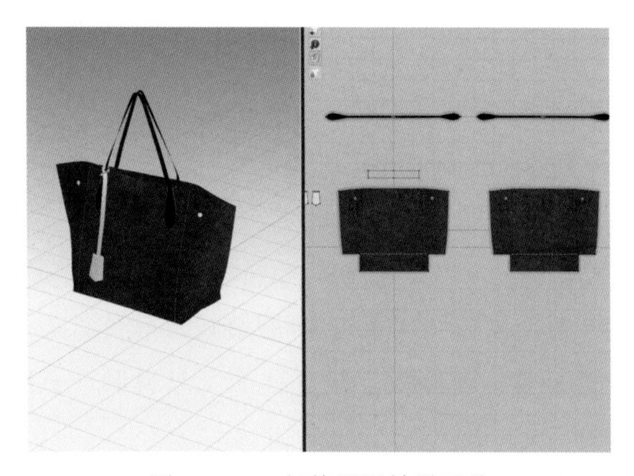

图4-1-38　切换显示效果开关

（4）运用3D窗口中“编辑纹理（3D）”工具，调整花型位置，缩放织物纹理，做到自然美观，纹样合理（图4-1-39）。

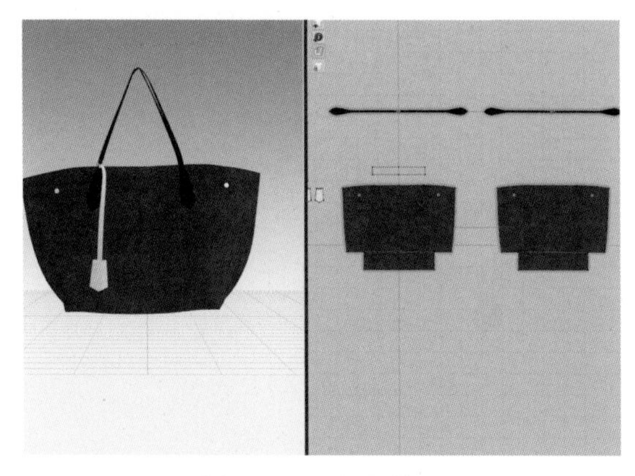

图4-1-39　调整纹理

2. 成品效果展示（图4-1-40）

图4-1-40　成品效果展示

凯莉包制作视频

第二节　凯莉包制作

教学目标：

1. 掌握3D凯莉包制作流程。

2. 掌握手腕的缝制及处理。

教学内容：

根据款式图，通过3D服装设计软件，运用编辑工具、内部线工具、缝纫工具缝制一款凯莉包。

教学要求：

通过本节课程，学习凯莉包及同类款式的缝制方式。

一、文件准备

1. 准备款式图

准备凯莉包的款式图，款式图可以明确显现分割线以及安排方式（图4-2-1）。

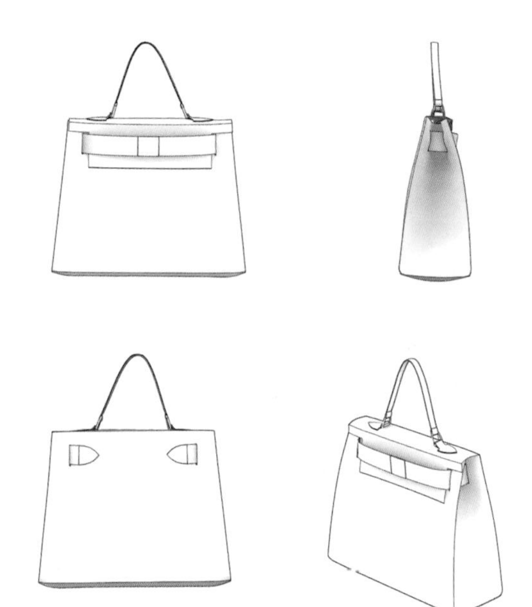

图4-2-1　凯莉包款式图

2. 准备样板文件

准备凯莉包的样板文件，板片文件要求按照结构制板，包含制板的结构线、标记线、剪口、扣位等信息（图4-2-2）。

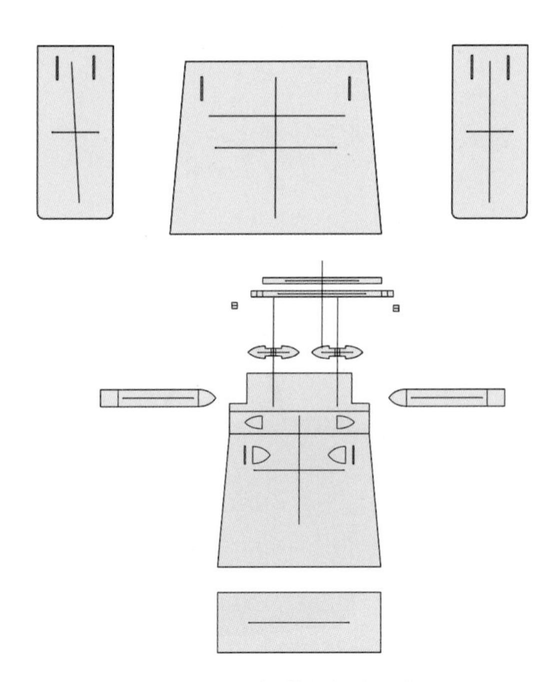

图4-2-2　凯莉包板片文件

3. 准备面料文件

准备凯莉包的面料文件，文件包括：颜色贴图、法线贴图、高光贴图、置换贴图（图4-2-3）。

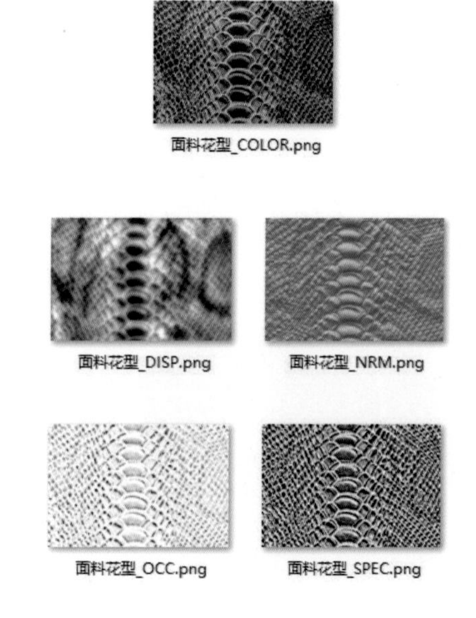

图4-2-3　凯莉包面料文件

二、板片导入

1. 调取模型

（1）在图库窗体选择Avatar，双击鼠标左键打开“3D_Shape”文件夹，再双击鼠标左键加载“3D_Shape_01”模型（图4-2-4）。

（2）点击模型，在属性编辑器的规格中取消固定比例，分别设置X：160、Y：220、Z：10（图4-2-5）。

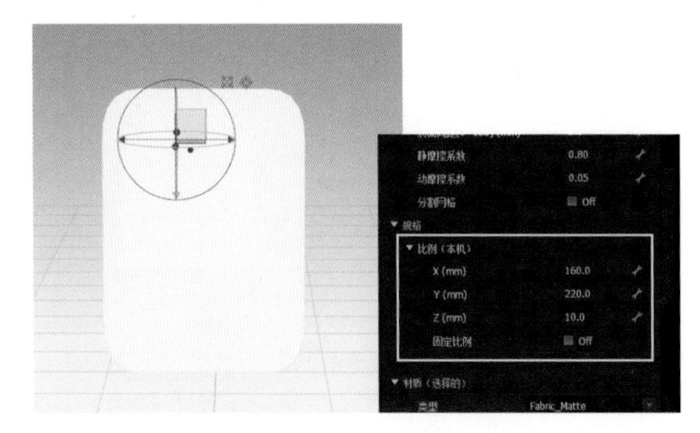

图4-2-5　调整填充模型

2. 导入板片

（1）在菜单栏中选择“文件→导入→DXF（AAMA/ASTM）”，导入凯莉包板片文件（图4-2-6）。

（2）在“导入DXF”窗口中设置：选择选项“板片自动排列”“优化所有曲线点”复选框（图4-2-7）。

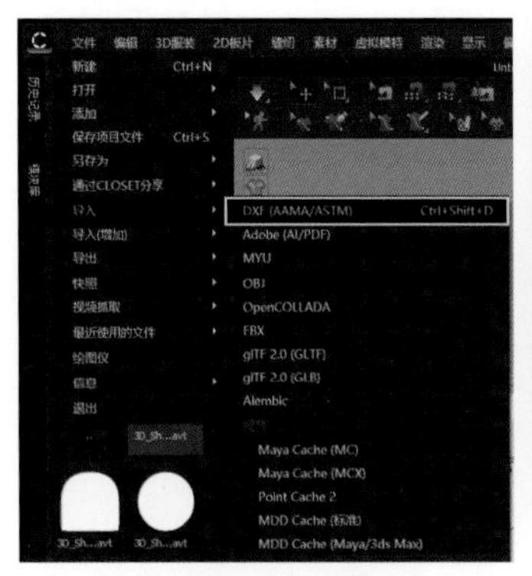

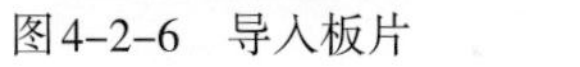

图4-2-6　导入板片

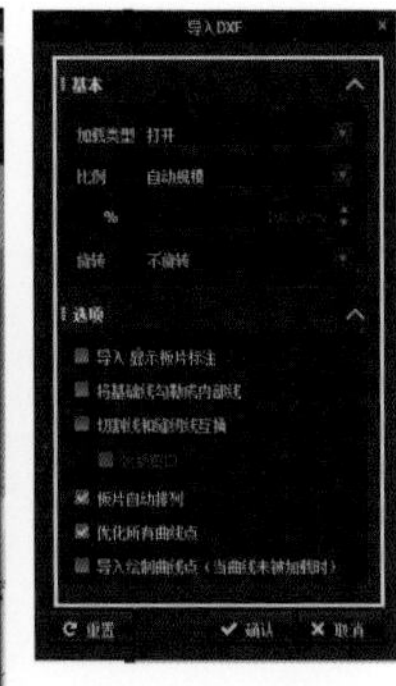

图4-2-7　确认导入选项

三、板片调整

1. 数量检查

（1）切换至2D窗口，运用“调整板片”拖动板片按照对应关系放置到模型虚影位置（图4-2-8）。

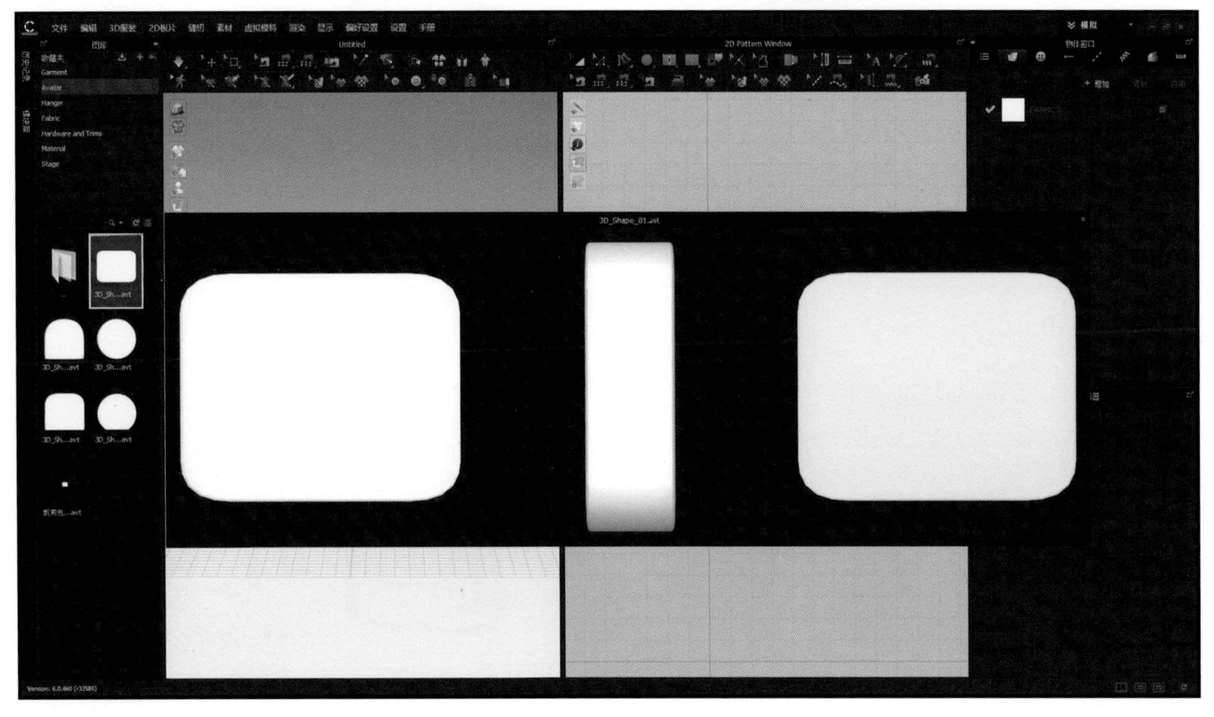

图4-2-4　选择填充模型

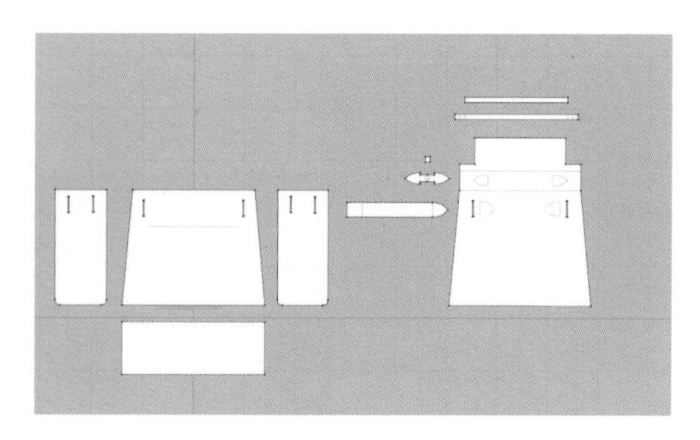

图4-2-8　调整板片2D位置

（2）补齐板片数量，运用 “调整板片”选择扣带、手挽配件等零部件，右键选择“对称板片（板片和缝纫线）”选项，对称放置（图4-2-9）。

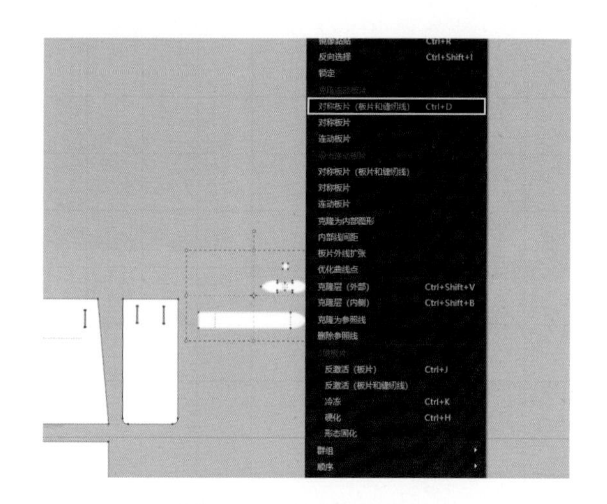

图4-2-9　补齐板片数量

2. 内部线制作

（1）运用 “勾勒轮廓”组合“Shift”键，左键选择前、后幅及扣带零部件中的内部线，在选中的基础线上右键选择“勾勒为内部线/图形”（图4-2-10）。

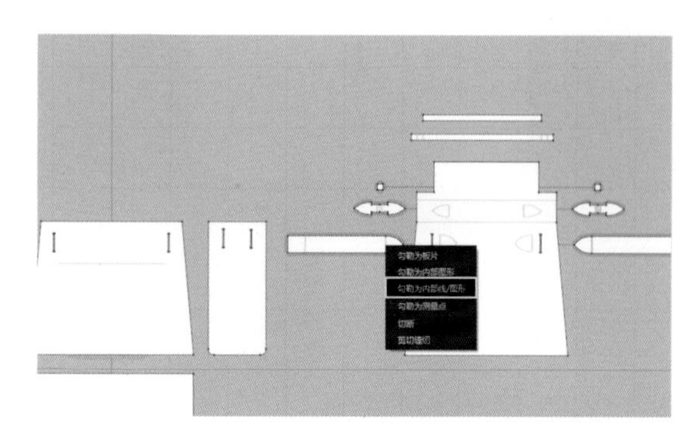

图4-2-10　勾勒板片内部线

（2）切换至“3D/2D窗口”，左键点击 “重置2D安排位置（全部）”，重置板片位置，选择手挽及零部件，右键选择“冷冻”选项（图4-2-11）。

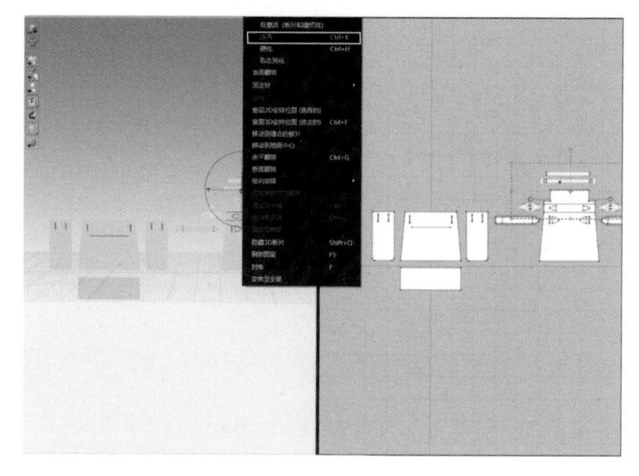

图4-2-11　重置2D安排位置（全部）

四、板片缝制

1. 包体制作

（1）选择所有板片进行硬化，运用 “选择/移动”按照板片与模型的位置放置前、后幅、侧片、袋底及扣带（图4-2-12）。

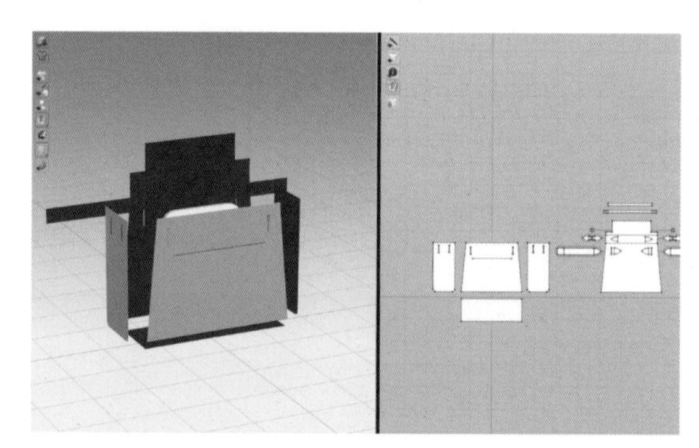

图4-2-12　硬化所有板片

（2）运用 “自由缝纫”缝纫包体前幅、后幅、侧片与袋底，注意先等长缝纫前、后幅与侧片，再缝纫袋底（图4-2-13）。

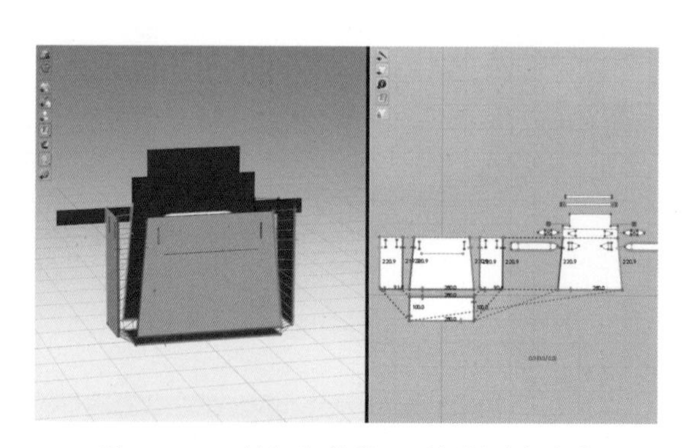

图4-2-13　缝纫包体前、后幅侧片与底袋

（3）运用 “自由缝纫”缝纫包体后幅与带扣，缝纫线类型确认为“TURNED”模式确保贴合（图4-2-14）。

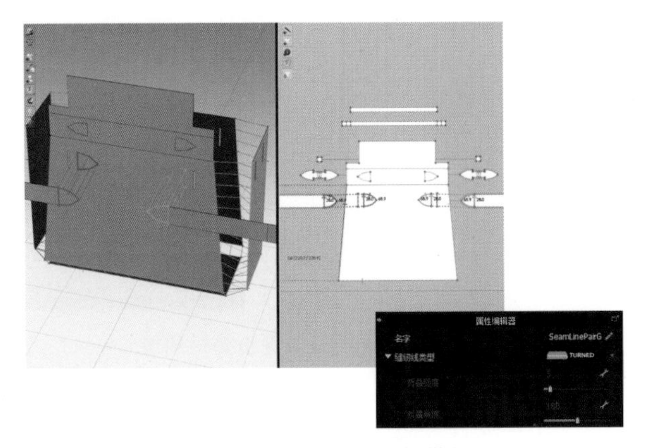

图4-2-14　缝纫后幅与带扣

（4）全选包体前、后幅、侧片与袋底缝纫线，设置缝纫线角度为“90°”，使之保持形状硬挺，方便调整（图4-2-15）。

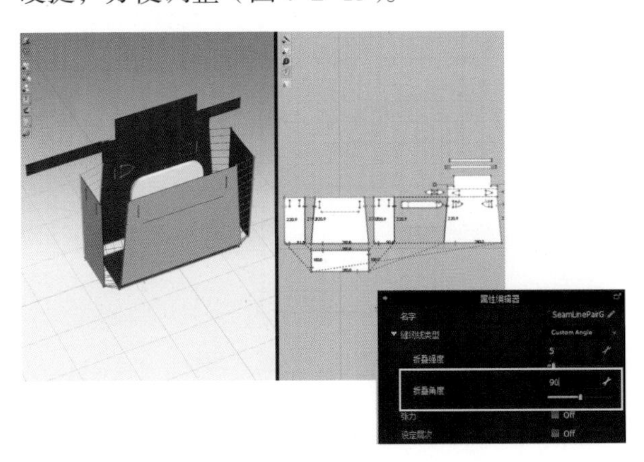

图4-2-15　设置缝纫线角度

（5）运用 “编辑板片”工具组合“Shift”键选择后幅上袋顶袋盖翻折线，设置折叠角度为“90°”（图4-2-16）。

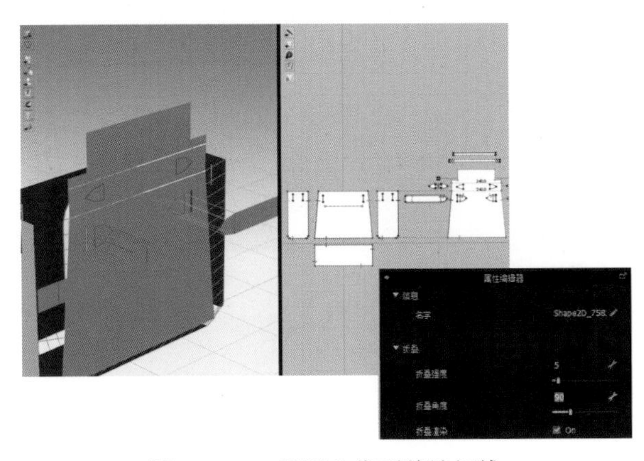

图4-2-16　设置上袋顶盖缝纫线

（6）点击 “模拟”开关，打开模拟，固定袋盖与前幅内部线位置，并调整设定层次（图4-2-17）。

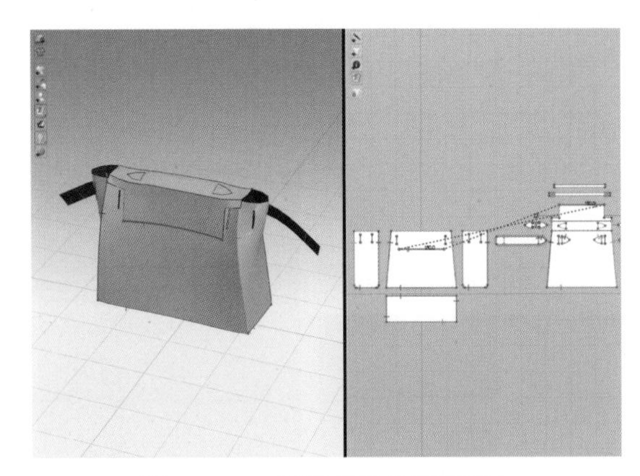

图4-2-17　固定袋盖并设定层次

（7）运用 “选择/移动”推拉侧片，运用 “选择网格（箱体）”框选2D窗口中带扣，在3D窗口调整穿透到前、后幅开口处（图4-2-18）。

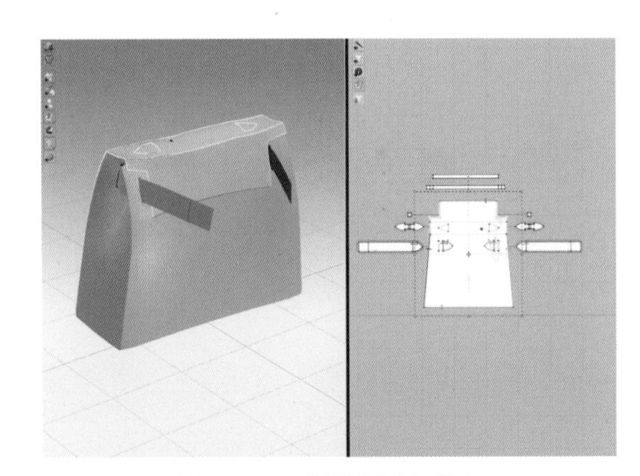

图4-2-18　调整侧片与带扣

（8）运用 “自由缝纫”缝纫固定带扣两端并模拟调整（图4-2-19）。

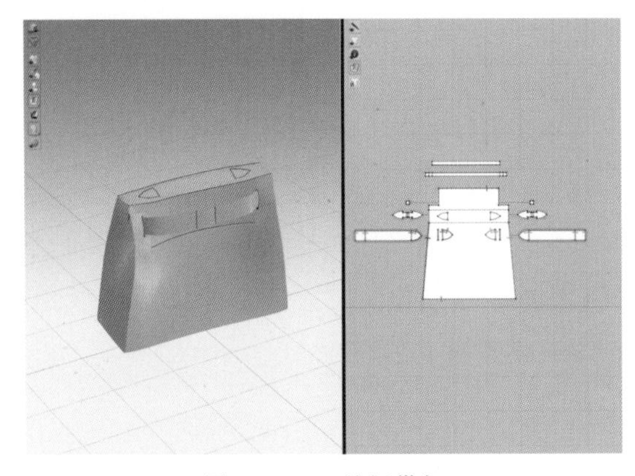

图4-2-19　缝纫带扣

2. 手挽制作

（1）设置包体及带扣板片粒子间距为“10”并“冷冻”，手挽板片粒子间距为“3”并“解冻”，进行细节缝制（图4-2-20）。

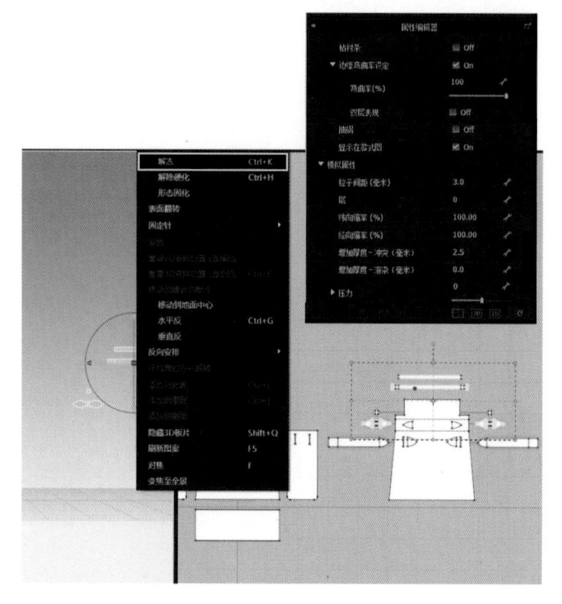

图4-2-20　设置带扣粒子间距

（2）运用“调整板片”移动手挽，固定板片至袋顶，移动手挽至袋顶上方，排列位置如图4-2-21所示。

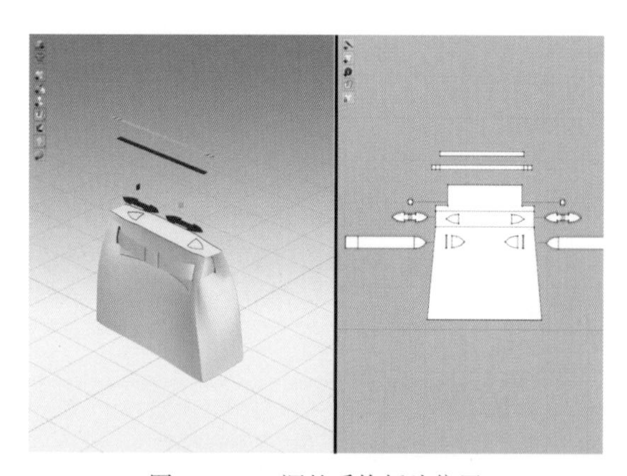

图4-2-21　调整手挽板片位置

（3）运用“自由缝纫”缝纫手挽固定板片与袋顶对应位置，设置内部三条折叠线角度为“90°”（图4-2-22）。

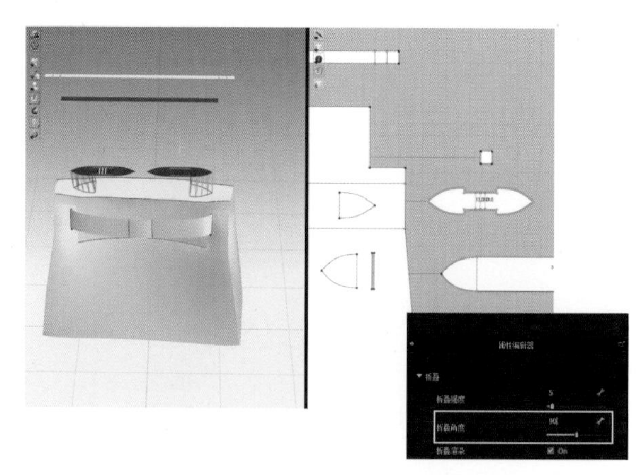

图4-2-22　缝纫手挽并设置折叠线角度

（4）选择“冷冻”除手挽固定板片的其他板片，进行手挽固定板片部分调整，内部缝纫线设置为“TURNED”模式（图4-2-23）。

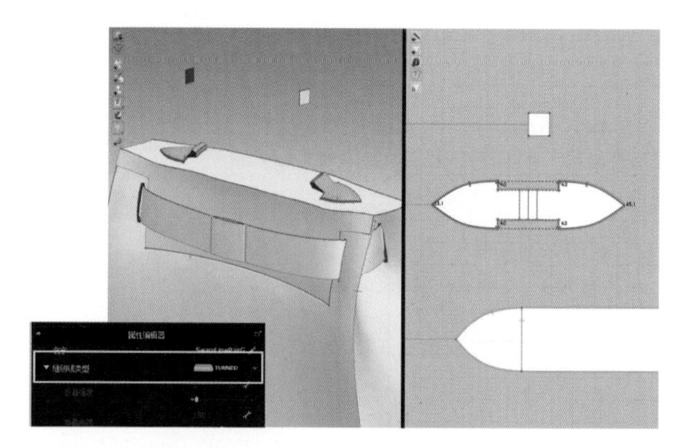

图4-2-23　手挽固定板片调整

（5）“解冻”手挽与固定板片的连接部位，运用“自由缝纫”将其固定到手挽固定板片的中心内部线上（图4-2-24）。

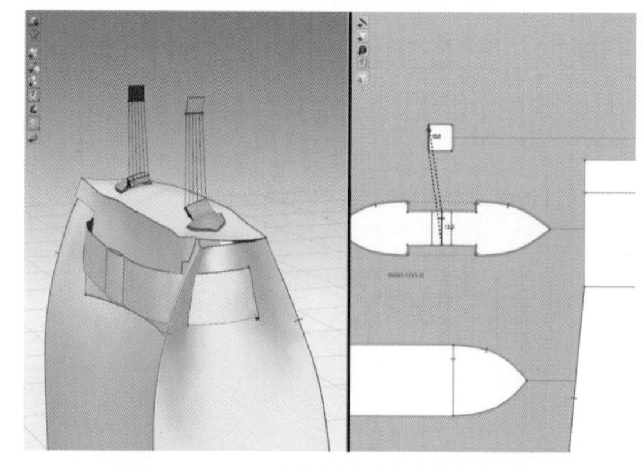

图4-2-24　手挽固定板片缝纫调整

（6）“解冻”手挽板片，运用“自由缝纫”缝纫手挽两层板片，折叠缝制手挽两端与固定板片连接并打开模拟（图4-2-25）。

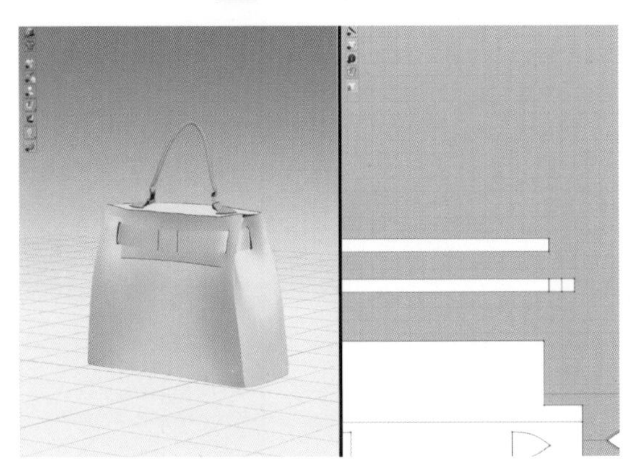

图4-2-25 缝纫手挽两层板片

五、材质设置

（1）在物体窗口中增加一款织物，在物理属性预设处打开“面料材质.ZFAB”文件，用于包体与手挽板片的设置，只有手挽固定板片不变（图4-2-26）。

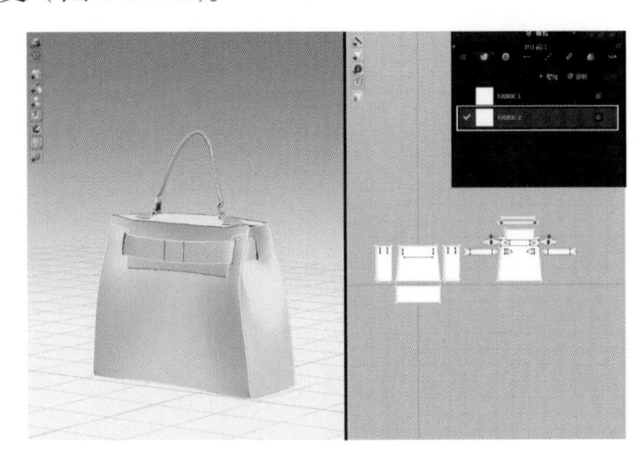

图4-2-26 设置包体与手挽织物

（2）设置原有“FABRIC1”透明度为“0”，此时隐藏了手挽固定板片（图4-2-27）。

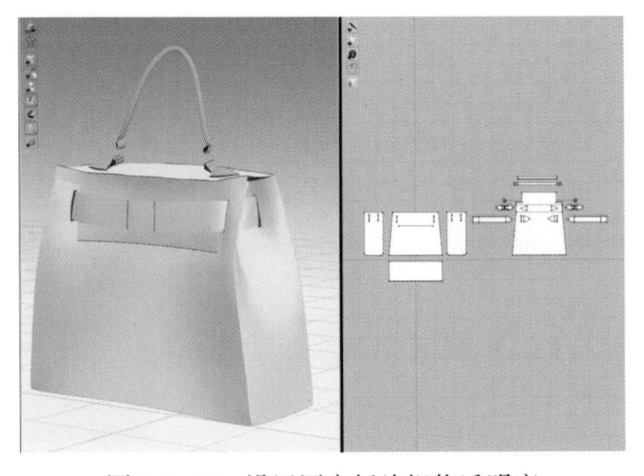

图4-2-27 设置固定板片织物透明度

（3）运用“熨烫”熨烫两层手挽后用“固定针（箱体）”将其固定到合适位置（图4-2-28）。

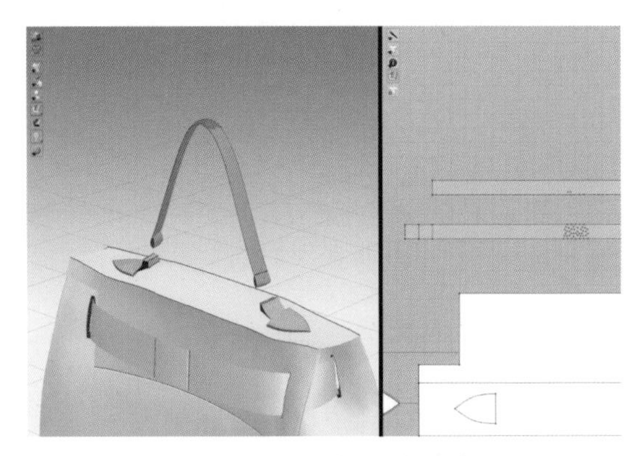

图4-2-28 熨烫固定手挽

（4）在图库“Hardware and Trims→Ring”文件夹中选择“D-Ring_small.tm”，右键增加到工作区（图4-2-29）。

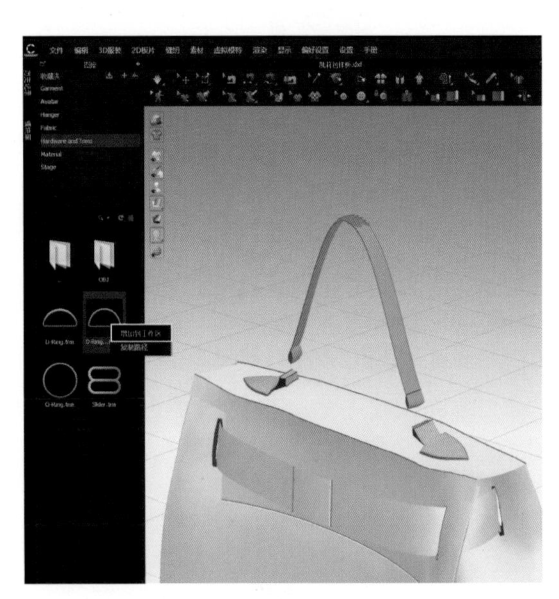

图4-2-29 增加手挽连接件

（5）通过增加的附件右上角“胶水”功能固定到透明的手挽固定板片上，并设置比例与位置（图4-2-30）。

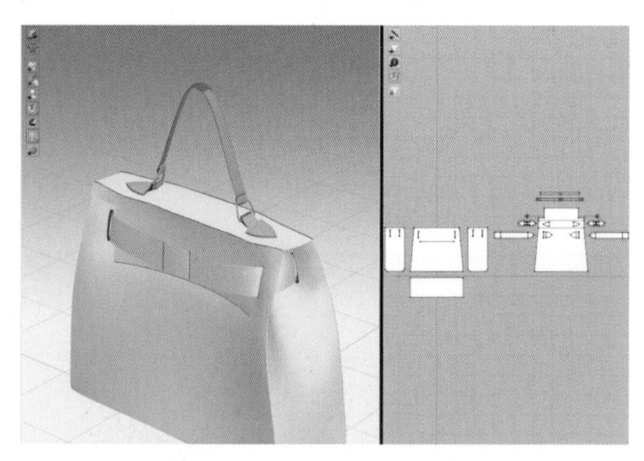

图4-2-30　胶水固定连接件

六、调整展示

1.细节调整

（1）点击“模拟”开关，打开模拟，全选所有板片，右键选择“解冻”，查看整体效果（图4-2-31）。

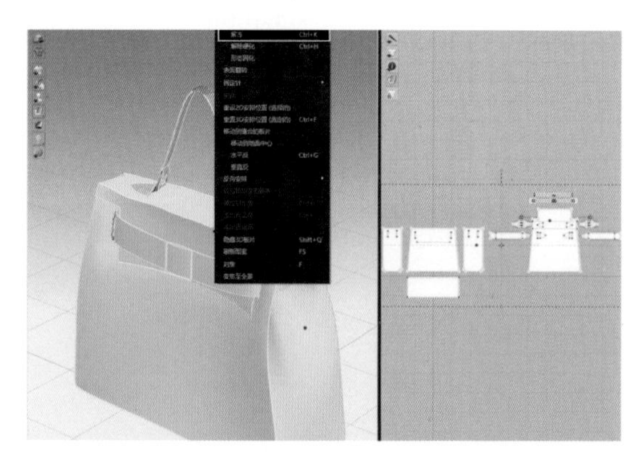

图4-2-31　解冻全部板片

（2）运用“选择/移动”选择两个侧片，右键“解除硬化”后，根据效果进行右键“形态固化”（图4-2-32）。

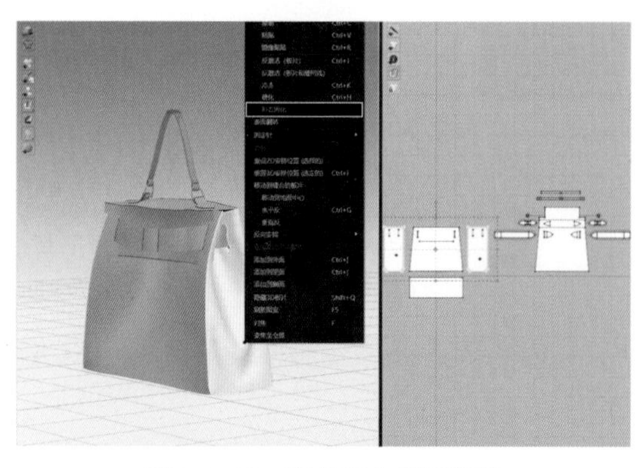

图4-2-32　形态固化侧幅板片

（3）运用“选择/移动”工具选择所有板片，全部解除硬化效果与形态固化，查看面料属性效果（图4-2-33）。

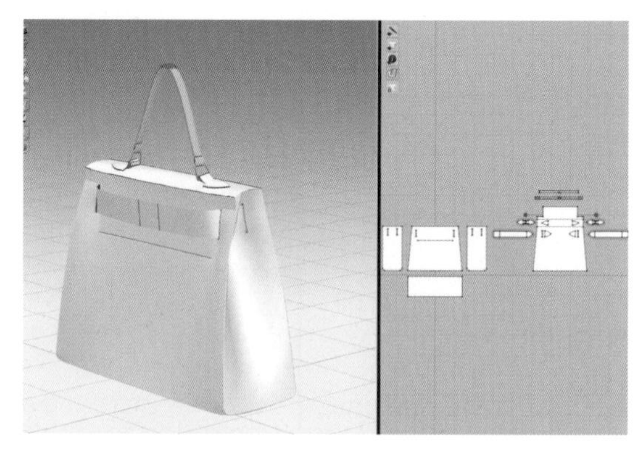

图4-2-33　全部板片解除硬化

（4）在3D窗口，关闭“显示粘衬/削薄”与“显示针”开关，切换“浓密纹理表面”效果（图4-2-34）。

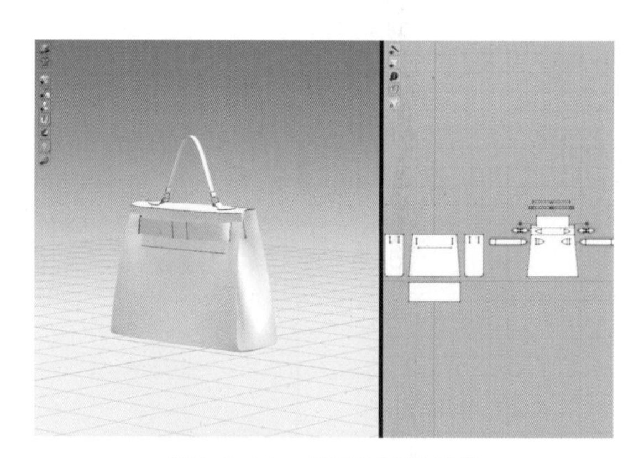

图4-2-34　关闭辅助线开关

（5）在物体窗口中选择“FABRIC2”织物，设置织物属性中的纹理图、法线图、置换图与表面粗糙度（图4-2-35）。

图4-2-35　调整织物贴图

（6）运用3D窗口中“编辑纹理（3D）”调整凯莉包的花型位置，做到对格对条，纹样设置合理（图4-2-36）。

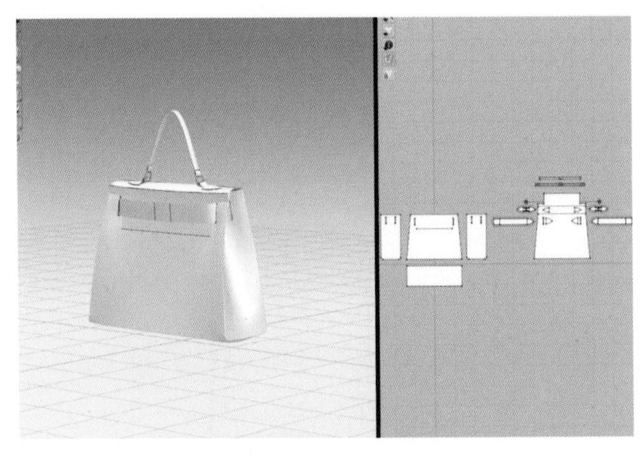

图4-2-36 调整板片花型位置

2. 成品效果展示（图4-2-37）

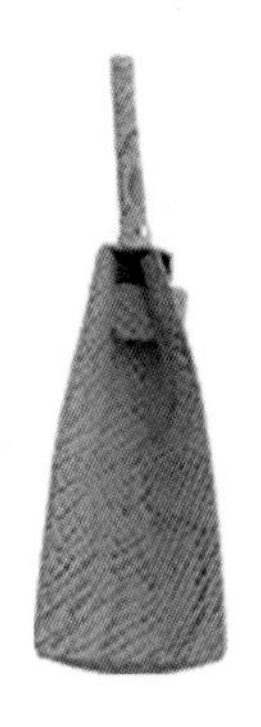

图4-2-37 成品效果展示

双肩包制作视频

第三节　双肩包制作

教学目标：

1. 掌握双肩包制作流程。
2. 掌握多层分步缝纫及处理。
3. 掌握拉链及带扣设置。

教学内容：

根据款式图，通过3D服装设计软件，运用编辑工具、内部线工具、缝纫工具缝制一款双肩包。

教学要求：

通过本节课程，学习双肩包及同类款式包的缝制方式，掌握相关款式的虚拟制作方式。

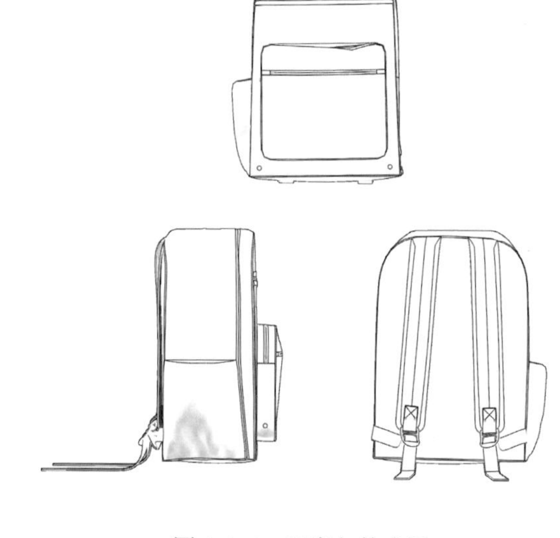

图4-3-1　双肩包款式图

一、文件准备

1. 准备款式图

准备双肩包的款式图，款式图可以明确显现分割线以及安排方式（图4-3-1）。

2. 准备样板文件

准备双肩包的样板文件，样板文件为净样板，包含制板的结构线、标记线、剪口、扣位等信息（图4-3-2）。

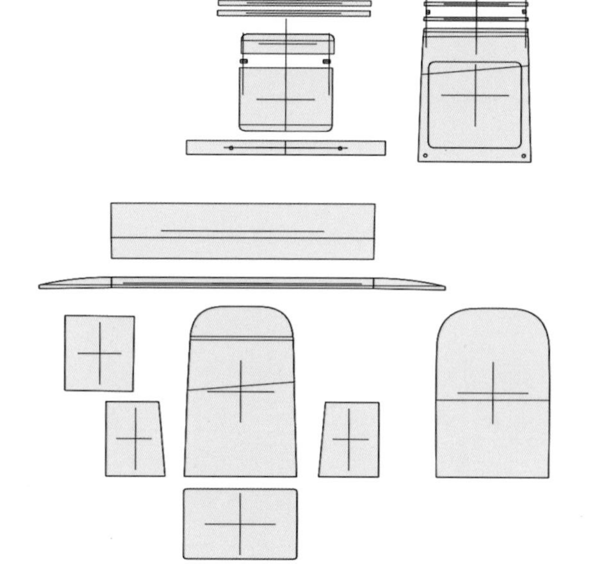

图4-3-2　双肩包板片文件

3. 准备面料文件

准备双肩包的面料文件，文件包括：颜色贴图、法线贴图、高光贴图、置换贴图（图4-3-3）。

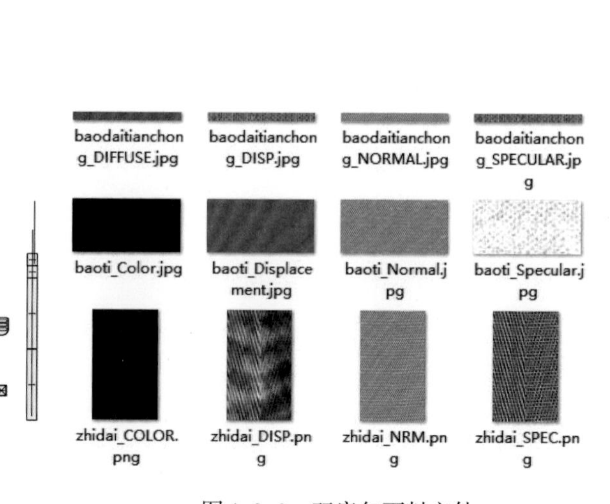

图4-3-3　双肩包面料文件

二、板片导入

1. 调取模型

（1）在图库中选择Avatar，打开3D_Shape文件夹，再双击鼠标左键加载3D_Shape_01模型（图4-3-4）。

（2）点击模型，在属性编辑器的规格中取消固定比例，分别设置X：260、Y：480、Z：180，并移动至网格以上（图4-3-5）。

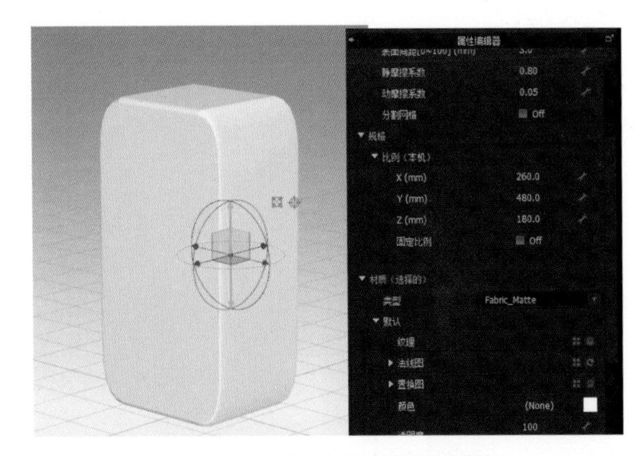

图4-3-5　调整填充模型参数

2. 导入板片

（1）在菜单栏中选择“文件→导入→DXF（AAMA/ASTM）”，导入双肩包板片文件（图4-3-6）。

（2）在“导入DXF”设置：选择选项“板片自动排列”“优化所有曲线点”复选框（图4-3-7）。

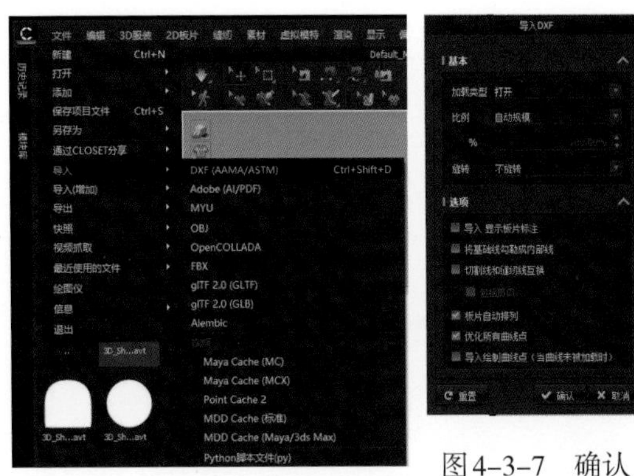

图4-3-6　导入双肩包板片

图4-3-7　确认导入选项

三、板片调整

1. 数量检查

（1）2D窗口中，运用“调整板片”拖动板片按照对应关系放置到模型虚影位置（图4-3-8）。

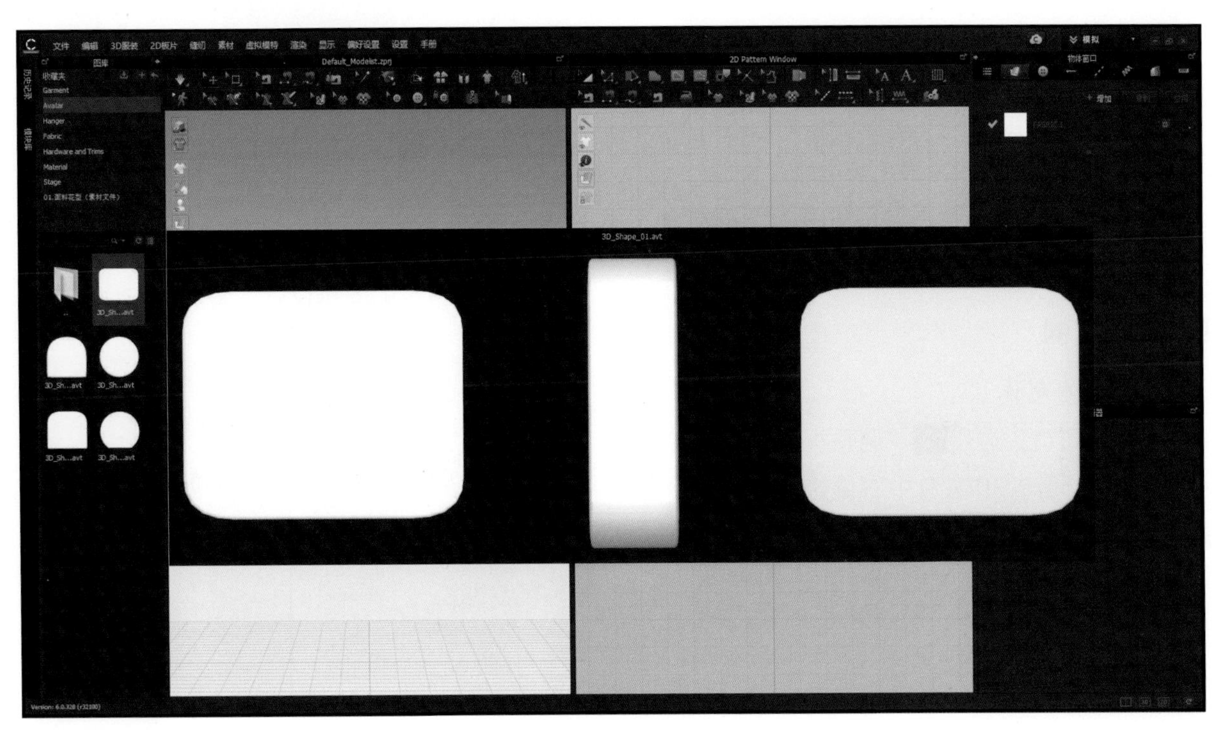

图4-3-4　选择填充模型

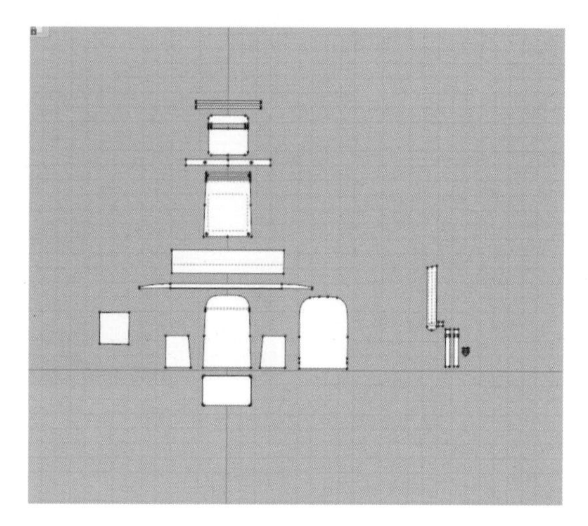

图4-3-8　调整板片2D位置

（2）3D窗口，运用“重置2D安排位置（全部）”调整板片，双肩包分为主包体、前袋、立体袋、背带部分，分别制作各部分（图4-3-9）。

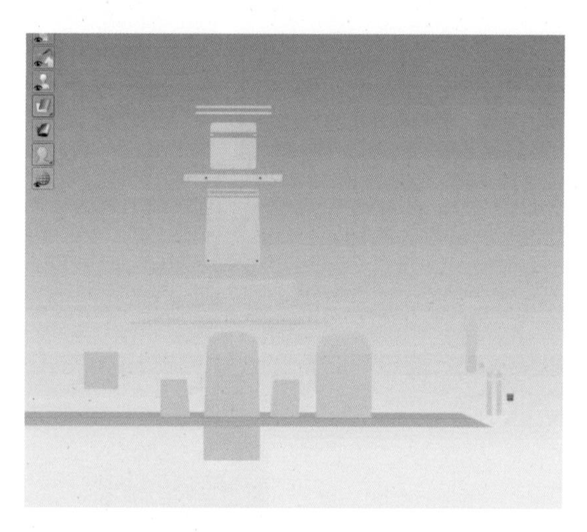

图4-3-9　重置2D安排位置（全部）

四、板片缝制

1. 主包体制作

（1）2D窗口，运用“调整板片”选择除主包体其余部分，3D窗口中右键选择进行“冷冻”（图4-3-10）。

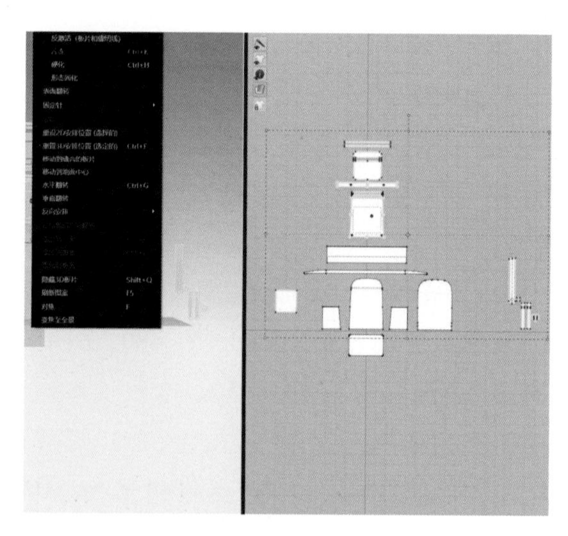

图4-3-10　冷冻零部件板片

（2）3D窗口，运用“选择/移动”在板片上右键选择“隐藏3D板片”，方便安排主包体板片（图4-3-11）。

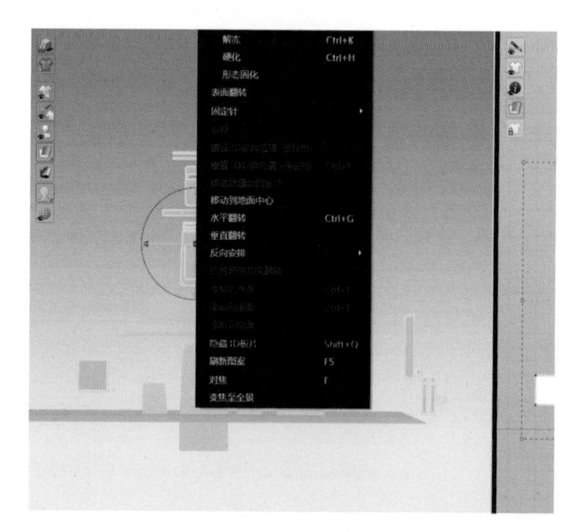

图4-3-11　隐藏零部件板片

（3）在3D窗口，打开“显示安排点”，进行主包体板片的安排位置（图4-3-12）。

图4-3-12　显示填充物安排点

（4）运用安排点及属性编辑器中的安排选项数值，使板片围绕填充物四周（图4-3-13）。

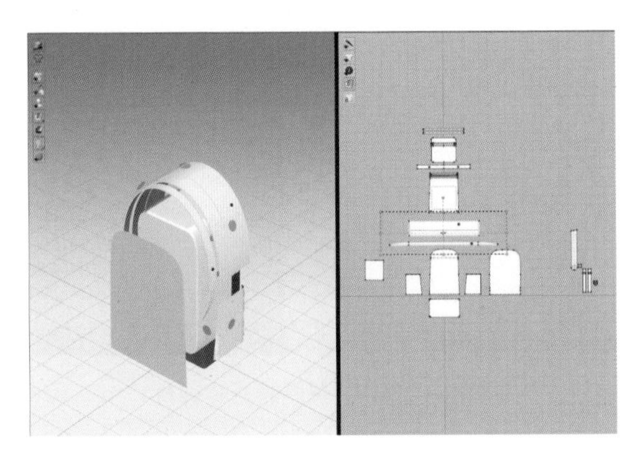

图4-3-13　安排主包体板片

（5）在3D窗口，选择主包体板片，在选中的板片上右键选择“硬化”，方便模拟效果（图4-3-14）。

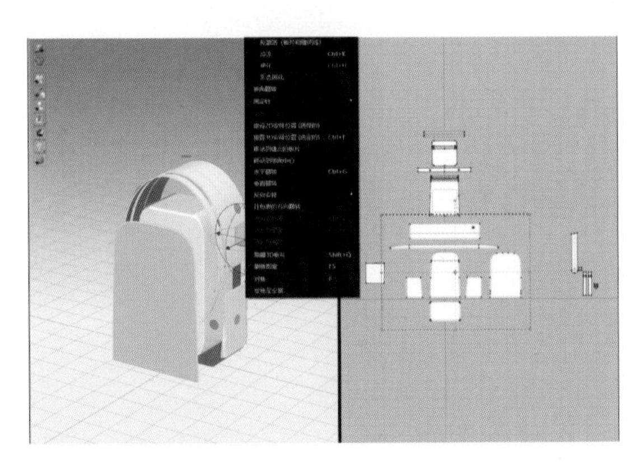

图4-3-14　硬化主包体板片

（6）在2D窗口，运用“自由缝纫”缝纫主包体拼接缝（图4-3-15）。

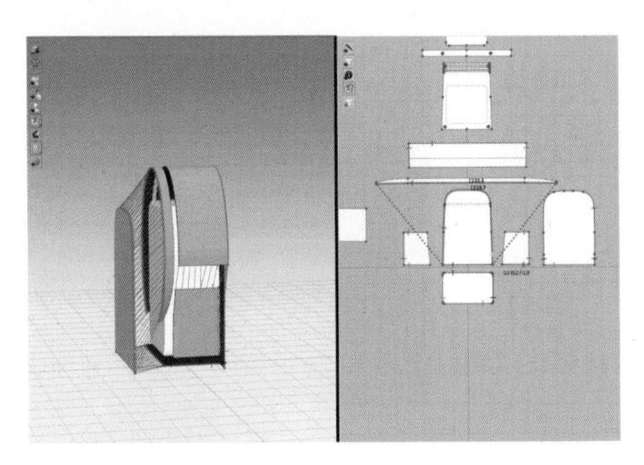

图4-3-15　缝纫主包体板片

（7）在3D窗口，打开“模拟”查看主包体缝合效果，可结合“选择/移动”工具进行位置调整（图4-3-16）。

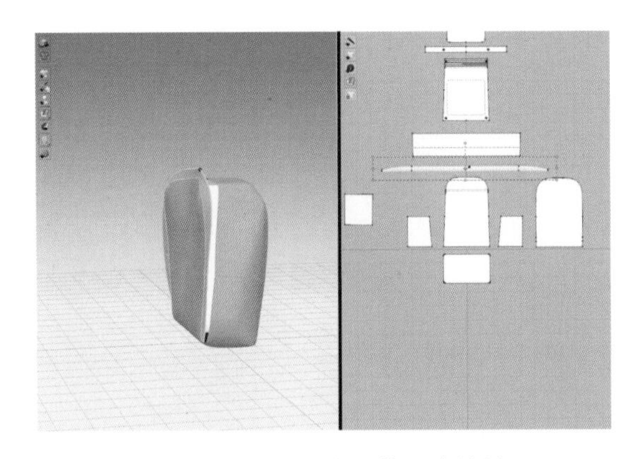

图4-3-16　查看主包体缝合效果

（8）结合“3D/2D窗口”，运用“拉链”设置主包体拉链位置并模拟（图4-3-17）。

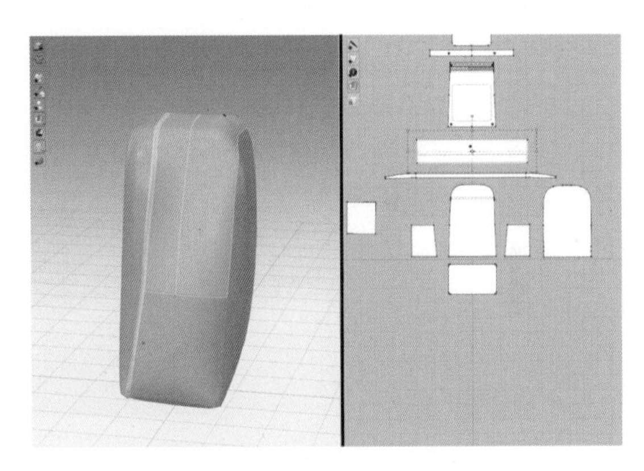

图4-3-17　设置主包体拉链

（9）在3D窗口，运用“熨烫”进行主包体拼缝的整形，使包体立体造型美观（图4-3-18）。

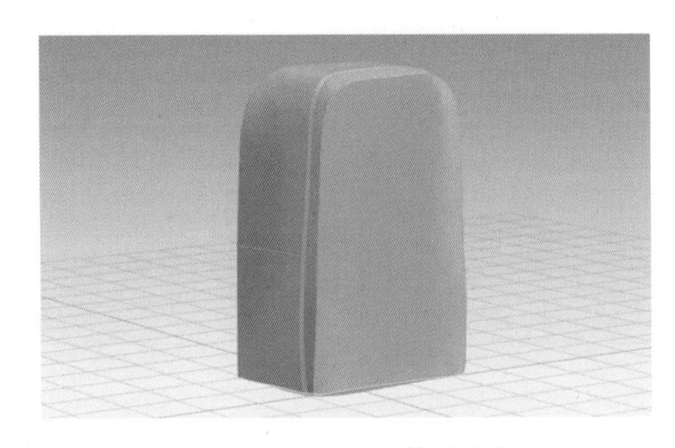

图4-3-18　熨烫主包体拼接位置

（10）在2D窗口中选择主包体板片，3D窗口中右键选择“冷冻”，保证造型不变（图4-3-19）。

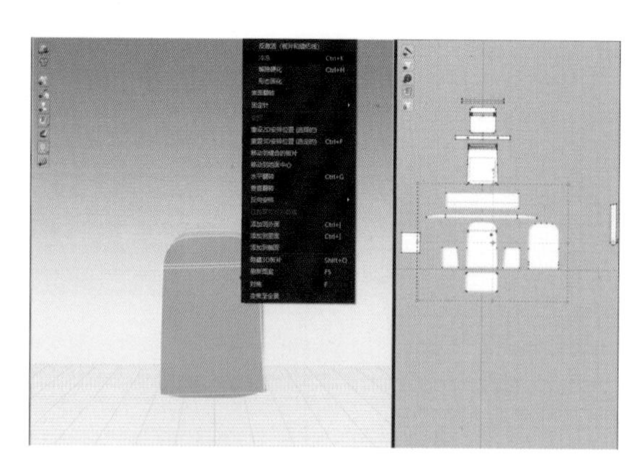

图4-3-19　冷冻主包体板片

（11）在2D窗口中运用“自由缝纫”将侧袋缝合固定到主包体侧幅上（图4-3-20）。

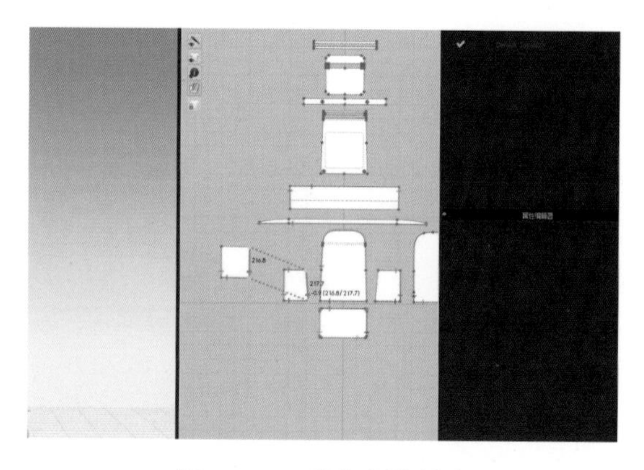

图4-3-20　缝纫侧袋板片

（12）在3D窗口，显示侧袋板片并激活，进行板片的效果模拟（图4-3-21）。

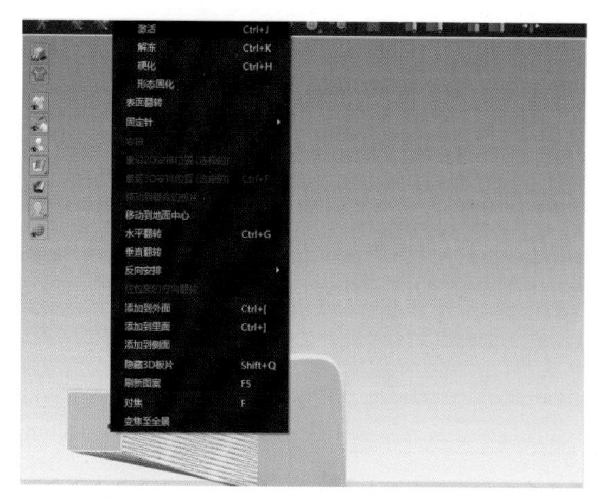

图4-3-21　显示激活侧袋板片

（13）在2D窗口，将侧袋上、下边缘设置弹性，比例为“88”，进行橡筋打揽效果模拟（图4-3-22）。

图4-3-22　设置侧袋板片弹性

（14）在3D窗口中选择侧袋，选择“冷冻”选项并模拟，主包体部分缝制完成（图4-3-23）。

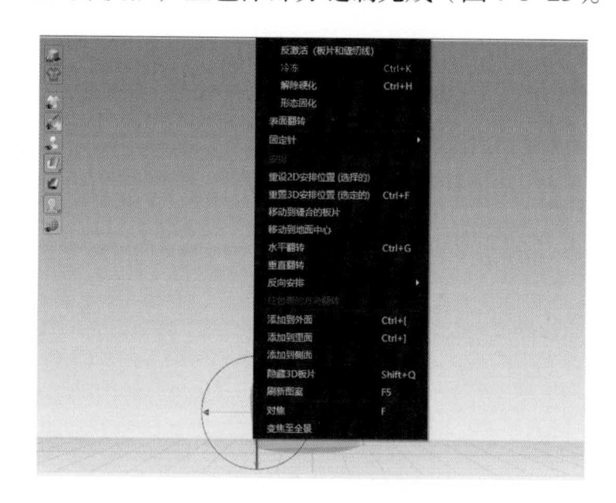

图4-3-23　冷冻侧袋板片

2. 前袋制作

（1）在2D窗口中选择前袋板片，右键选择“显示3D板片”（图4-3-24）。

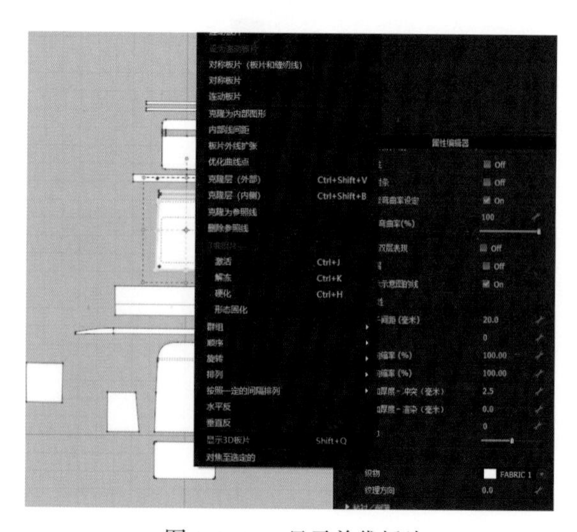

图4-3-24　显示前袋板片

（2）在3D窗口中调整前袋板片位置，并右键选择“激活”板片（图4-3-25）。

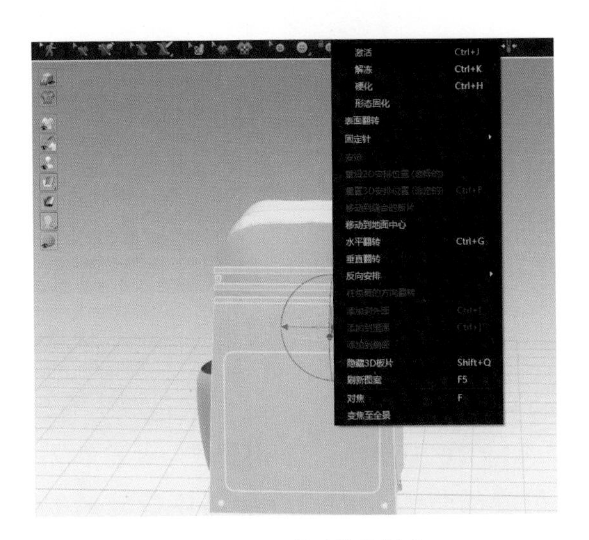

图4-3-25 激活前袋板片

（3）在2D窗口，运用“勾勒轮廓”多选主包体的缝合位置，右键选择“勾勒为内部图形”（图4-3-26）。

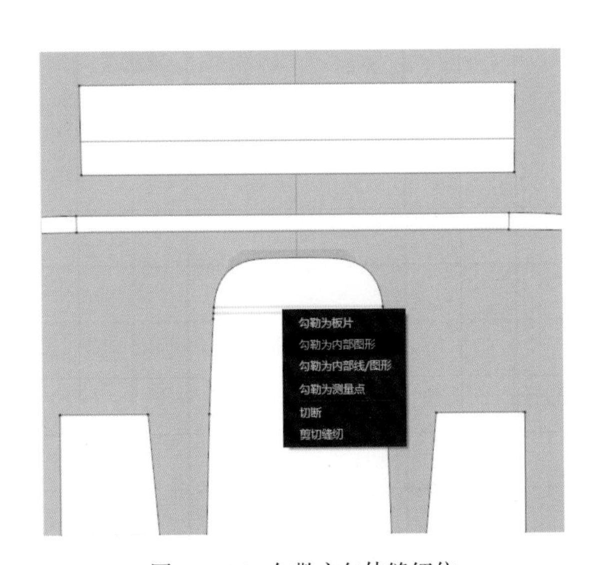

图4-3-26 勾勒主包体缝纫位

（4）在2D窗口中运用“自由缝纫”将前袋拼合并等长缝合于主包体上（图4-3-27）。

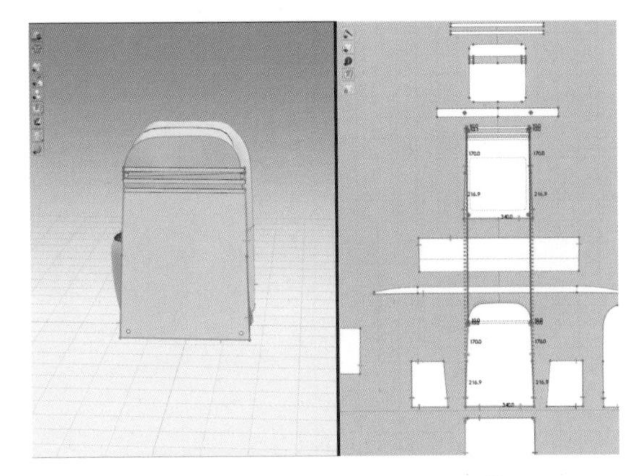

图4-3-27 缝合前袋板片于主包体上

（5）在3D窗口，运用“选择/移动”调整前袋里、外层关系（图4-3-28）。

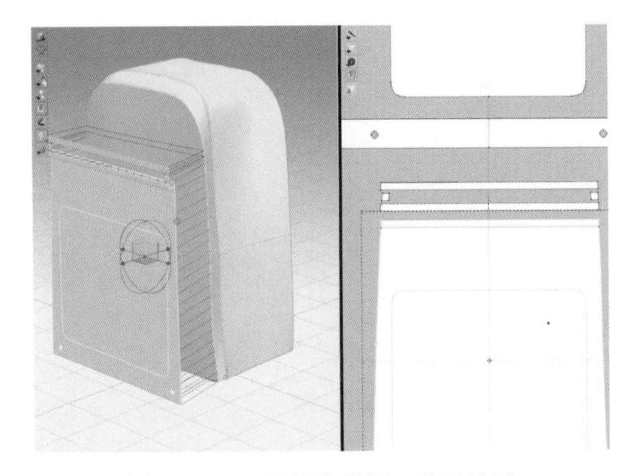

图4-3-28 调整前袋里、外层关系

（6）在2D窗口中选择前袋板片，在3D窗口中右键选择“硬化”（图4-3-29）。

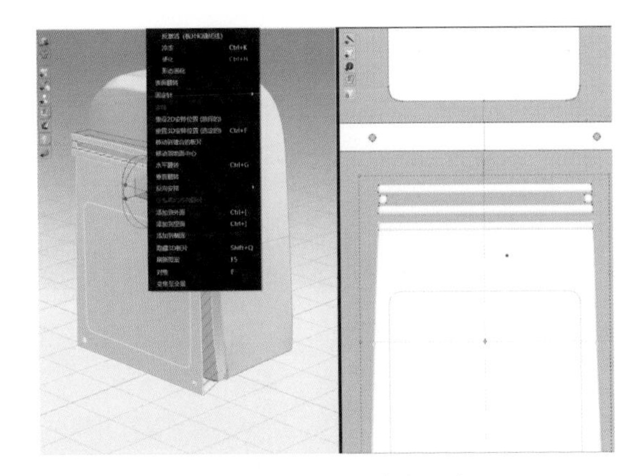

图4-3-29 硬化前袋板片

（7）在3D窗口，打开“模拟”，查看前袋缝合效果（图4-3-30）。

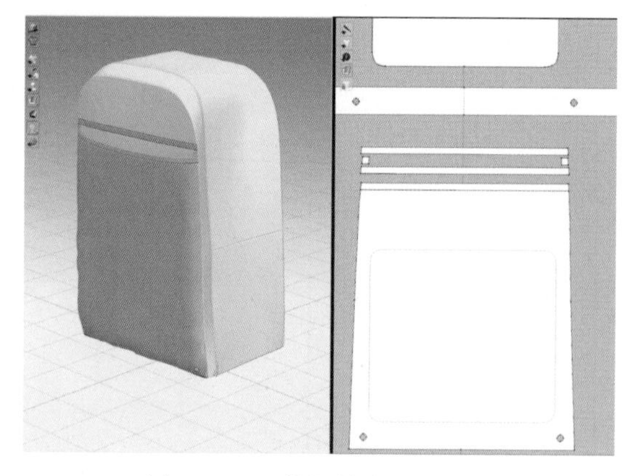

图4-3-30　模拟前袋缝纫效果

（8）在3D窗口，运用“拉链”设置前袋拉链缝合位置（图4-3-31）。

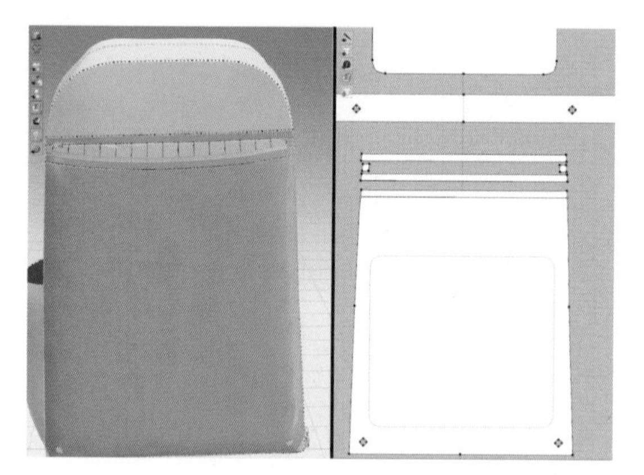

图4-3-31　设置前袋拉链缝合位置

（9）在3D窗口，运用“熨烫”整烫前袋与主包体，形成平整效果（图4-3-32）。

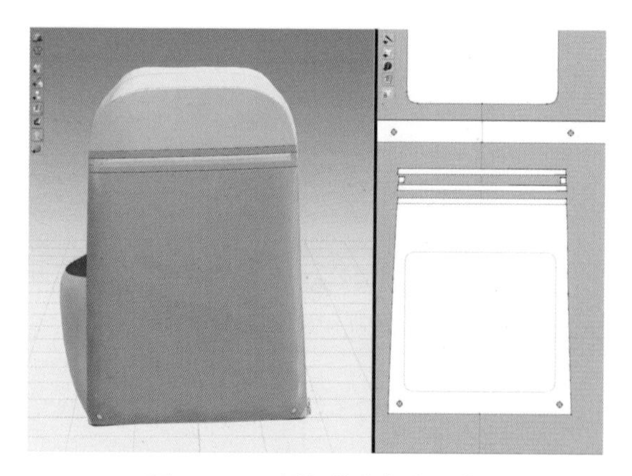

图4-3-32　熨烫前袋与主包体

（10）在3D窗口，调整主包体与前袋后再次进行“冷冻”，方便接下来的制作（图4-3-33）。

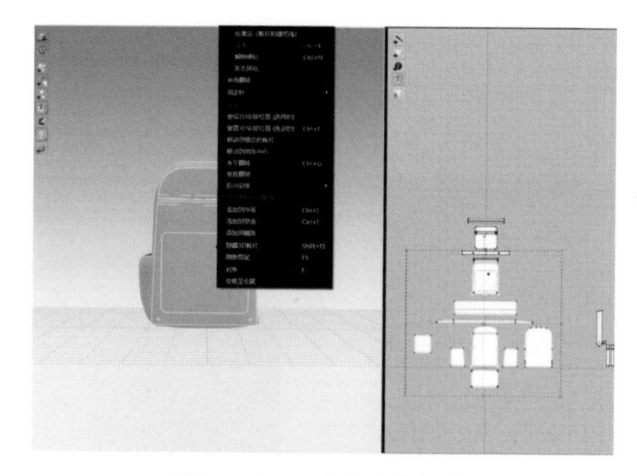

图4-3-33　冷冻前袋板片

3. 立体袋制作

（1）在2D窗口，运用“勾勒轮廓”将前袋缝纫位置勾勒，方便立体袋缝制（图4-3-34）。

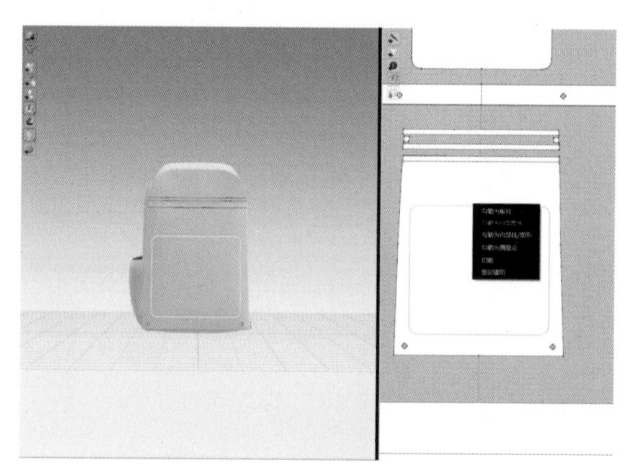

图4-3-34　勾勒前袋内部线位置

（2）在2D窗口，运用“自由缝纫”将立体袋拼合并缝合于前袋上（图4-3-35）。

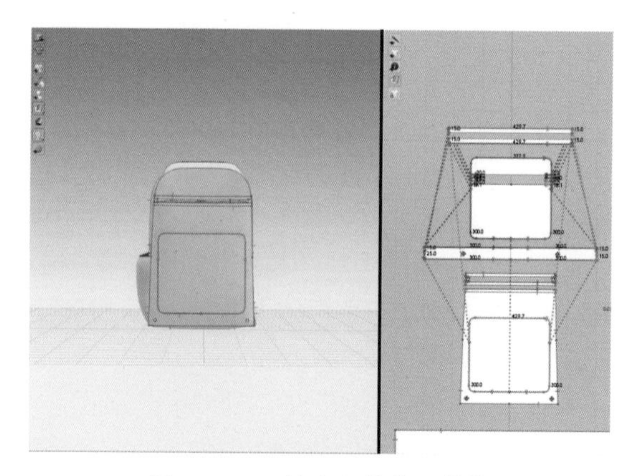

图4-3-35　缝合立体袋于前袋

（3）在2D窗口，运用“调整板片”选择立体袋板片，右键选择“显示3D板片”（图4-3-36）。

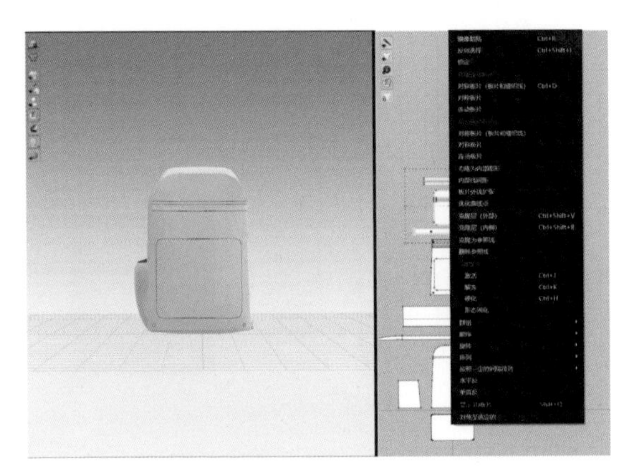

图4-3-36 显示立体袋板片

（4）在3D窗口，运用“选择/移动”选择立体袋板片，右键选择“激活”（图4-3-37）。

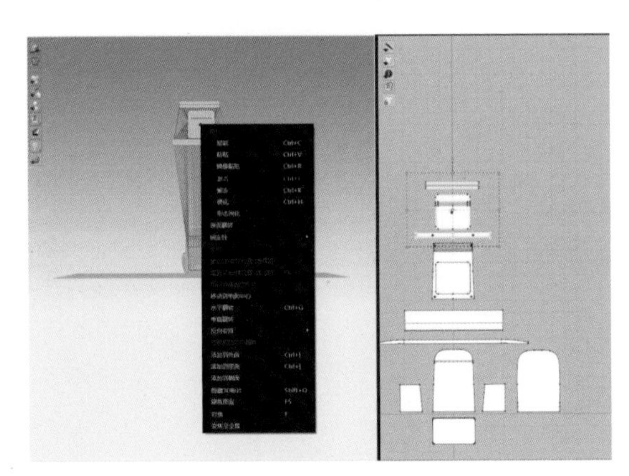

图4-3-37 激活立体袋板片

（5）在3D窗口，运用“选择/移动”调整立体袋板片位置，右键选择“硬化”（图4-3-38）。

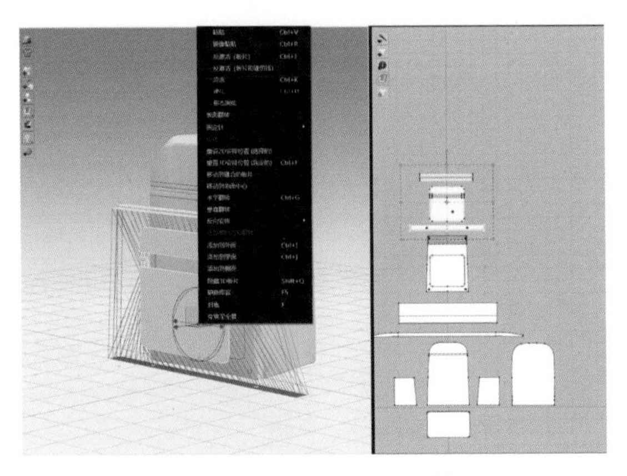

图4-3-38 调整并硬化立体袋

（6）打开“模拟”，运用“熨烫”进行立体袋的造型，把前幅与侧幅进行对应熨烫（图4-3-39）。

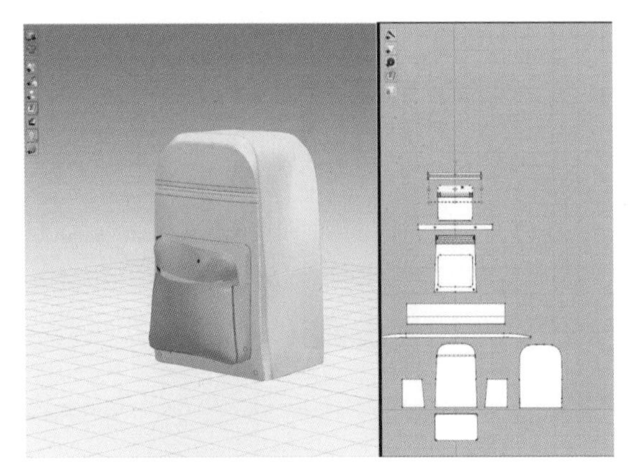

图4-3-39 模拟并熨烫立体袋

（7）运用“拉链”在2D窗口拉链位置进行立体袋拉链设置，并进行模拟查看效果（图4-3-40）。

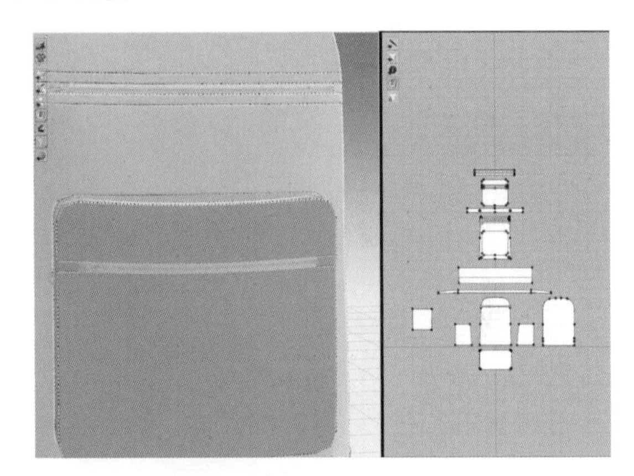

图4-3-40 设置立体袋拉链

（8）在2D窗口，选择包体全部板片，在3D窗口中右键选择“解冻”，进行造型调整（图4-3-41）。

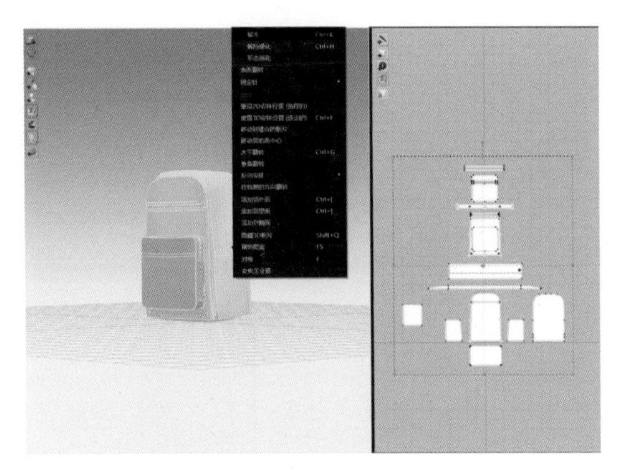

图4-3-41 解冻包体板片并调整

4. 背带制作

（1）在2D窗口，运用“调整板片”选择调整好包体后全选包体，右键选择“冷冻”（图4-3-42）。

图4-3-42　调整后冷冻包体

（2）在2D窗口，运用“调整板片”选择背带板片，右键选择“显示3D板片”（图4-3-43）。

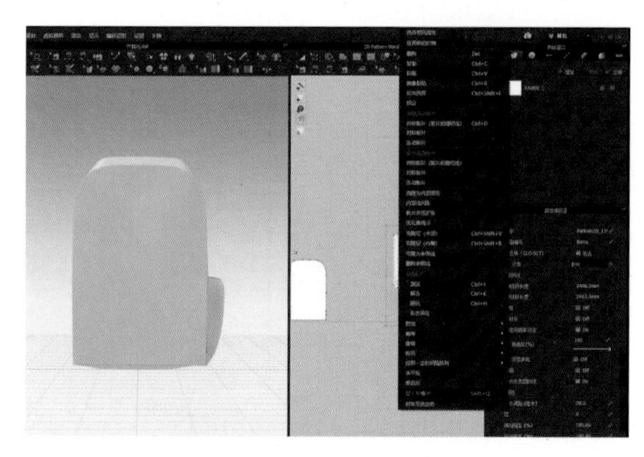

图4-3-43　显示背带板片

（3）在3D窗口，运用“选择/移动”调整背带板片到背包背部（图4-3-44）。

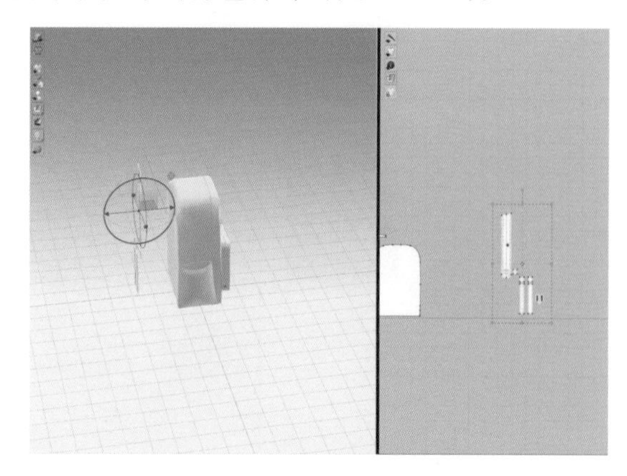

图4-3-44　调整背带板片3D位置

（4）运用“勾勒轮廓”选择背带内部线，右键选择“勾勒为内部图形”（图4-3-45）。

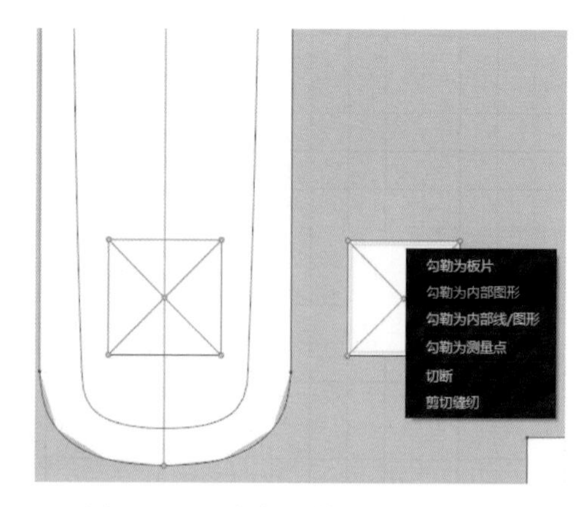

图4-3-45　勾勒背带内部缝纫位置

（5）在2D窗口，运用“自由缝纫”缝合背带固定位置，进行缉缝处理（图4-3-46）。

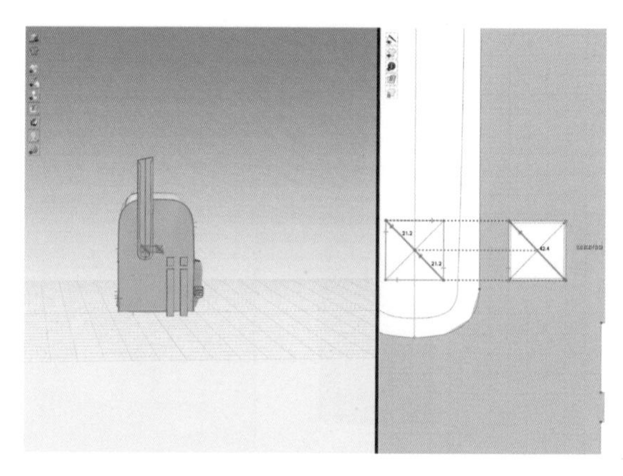

图4-3-46　缝纫背带小部件

（6）在2D窗口，运用“调整板片”选择背带及固定片，在3D窗口右键选择“解冻”并“硬化”（图4-3-47）。

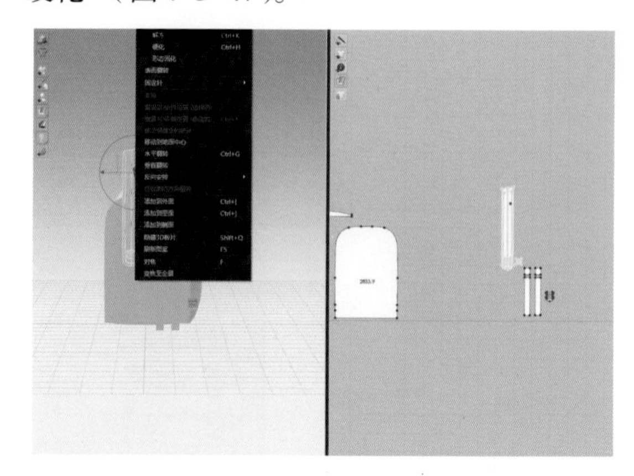

图4-3-47　解冻背带小部件

（7）在3D窗口，打开 “模拟”，查看背带缝纫效果并调整至无抖动（图4-3-48）。

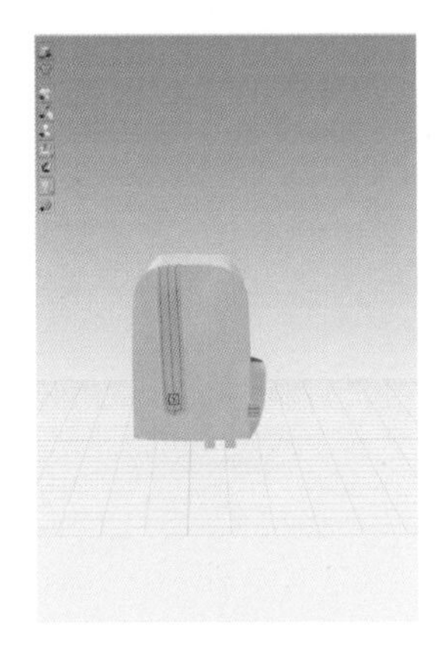

图4-3-48　模拟查看背带3D效果

（8）在2D窗口，运用 “自由缝纫”固定织带与包带（图4-3-49）。

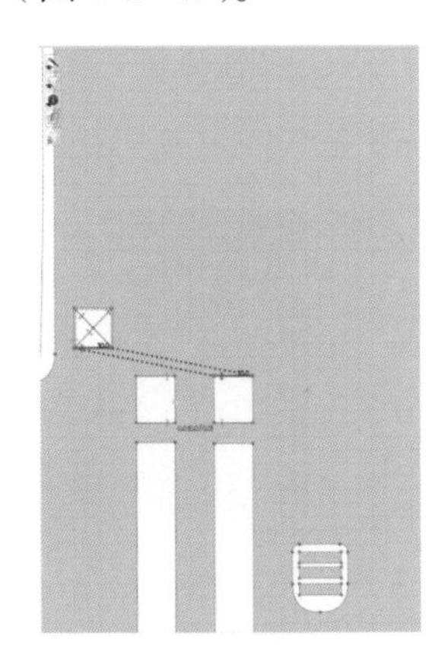

图4-3-49　缝纫织带与包带

（9）在3D窗口中打开 “模拟”，解冻后进行缝合效果模拟（图4-3-50）。

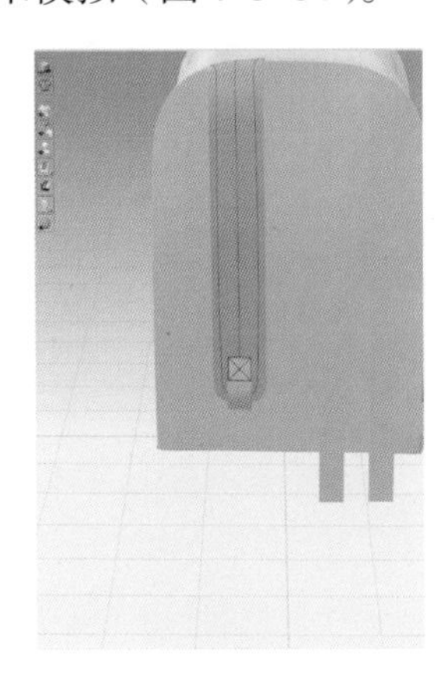

图4-3-50　模拟查看效果

（10）在2D窗口，运用 “自由缝纫”固定缝纫织带到主包体侧缝位置（图4-3-51）。

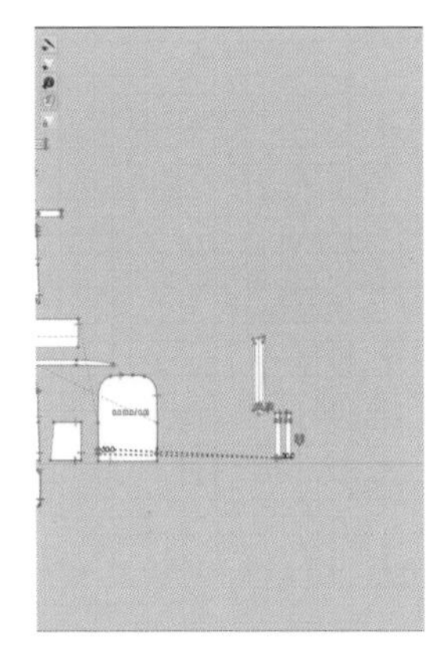

图4-3-51　固定织带到主包体

（11）在3D窗口，运用 “选择/移动”在塑料扣上右键选择“形态固化”塑料扣板片（图4-3-52）。

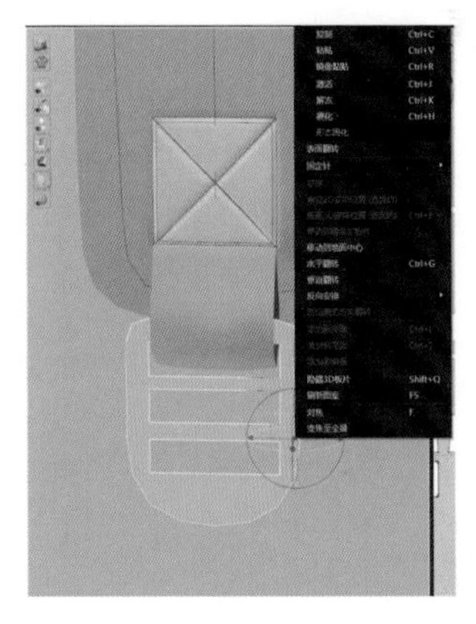

图4-3-52　形态固化塑料扣板片

（12）在3D窗口，运用 “选择/移动”调整织带与塑料扣的位置关系（图4-3-53）。

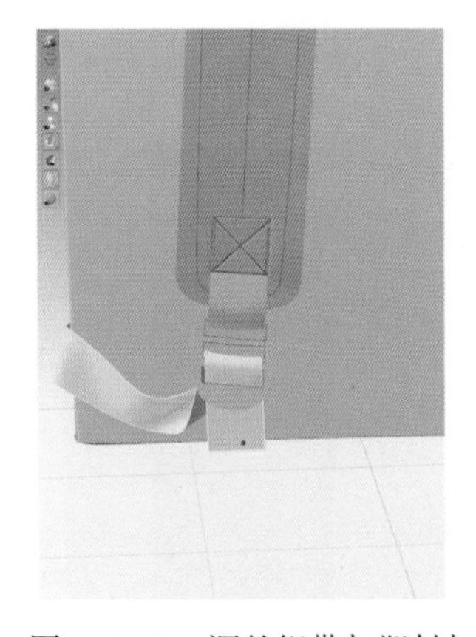

图4-3-53　调整织带与塑料扣

（13）在3D窗口，运用 “选择/移动”调整固定缝纫织带（图4-3-54）。

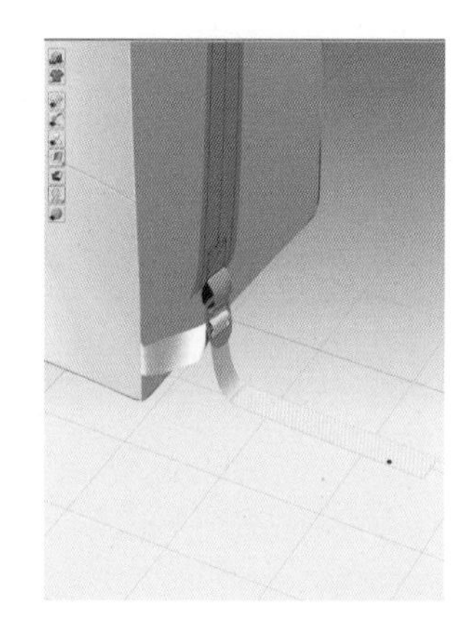

图4-3-54　调整织带精细位置

（14）在3D窗口，运用"选择/移动"选择背带板片，右键选择"解除硬化"，解除背带硬化效果（图4-3-55）。

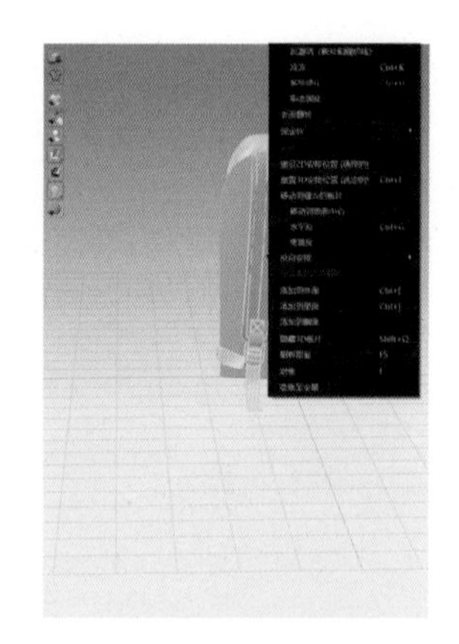

图4-3-55　解除背带硬化效果

（15）在2D窗口，运用"调整板片"选择背带，右键选择"克隆层（内侧）"，并翻转调整表面（图4-3-56）。

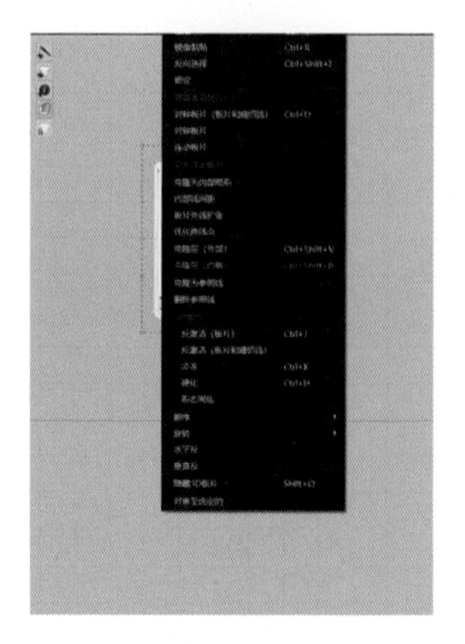

图4-3-56　克隆背带做内层

（16）在2D窗口，运用"调整板片"选择背带与背带里层，设置压力值为"4"（图4-3-57）。

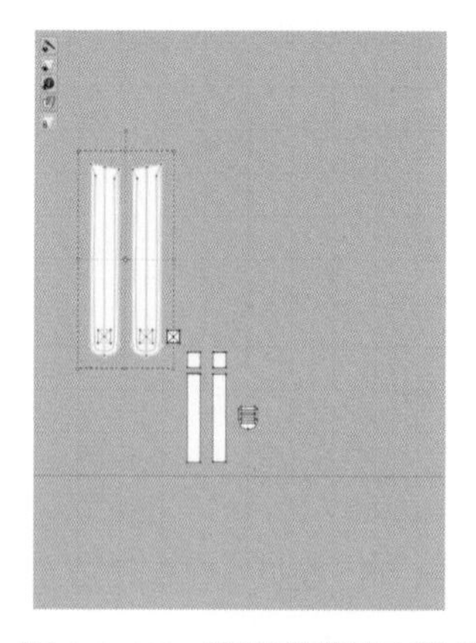

图4-3-57　设置背带填充效果

（17）在2D窗口，运用"调整板片"选择背带所有板片，镜像粘贴背带所有板片（图4-3-58）。

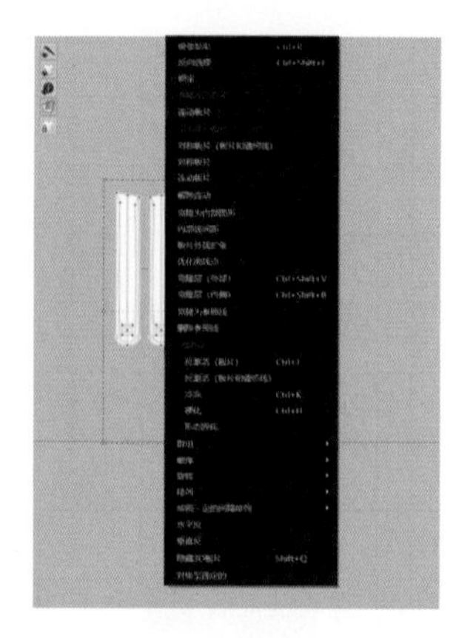

图4-3-58　镜像复制背带板片

（18）在3D窗口，解除"冷冻"及"硬化"，调整双肩包整体效果（图4-3-59）。

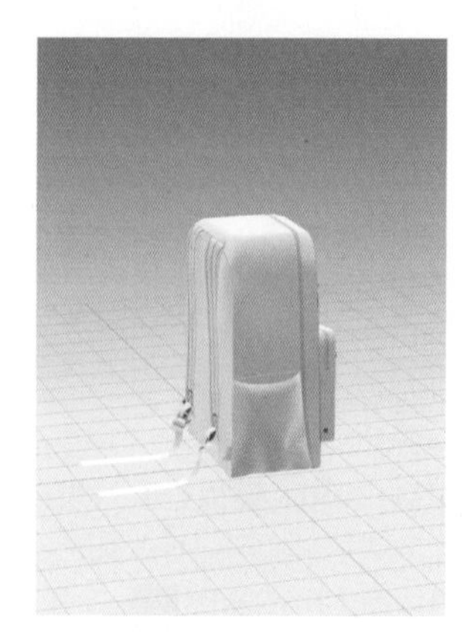

图4-3-59　解除冷冻与硬化效果

五、材质设置

（1）在物体窗口，创建四款面料，应用于包体、织带、塑料扣、背带里位置，属性编辑器选择预置的对应属性（图4–3–60）。

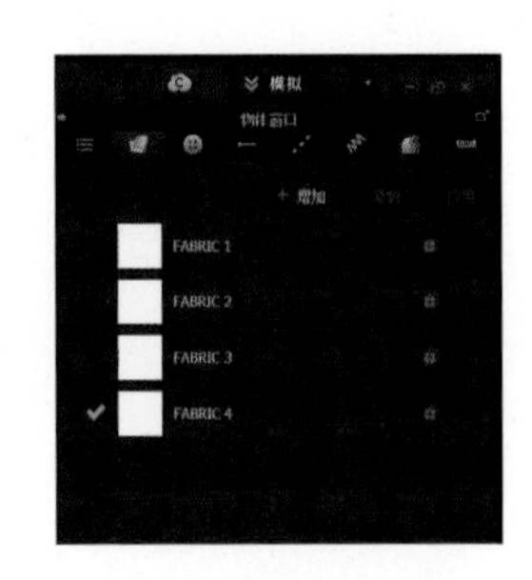

图4–3–60 创建四款织物

（2）分别设置不同面料的材质，“纹理”选择“XX_Color”；“法线图”选择“XX_Normal”；“置换图”选择“XX_Displacement”；“表面粗糙度”选择“高光图”，选择“XX_Specular。

六、调整展示

1. 细节调整

（1）选择织带的织物，在属性编辑器中调整织带纹理大小至实际大小（图4–3–61）。

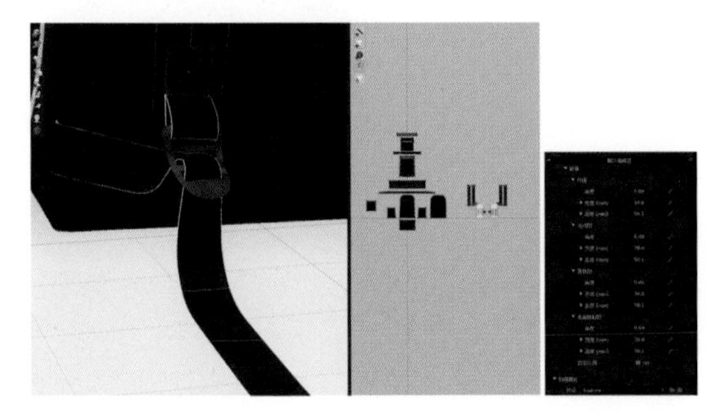

图4–3–61 调整织带纹理

（2）在3D窗口中结合“Shift”键，选择所有拉链头，在属性编辑器中调整拉链头大小及材质效果（图4–3–62）。

图4–3–62 调整拉头大小

（3）在属性编辑器中切换金属材质，调整金属质感（图4–3–63）。

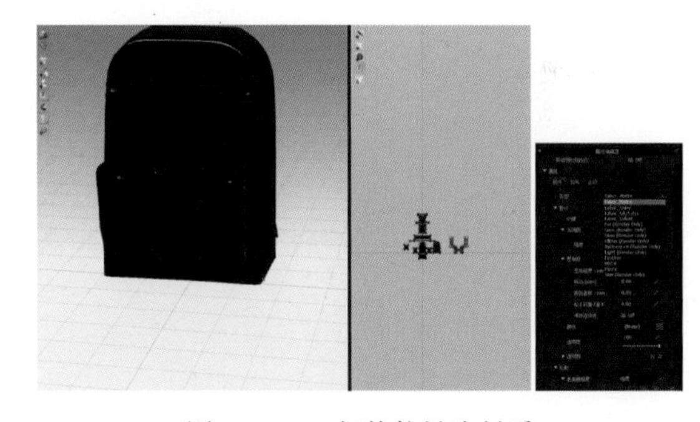

图4–3–63 切换拉链头材质

2. 成品效果展示（图4–3–64）

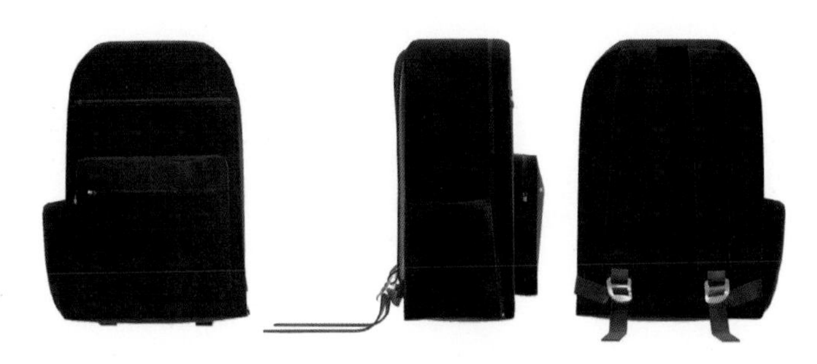

图4–3–64 成品效果展示

拓展

钱夹制作视频

公文包制作视频

相机包制作视频

第五章

拓展类服装制作与应用

★ 内衣立裁及制作
★ 礼服裙立裁制作
★ 服装套装组合设置

内衣立裁制作视频

第一节　内衣立裁与制作

教学目标：

1.掌握3D内衣款式立体裁剪制作流程。

2.掌握金属扣模型设置的模拟方式。

教学内容：

通过立体裁剪方式在3D模特身上进行标记、学会内衣立裁制作。

教学要求：

通过本节课程，学习3D内衣立体裁剪制作缝制方式，掌握相关款式的虚拟制作方式。

一、文件准备

1.准备款式图

准备内衣的款式图，款式图可以明确显现服装分割线及拼合方式(图5-1-1)。

2.准备面料文件

准备内衣的面料文件，文件包括：颜色贴图、法线贴图、置换贴图、高光贴图（图5-1-2）。

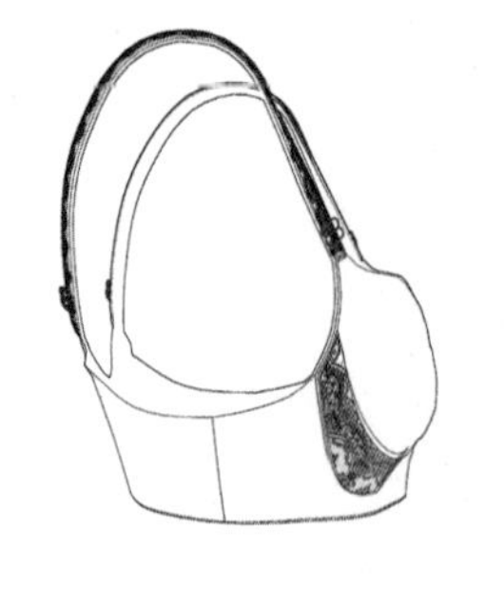

图5-1-1　内衣款式图

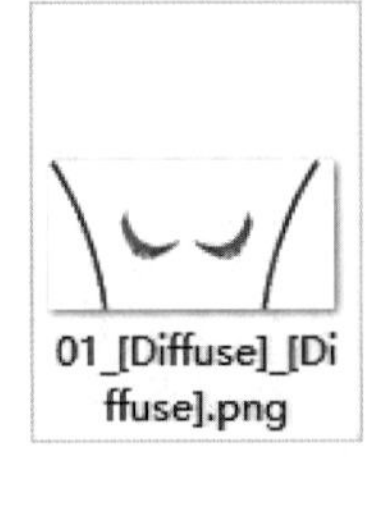

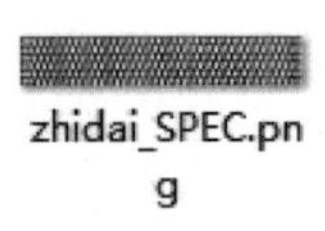

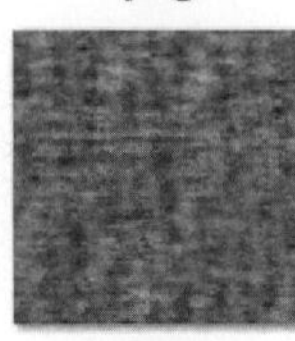

图5-1-2　内衣面料文件

二、模特设置

1. 模特导入

（1）在图库窗体下选择Avatar，双击鼠标左键打开Female_V2文件夹，再双击鼠标左键加载FV2_Kelly模特（图5-1-3）。

（2）在模特所在文件夹的“Texture”文件夹下，找到FV2_Kelly的净体皮肤贴图，点击右键复制路径（图5-1-4）。

（3）点击模特躯干，在属性编辑器的纹理中打开复制的路径，选择最后一个贴图材质（图5-1-5）。

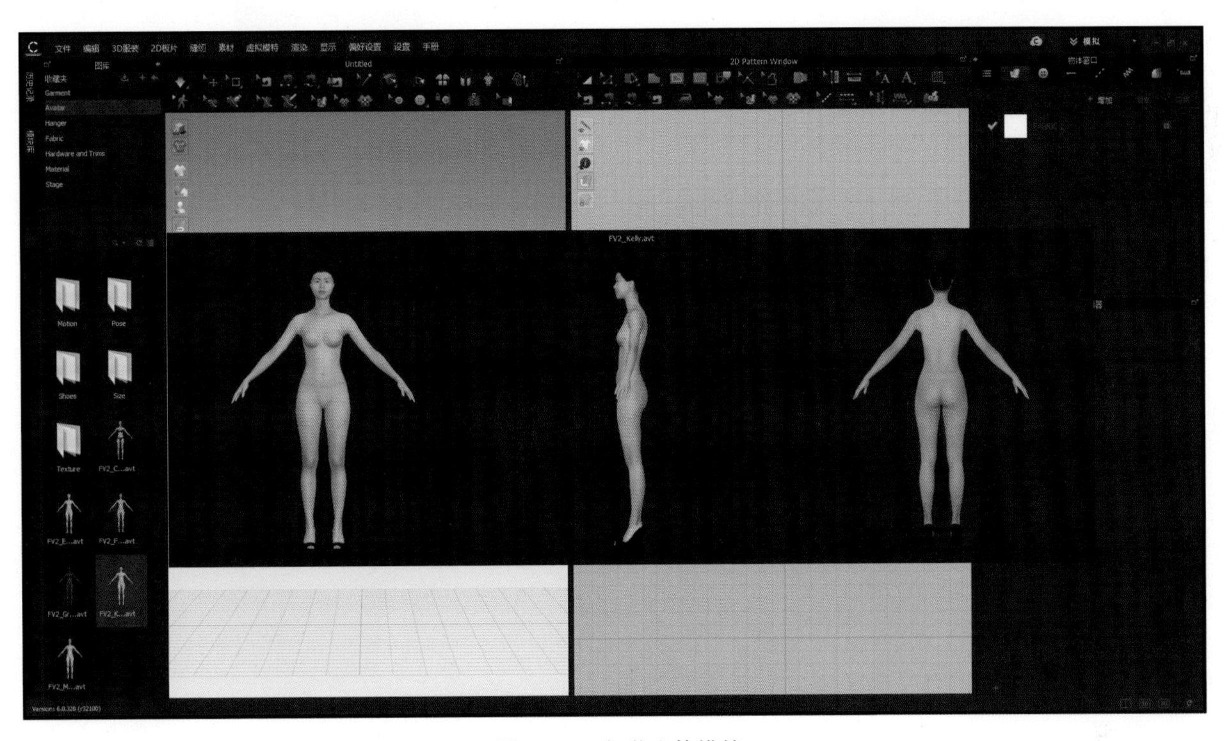

图5-1-3　加载人体模特

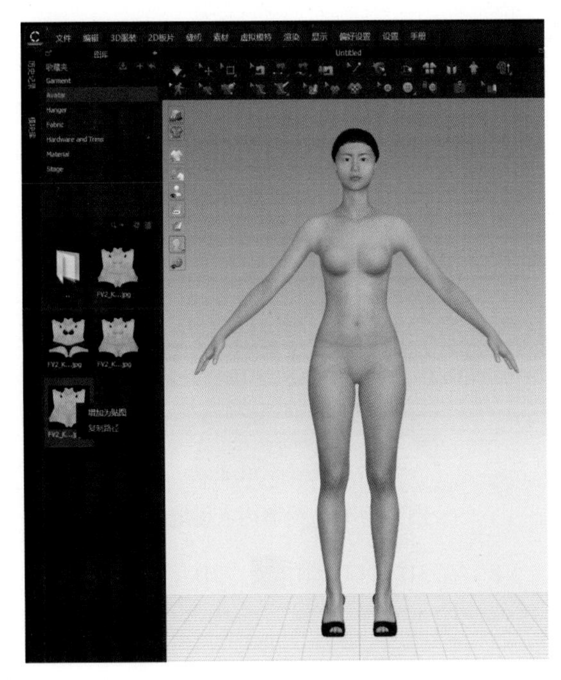

图5-1-4　复制皮肤贴图路径

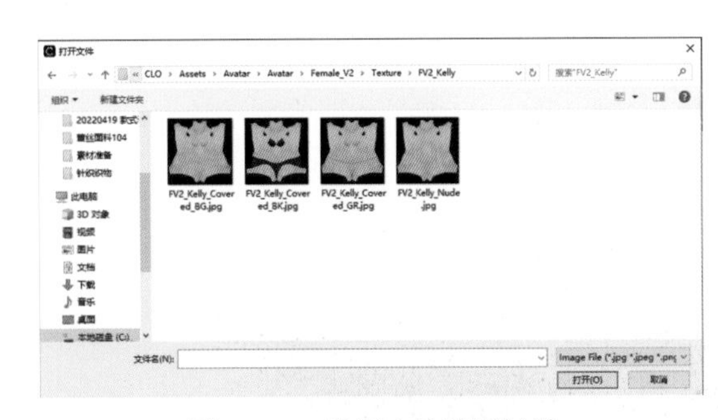

图5-1-5　选择皮肤贴图材质

三、标记绘制

1. 标记线绘制

（1）在3D窗口运用“3D笔（虚拟模特）”，在模特躯干上进行内衣标记线绘制。

（2）在3D窗口运用 “3D笔（虚拟模特）”及“Shift”键，从前中围绕下胸围附近进行1/2线段绘制（图5–1–6）。

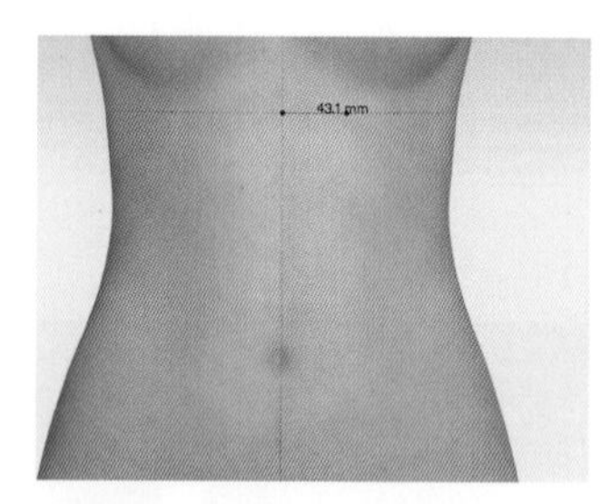

图5–1–6　1/2人体线段绘制

（3）绘制时要保证点位水平，需结合“Shift”键操作，结束点位置双击鼠标左键即可（图5–1–7）。

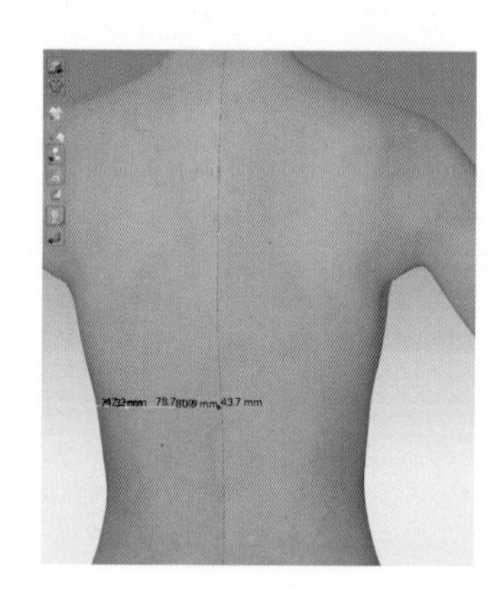

图5–1–7　双击鼠标左键结束操作

（4）在3D窗口运用 “3D笔（虚拟模特）”结合“Shift”键，绘制前中基准线，结束点双击鼠标左键（图5–1–8）。

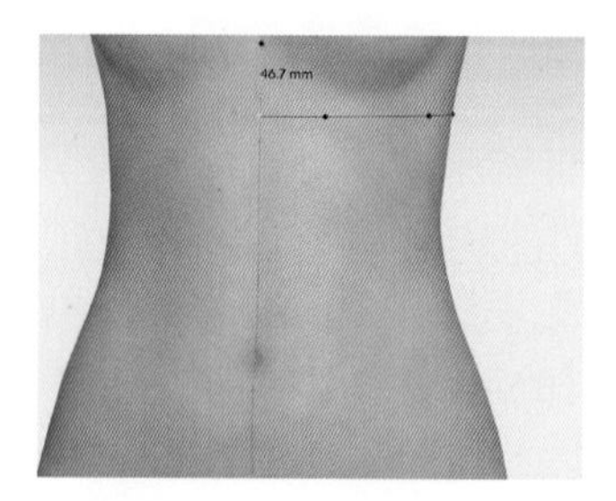

图5–1–8　绘制前中基准线

（5）从前中基准线上边缘开始，结合“Ctrl”键进行内衣上边缘造型绘制，拐点时松开“Ctrl”键进行确认（图5–1–9）。

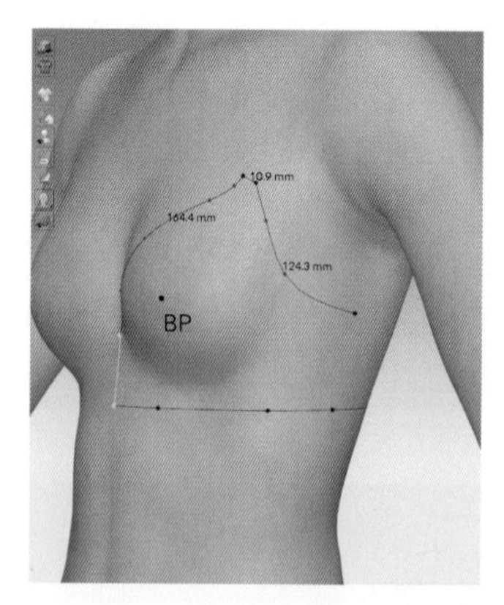

图5–1–9　内衣上边缘造型绘制

（6）后片绘制如图，进行造型线绘制，曲线点绘制时要按下“Ctrl”键，结束点连接到闭合线段时结束（图5–1–10）。

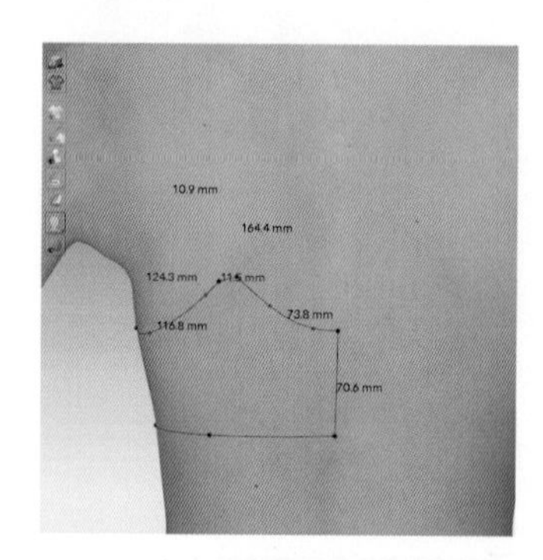

图5–1–10　后片内衣造型绘制

（7）在3D窗口运用 “3D笔（虚拟模特）”绘制内衣侧缝线，连接上下两条线段即可（图5–1–11）。

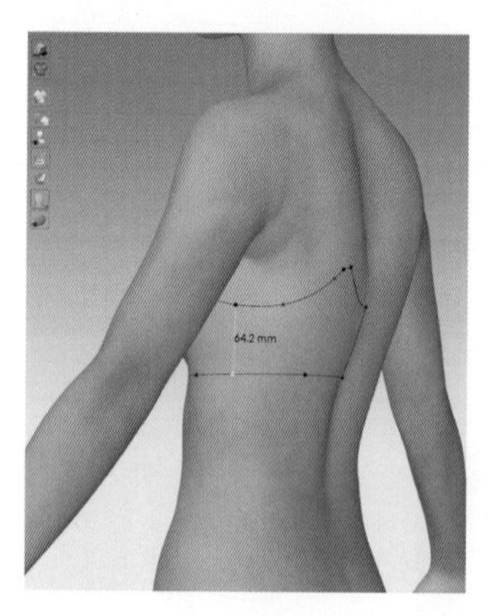

图5–1–11　绘制内衣侧缝线

（8）在3D窗口运用 “3D笔（虚拟模特）”围绕胸部绘制内衣胸垫，曲线点结合“Ctrl”键绘制（图5–1–12）。

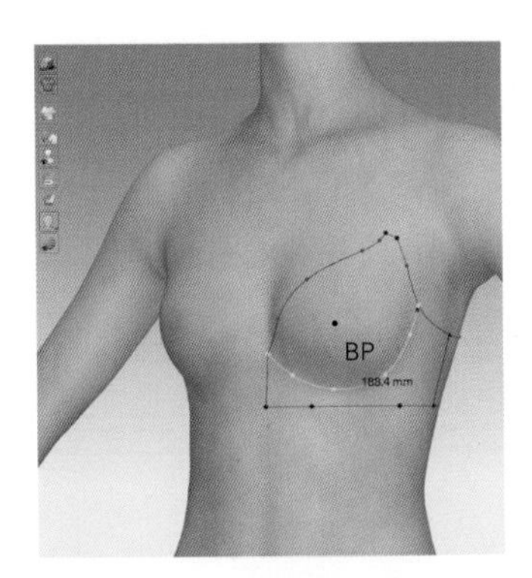

图5-1-12　绘制内衣胸垫

（9）在3D窗口运用“3D笔（虚拟模特）”从前片上边缘过肩部绘制肩带，尽量保证曲线圆顺（图5-1-13）。

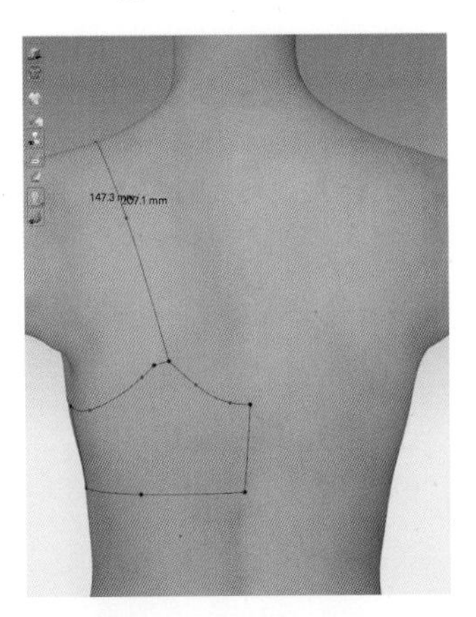

图5-1-13　绘制肩带

（10）在3D窗口运用“3D笔（虚拟模特）”平行于肩带结构线绘制肩带闭合图形及肩线位置（图5-1-14）。

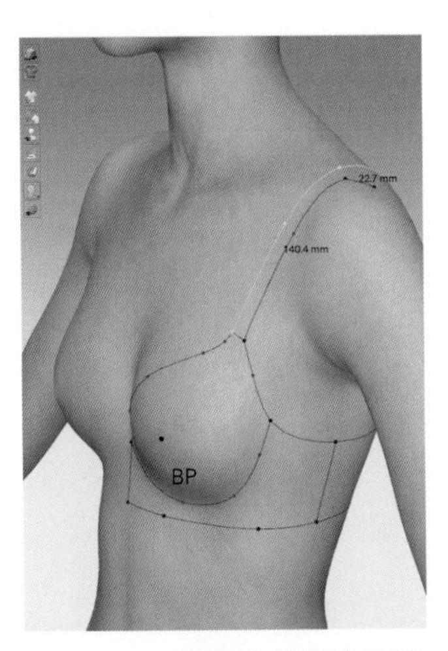

图5-1-14　绘制肩带闭合图形

（11）在3D窗口，运用“3D笔（虚拟模特）”围绕造型起伏位置绘制纵向分割线（图5-1-15）。

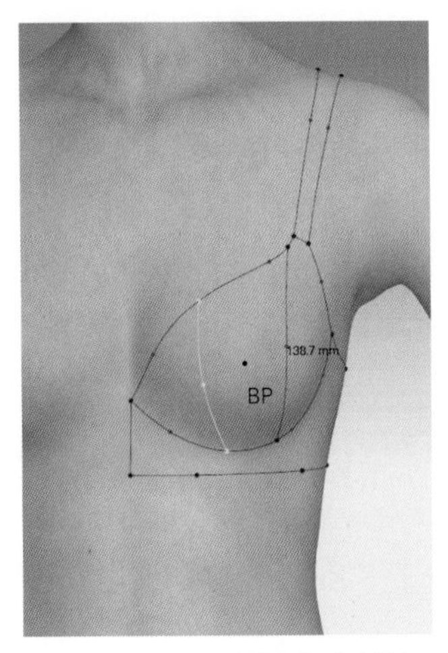

图5-1-15　绘制纵向分割线

2.标记线调整

在3D窗口，运用“编辑3D画笔（虚拟模特）”进行内衣造型的调整，与款式图相似为宜（图5-1-16）。

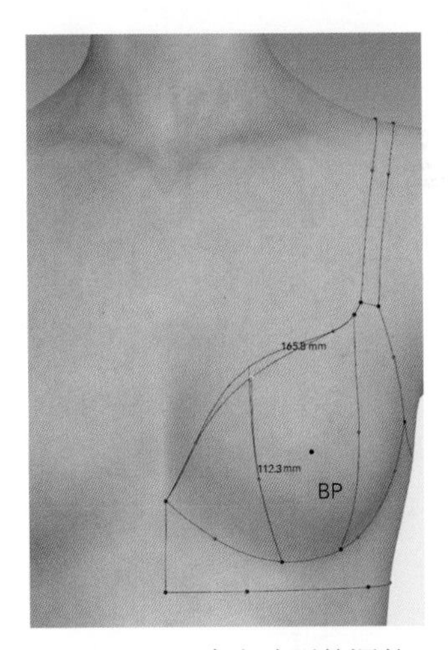

图5-1-16　内衣造型的调整

四、板片缝制

1.板片复刻

（1）在3D窗口，运用“展平为板片”全选所有闭合空间（图5-1-17）。

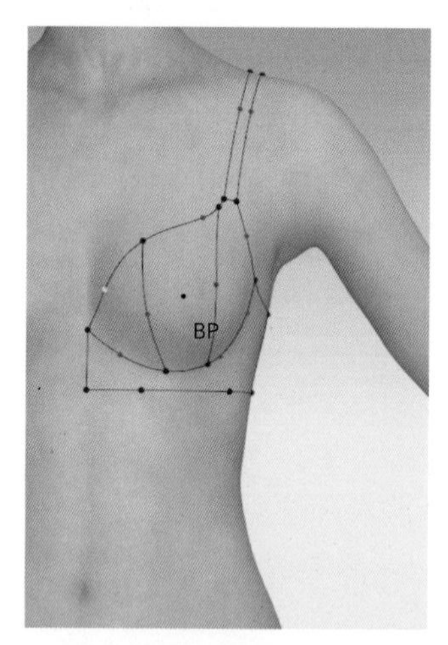

图5-1-17 展平为板片

（2）按下“Enter”确认展平板片操作（图5-1-18）。

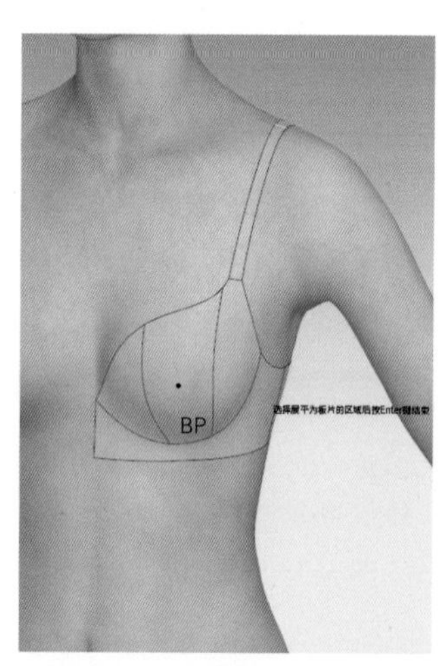

图5-1-18 确认展平板片操作

（3）检查3D窗口板片有无板片未拾取状态，再次进行拾取即可（图5-1-19）。

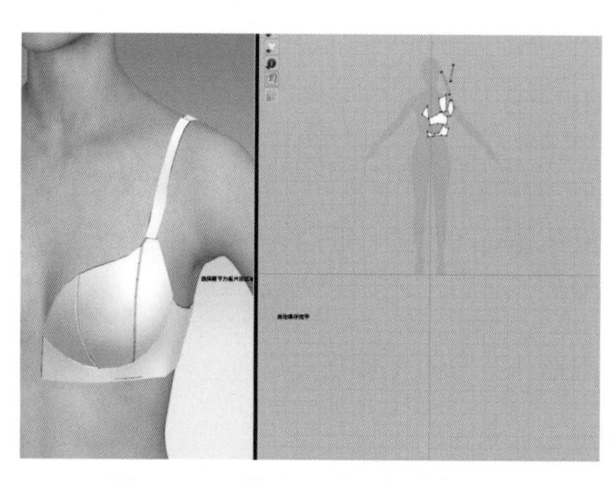

图5-1-19 检查3D窗口板片完整度

2. 板片调整

（1）在2D窗口，运用 “调整板片”将肩带位置对接（图5-1-20）。

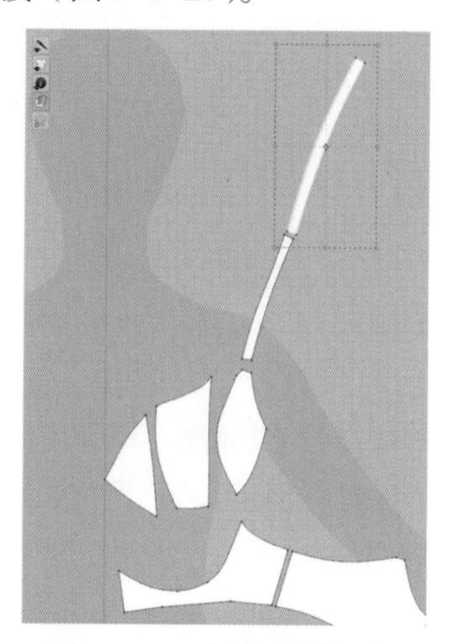

图5-1-20 调整肩带板片

（2）在2D窗口，运用 “编辑板片”选择肩带对接缝两侧，右键选择“合并”（图5-1-21）。

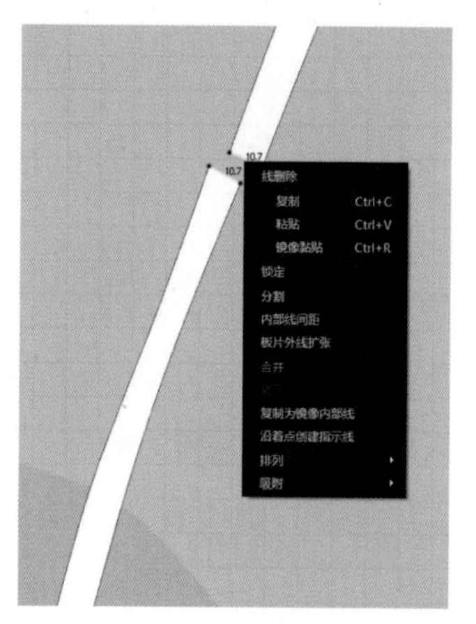

图5-1-21 合并肩带板片

（3）在2D窗口，运用 “编辑圆弧”调整肩带曲线圆顺即可（图5-1-22）。

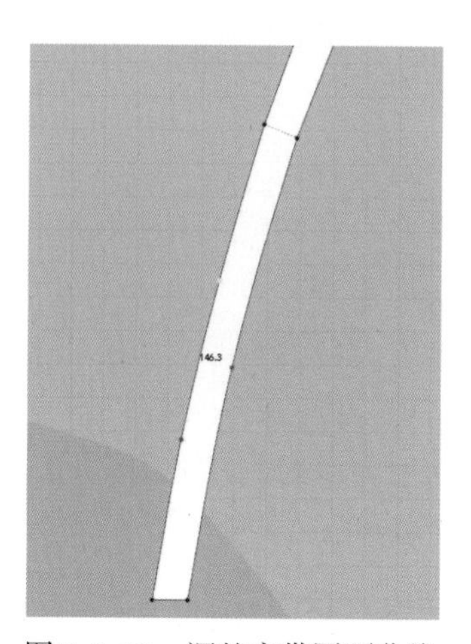

图5-1-22 调整肩带圆顺曲线

（4）在2D窗口，选择全部板片，右键选择“对称板片（板片和缝纫线）”，水平安排位置即可（图5-1-23）。

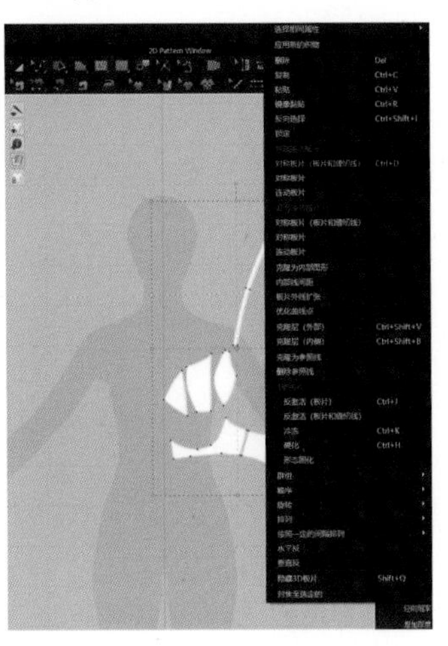

图5-1-23　对称板片（板片和缝纫线）

（5）在2D窗口，运用“线缝纫”缝合前中及后中板片，在模拟时仅对板片进行呈现（图5-1-24）。

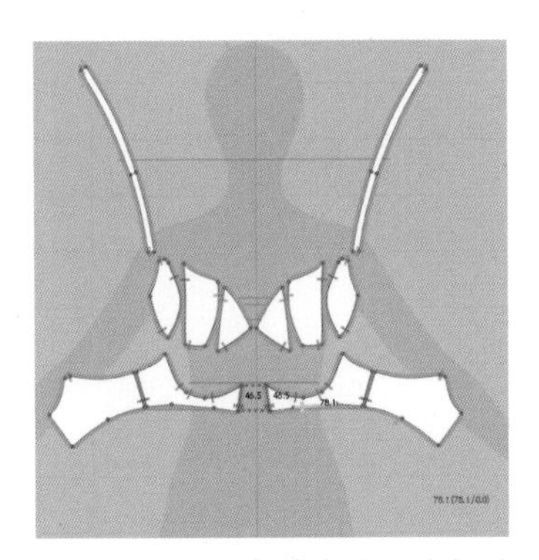

图5-1-24　缝合前中及后中板片

（9）在3D窗口中选择全部板片，右键选择“硬化”，方便造型调整及修正（图5-1-25）。

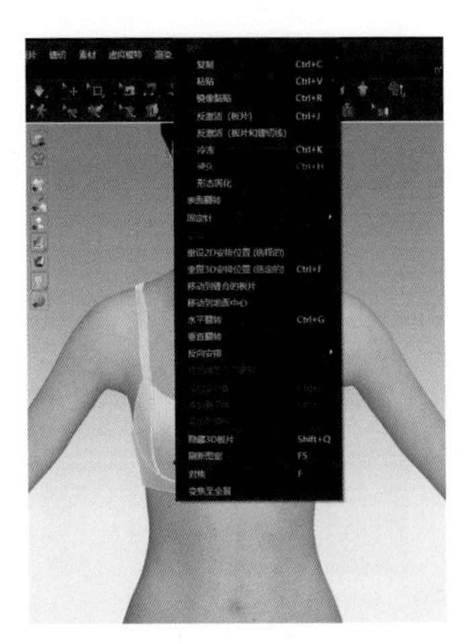

图5-1-25　硬化全部板片

（10）查看3D及2D窗口板片状态，至无抖动稳定即可（图5-1-26）。

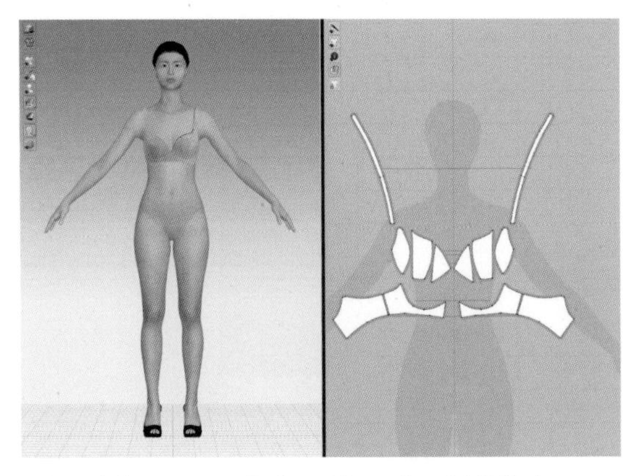

图5-1-26　查看3D及2D窗口板片状态

（11）在2D窗口，运用“编辑板片”将板片轮廓线调整圆顺（图5-1-27）。

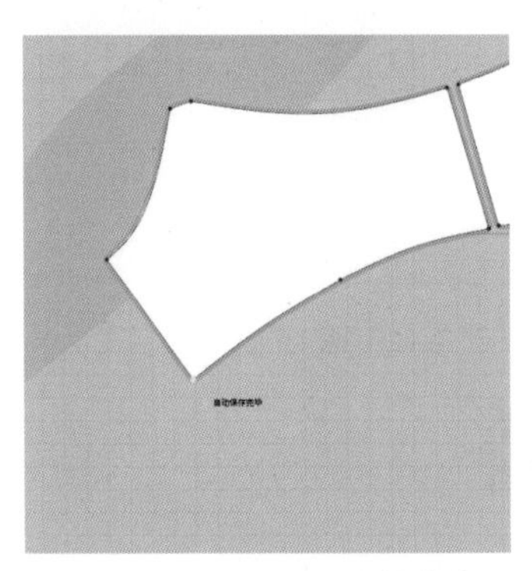

图5-1-27　调整板片轮廓线

3. 外层制作

（1）在2D窗口中运用“调整板片”选中胸垫部分，右键选择“克隆层（外部）”（图5-1-28）。

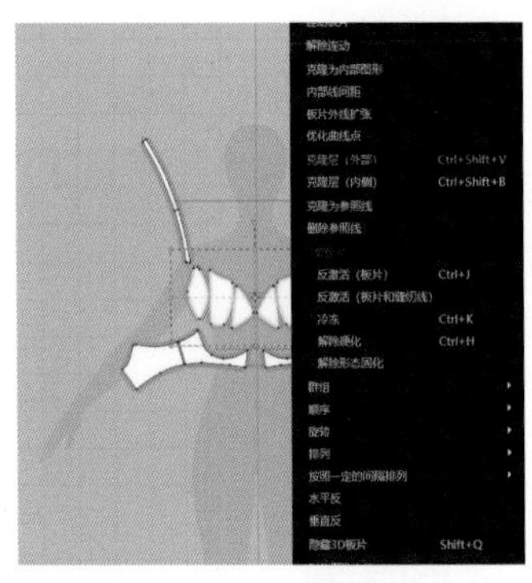

图5-1-28　克隆胸垫

（2）在2D窗口中运用“编辑板片”选择克隆的外层板片拼缝，右键选择“合并”（图5-1-29）。

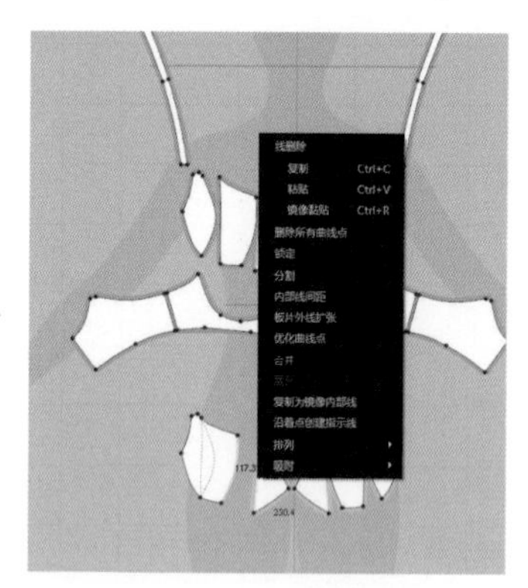

图5-1-29　合并克隆的外层板片

（3）在2D窗口中运用“编辑圆弧”调整外层板片外边缘造型线，圆顺即可（图5-1-30）。

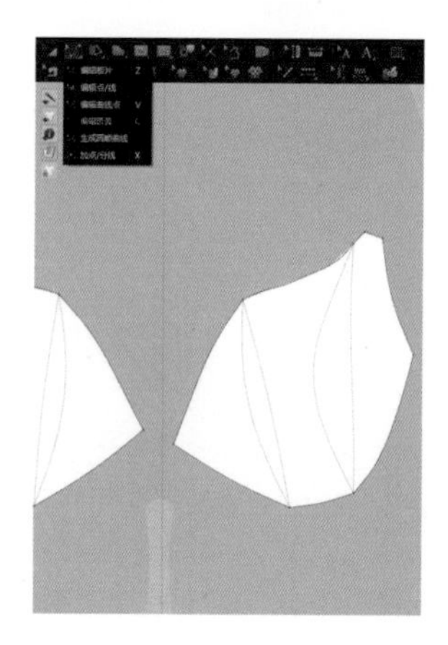

图5-1-30　调整外层板片外边缘造型线

（4）在2D窗口，删除未调整的外层板片，将调整好的外层板片右键选择“对称复制”（图5-1-31）。

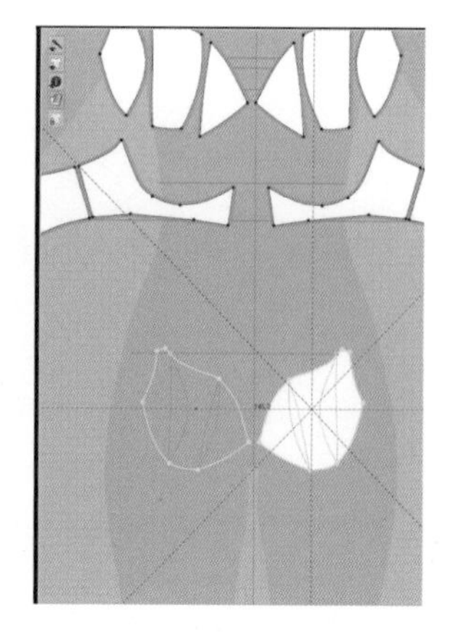

图5-1-31　外层板片对称复制

（5）在2D窗口中运用“自由缝纫”，将外层板片缝合于胸垫外边缘，并设置缝纫线类型为“TURNED”（图5-1-32）。

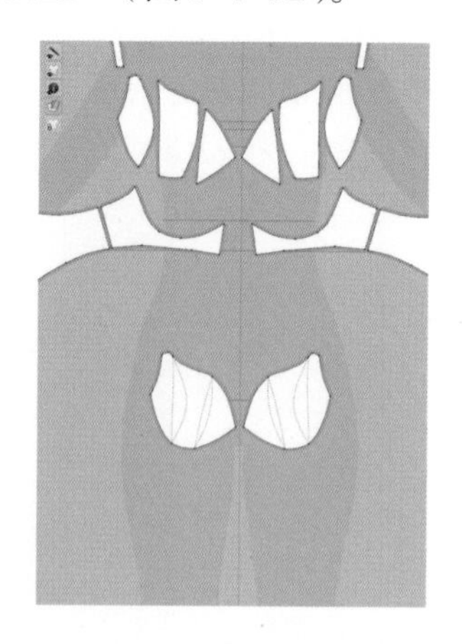

图5-1-32　缝合胸垫外边缘

（6）在3D窗口，打开“硬化”后并“模拟”（图5-1-33）。

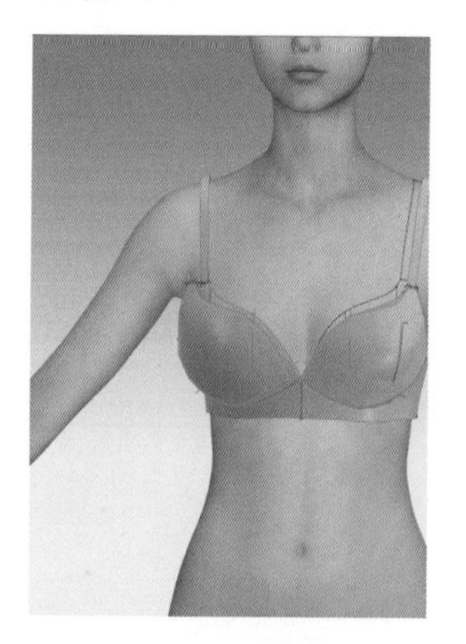

图5-1-33　模拟试穿

（7）在2D窗口中运用“归拔”将外层板片与内层板片进行结构调整，以贴合造型圆顺为准（图5-1-34）。

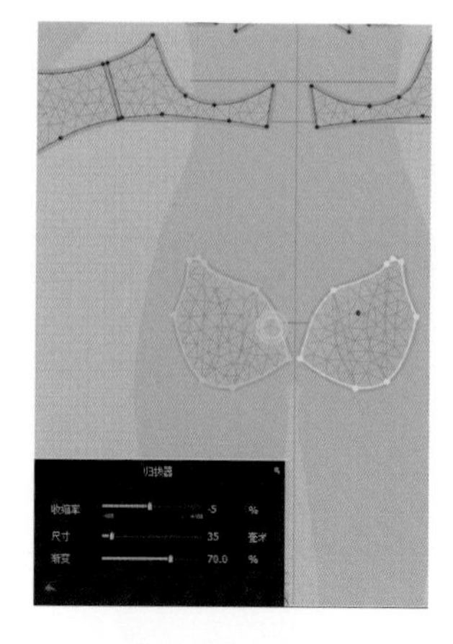

图5-1-34　调整外层板片与内层板片

（8）在2D窗口，运用“编辑圆弧”再次调整板片，结合3D窗口造型进行微调（图5-1-35）。

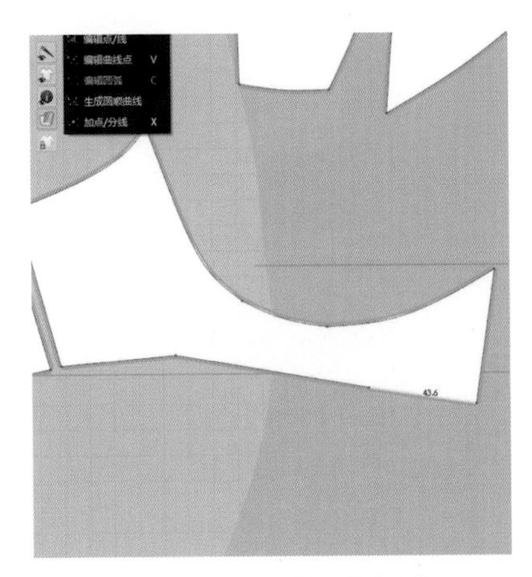

图5-1-35 再次调整板片

（9）可在2D窗口中运用“编辑板片”，右键选择“转换为自由曲线点”，将板片转换为曲线点（图5-1-36）。

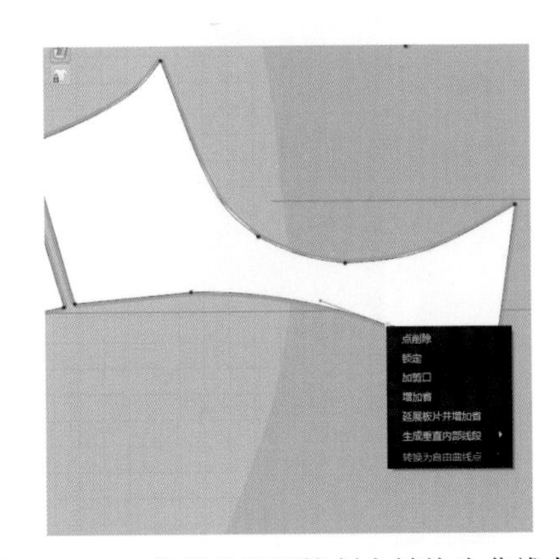

图5-1-36 将板片无用控制点转换为曲线点

（10）可在2D窗口中运用“编辑圆弧”调整板片造型（图5-1-37）。

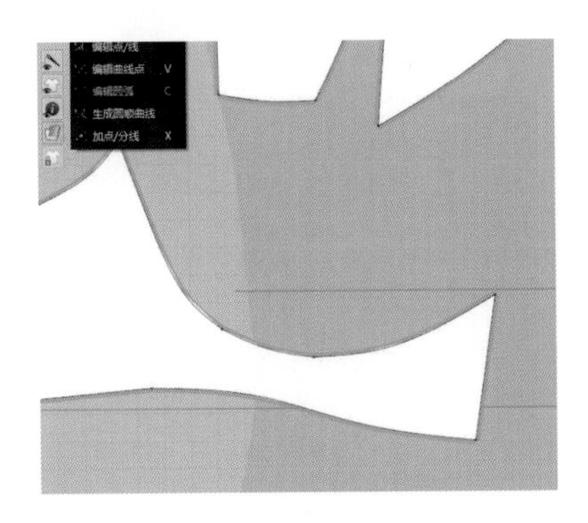

图5-1-37 调整板片造型

（11）在2D窗口，运用“编辑板片”在后片上部位置做内部线间距，右键选择“内部线间距”，以平行肩带缝纫位置为宜（图5-1-38）。

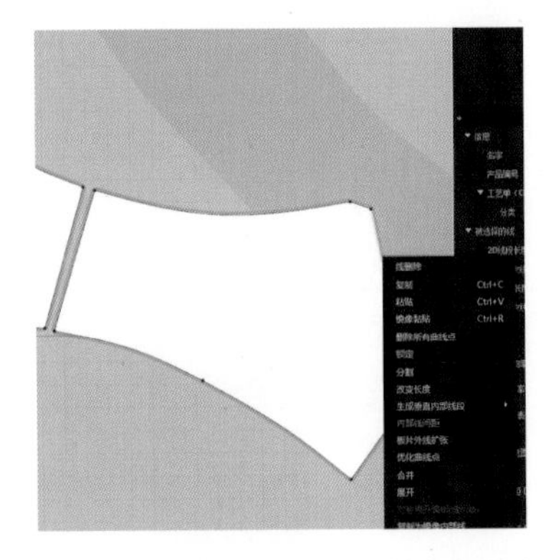

图5-1-38 在后片上部位置做内部线间距

（12）在2D窗口中将内部线进行剪切缝纫，右键选择“剪切缝纫”，模拟拼接包缝的效果（图5-1-39）。

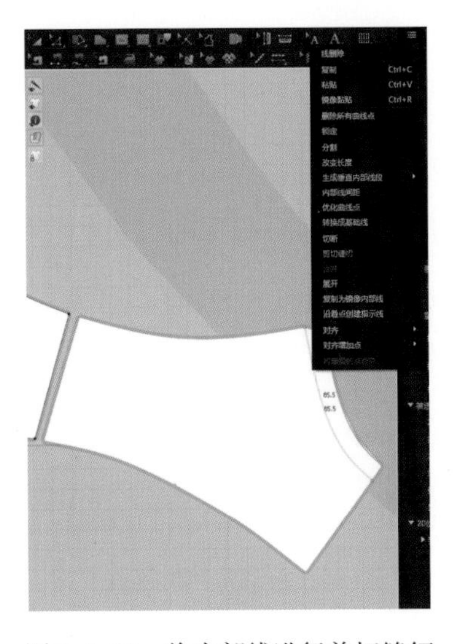

图5-1-39 将内部线进行剪切缝纫

（13）在3D窗口将调整的后片再次进行硬化处理，右键选择“硬化”（图5-1-40）。

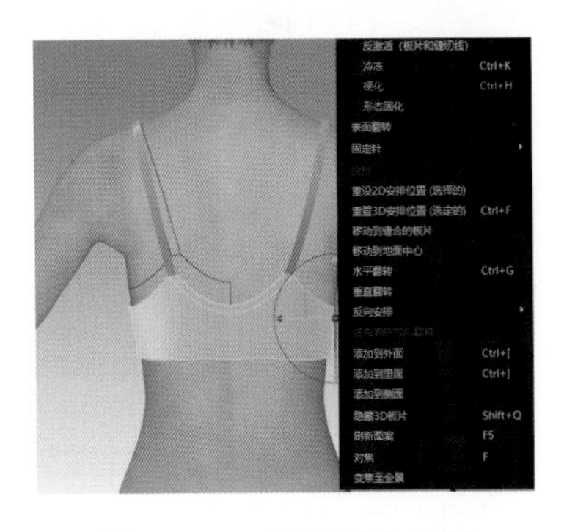

图5-1-40 再次硬化处理

（14）在2D窗口，运用“编辑板片”将前片下幅以前中进行拼合（图5-1-41）。

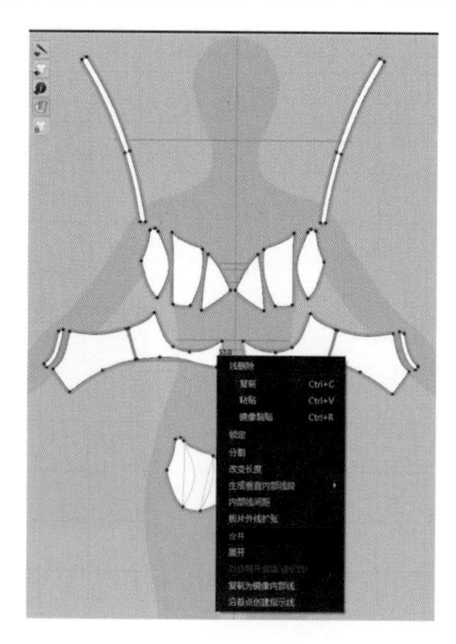

图5-1-41　合并前中缝纫

（15）在2D窗口，运用“内部多边形/线”在前外层板片上勾勒蕾丝板片造型位置（图5-1-42）。

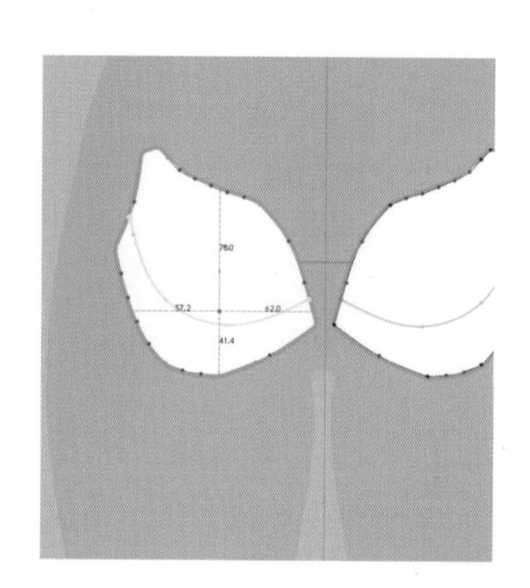

图5-1-42　勾勒蕾丝板片造型位置

（16）在2D窗口，运用“编辑板片”调整蕾丝板片上边缘造型（图5-1-43）。

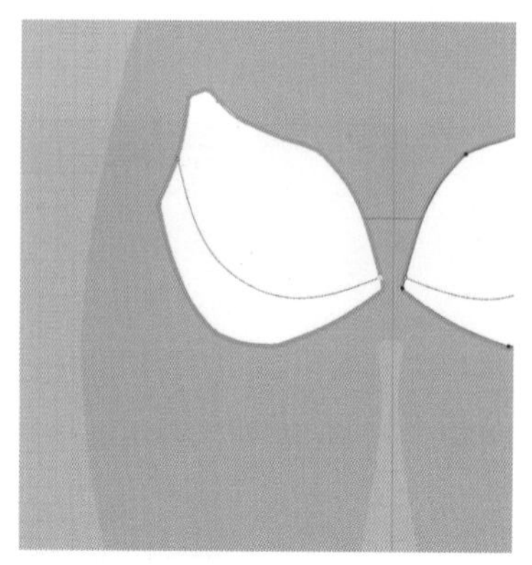

图5-1-43　调整蕾丝板片上边缘造型

（17）在2D窗口，运用“勾勒轮廓”将蕾丝标记线闭合图形勾勒为板片（图5-1-44）。

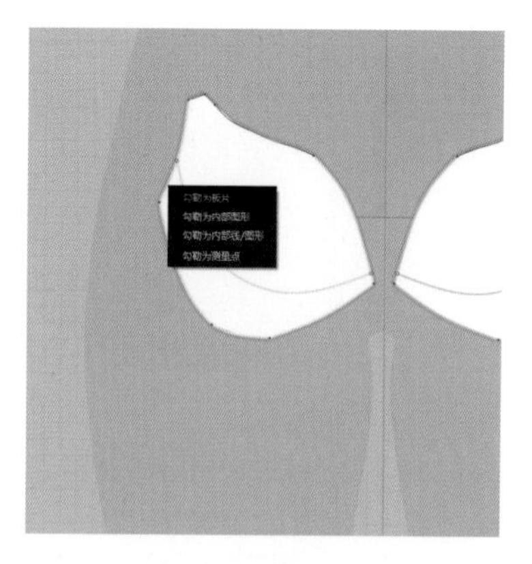

图5-1-44　将蕾丝标记线闭合图形勾勒为板片

（18）在2D窗口，选择蕾丝板片，右键选择“对称板片（板片和缝纫线）”（图5-1-45）。

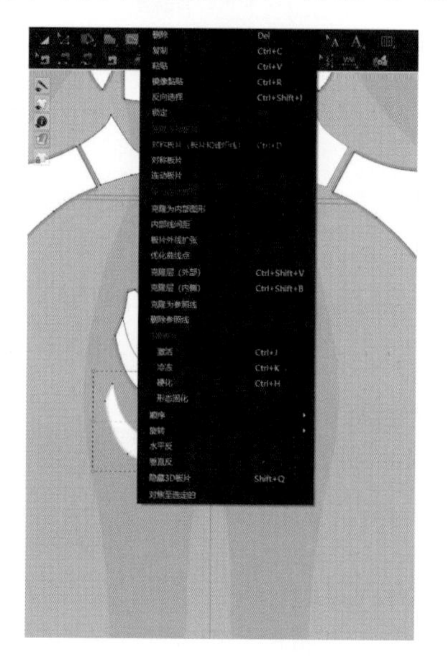

图5-1-45　对称蕾丝板片

（19）在2D窗口，运用“自由缝纫”将蕾丝板片固定于前片上（图5-1-46）。

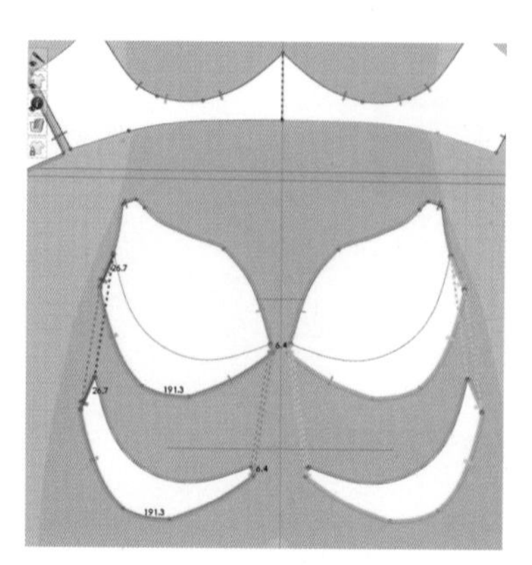

图5-1-46　固定蕾丝板片

（20）在3D窗口，全选所有板片，右键选择“解除硬化”（图5-1-47）。

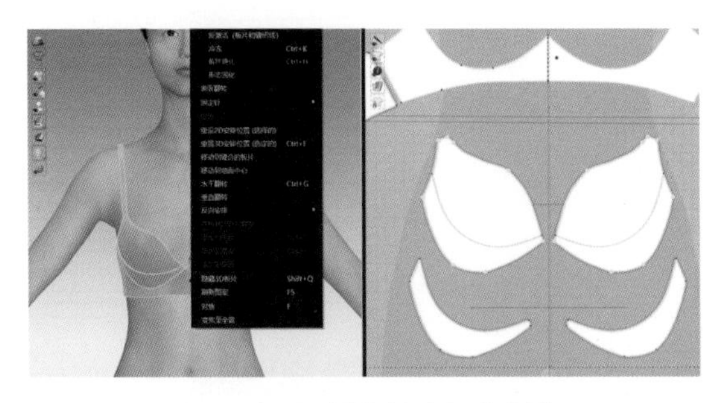

图5-1-47　所有板片解除硬化

（21）在2D窗口，运用“调整板片”将肩带选中，右键选择“克隆层（外部）”将其作为蕾丝样片（图5-1-48）。

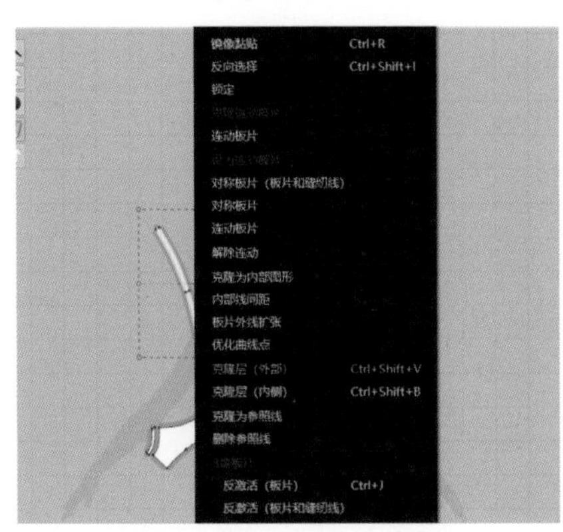

图5-1-48　克隆肩带板片

五、材质设置

1. 图案设置

（1）在物体窗口增加三款织物，将织物调整并分别应用板片名称：胸垫、面料、肩带、蕾丝（图5-1-49）。

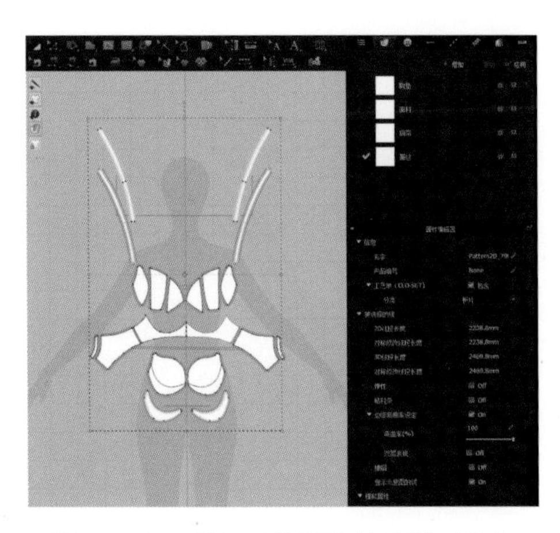

图5-1-49　增加三款织物并应用于板片

（2）在物体窗口选择胸垫织物，设置对应的纹理图、法线图、置换图、表面粗糙度（图5-1-50）。

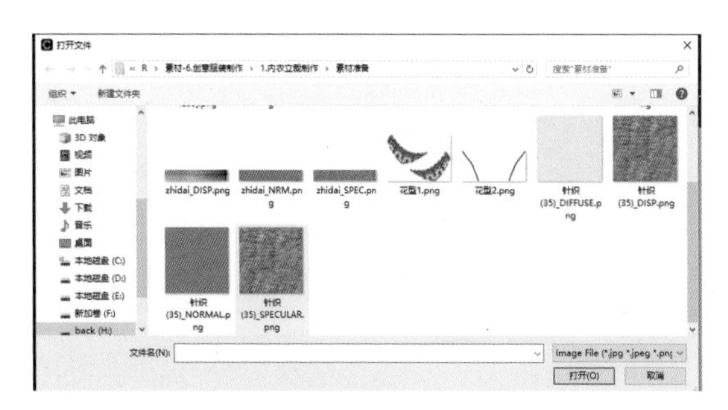

图5-1-50　设置胸垫的纹理图、法线图、置换图、表面粗糙度

（3）在物体窗口选择面料织物，设置对应的纹理图、法线图、置换图、表面粗糙度（图5-1-51）。

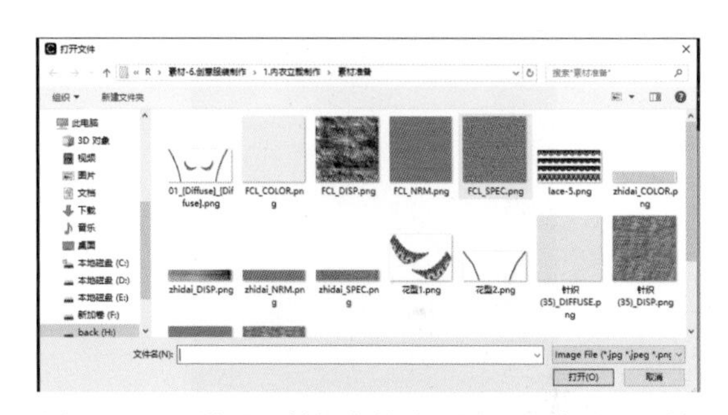

图5-1-51　设置面料织物的纹理图、法线图、置换图、表面粗糙度

（4）在物体窗口选择肩带织物，设置对应的纹理图、法线图、置换图、表面粗糙度（图5-1-52）。

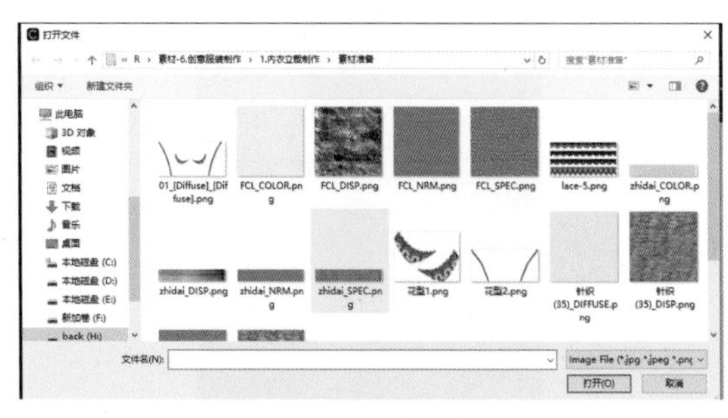

图5-1-52　设置肩带织物的纹理图、法线图、置换图、表面粗糙度

（5）在物体窗口选择蕾丝织物，设置对应的纹理图、法线图、置换图、表面粗糙度（图5–1–53）。

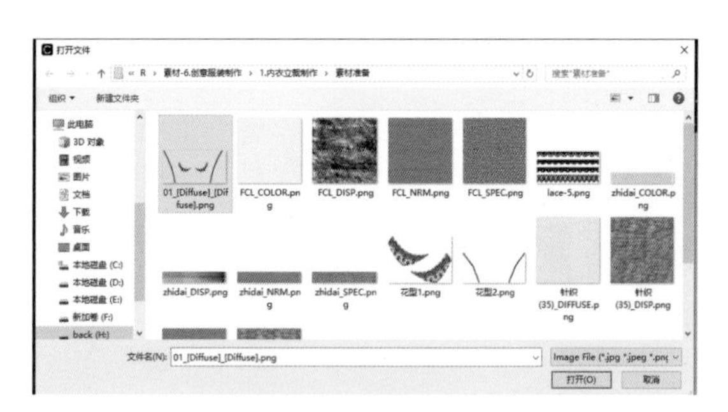

图5–1–53 设置蕾丝织物的纹理图、法线图、置换图、表面粗糙度

（6）在物体窗口中分别设置胸垫织物的图案转换比例，固定比例后设置宽度为“50”（图5–1–54）。

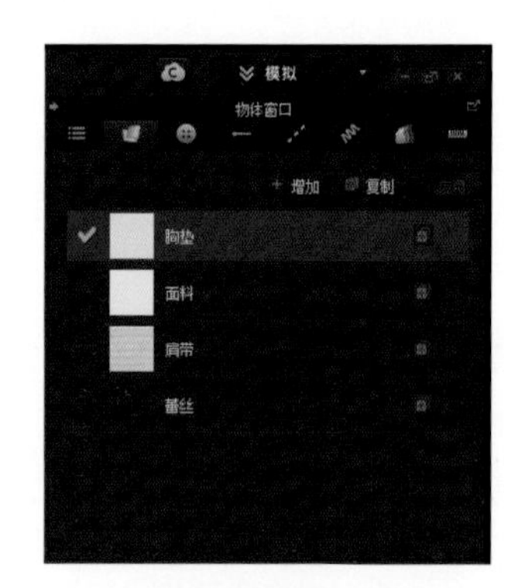

图5–1–54 胸垫织物的肌理转换设置

（7）在物体窗口中分别设置面料织物的图案转换比例，固定比例后设置宽度为“20”（图5–1–55）。

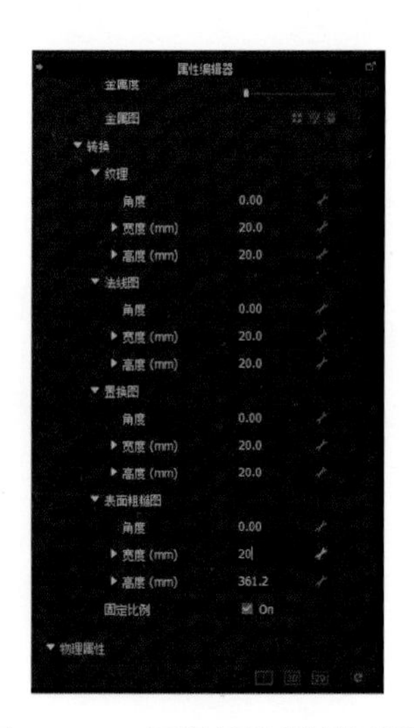

图5–1–55 面料的肌理转换设置

（8）在2D窗口，运用“调整贴图”编辑肩带的贴图方向，平行于肩带即可（图5–1–56）。

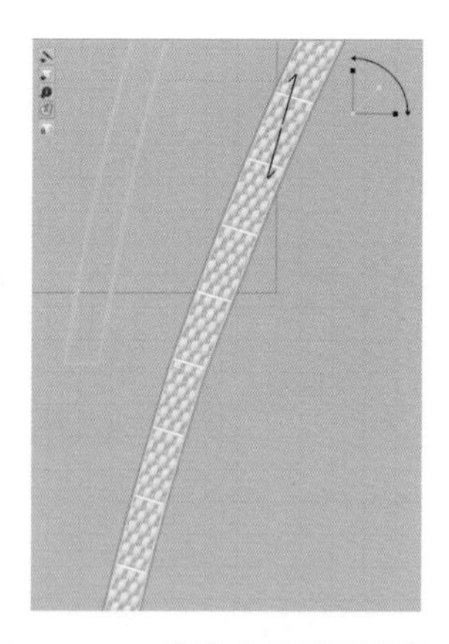

图5–1–56 编辑肩带贴图的位置

（9）在2D窗口，运用“调整贴图”编辑蕾丝的贴图，与胸部板片对应边缘即可（图5–1–57）。

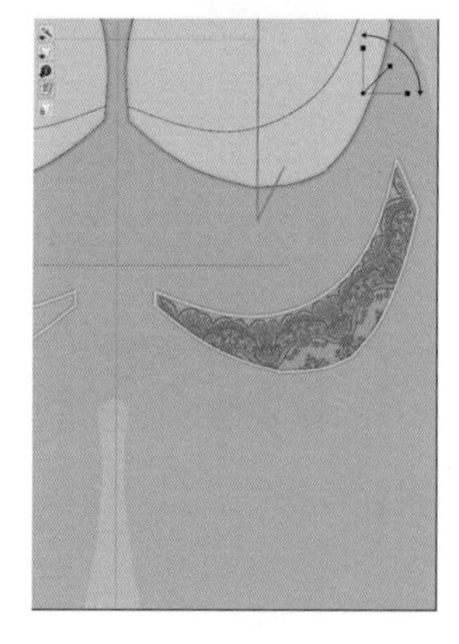

图5–1–57 编辑胸部蕾丝贴图的位置

（10）在2D窗口，运用“调整贴图”编辑蕾丝的贴图，与肩带板片对应边缘即可（图5–1–58）。

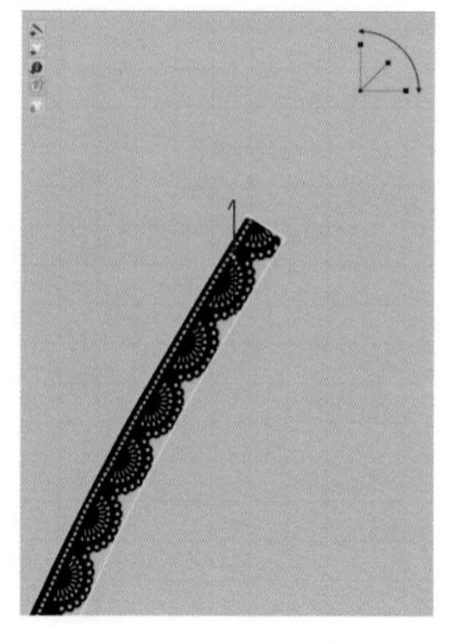

图5–1–58 编辑肩带蕾丝的贴图

（11）在物体窗口，将面料的属性类型更改为“Fabric_Silk/Satin”，此为丝绸光泽面料（图5-1-59）。

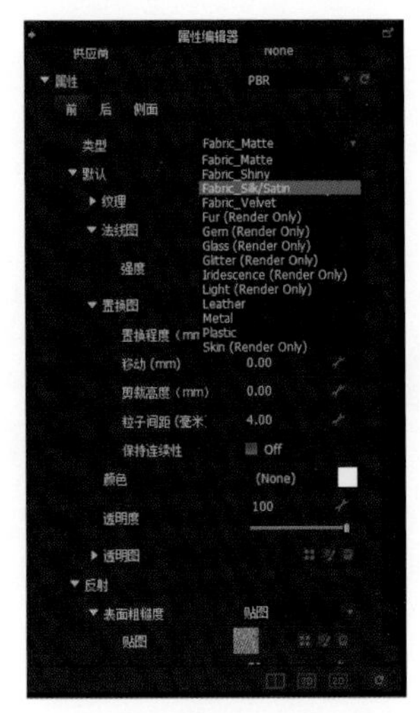

图5-1-59　更改面料属性类型

2. 设置织物面料属性

（1）在物体窗口选择面料，调整颜色，参考色号为“#005164”（图5-1-60）。

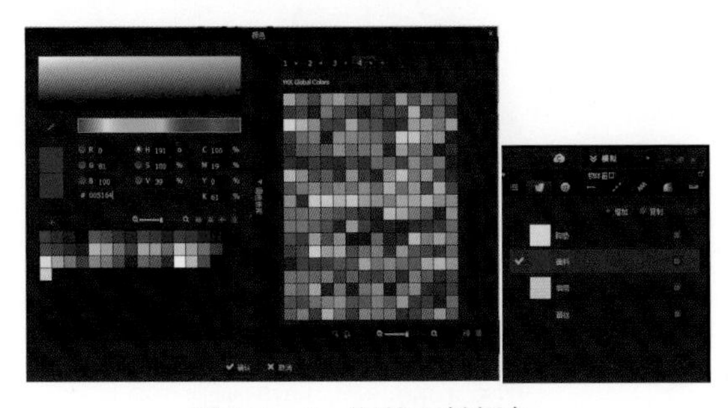

图5-1-60　调整面料颜色

（2）在物体窗口选择肩带，调整颜色，参考色号为“#005164”（图5-1-61）。

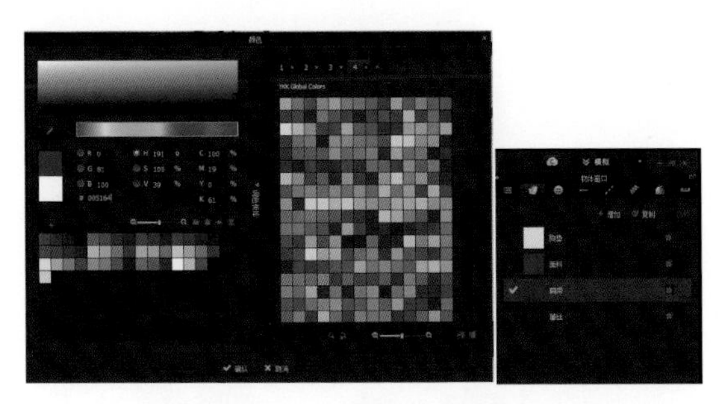

图5-1-61　调整肩带颜色

（3）在物体窗口选择胸垫，调整颜色，参考色号为“#00313C”，颜色略深（图5-1-62）。

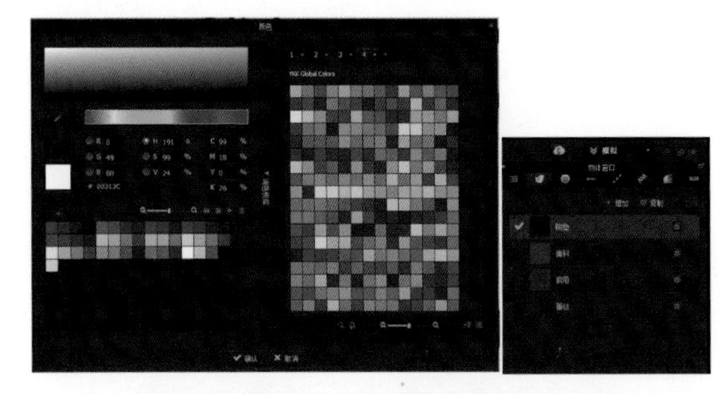

图5-1-62　调整胸垫颜色

（4）在物体窗口选择蕾丝，调整颜色，参考色号为“#2785D5”，颜色略浅（图5-1-63）。

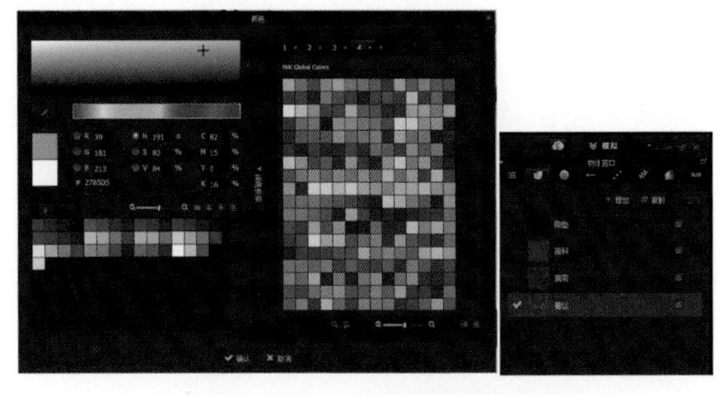

图5-1-63　调整蕾丝颜色

（5）在物体窗口选择面料，属性编辑器中更改反射的表面粗糙度为“32”，反射强度为“73”（图5-1-64）。

图5-1-64　更改面料反射强度

（6）在3D窗口中关闭"显示内部线"、"显示基础线"、"显示3D笔（服装）"、"显示缝纫线"、"显示针"等，查看最终效果（图5-1-65）。

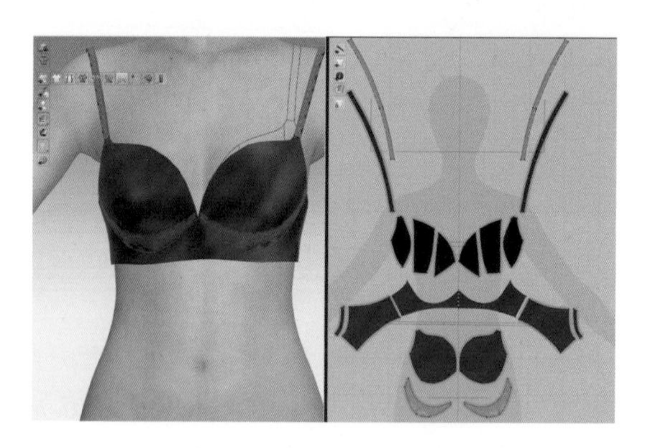

图5-1-65　查看最终效果

（7）在3D窗口中关闭模特身上的"显示3D笔（虚拟模特）"（图5-1-66）。

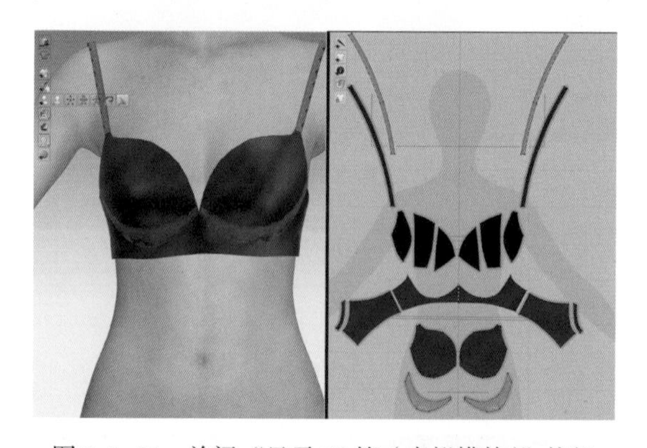

图5-1-66　关闭"显示3D笔（虚拟模特）"按钮

（8）全选所有板片，调整粒子间距为"10"，厚度-渲染为"1.5"（图5-1-67）。

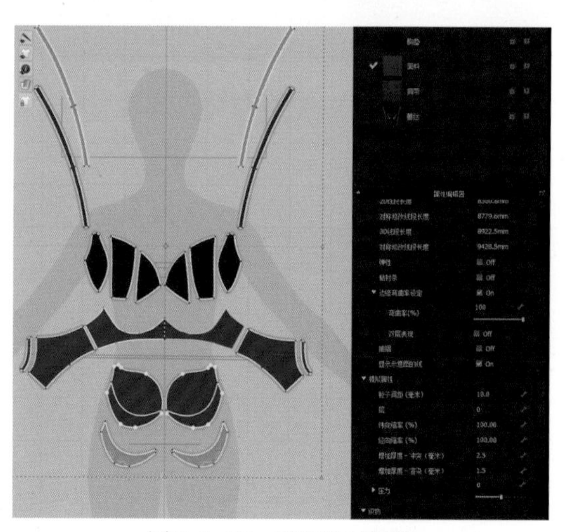

图5-1-67　调整粒子间距

3. **辅料设置**

（1）在图库中的辅料库中找到扣的模型，添加到操作区（图5-1-68）。

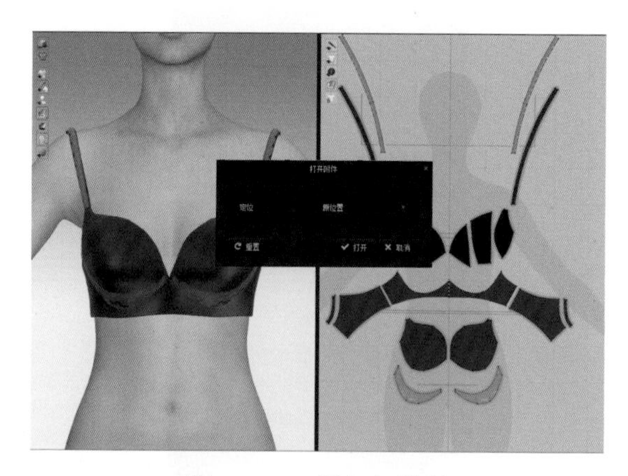

图5-1-68　添加扣模型

（2）通过模型右上角的胶水工具，将模型固定到肩带上（图5-1-69）。

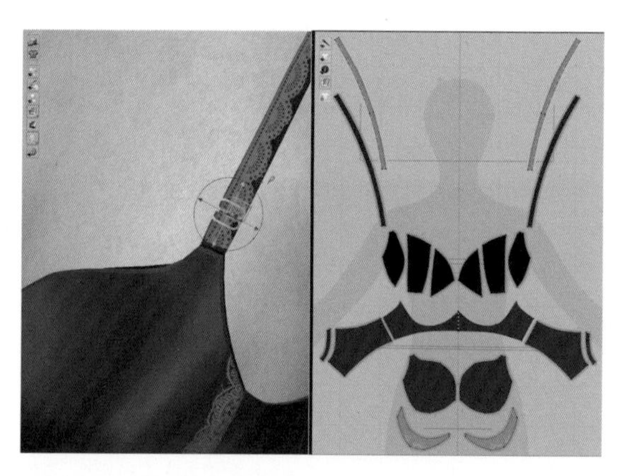

图5-1-69　固定扣模型

（3）在属性编辑器中调整颜色与面料相同即可（图5-1-70）。

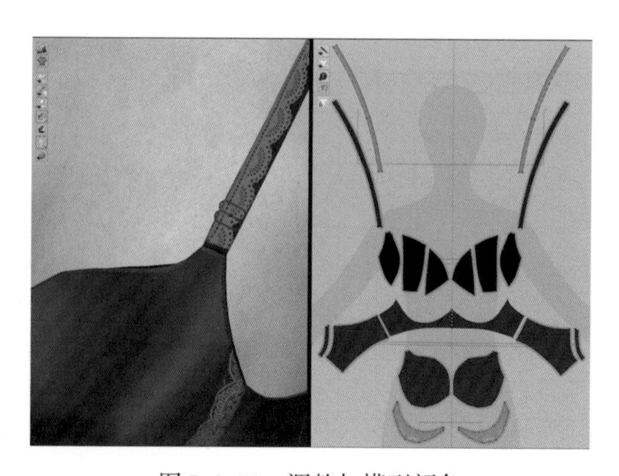

图5-1-70　调整扣模型颜色

（4）复制模型，进行对应肩带位置固定即可（图5-1-71）。

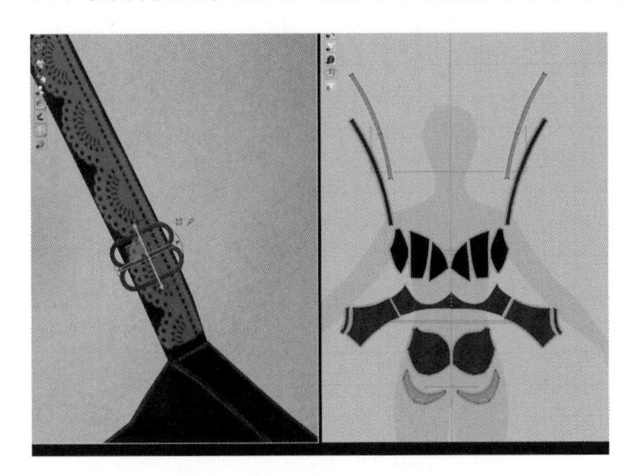

图5-1-71　复制扣模型并固定对称位置

六、成品效果展示（图5-1-72）

图5-1-72　成品效果展示

礼服裙制作视频

第二节　礼服裙立裁与制作

教学目标：

掌握3D礼服裙立裁与制作流程。

教学内容：

根据服装款式图，通过3D服装设计软件，运用编辑工具、内部线工具、缝纫工具、拉链工具缝合礼服裙。

教学要求：

通过本节课程，学习3D礼服裙的缝制试穿方式，掌握相关款式的虚拟制作方式。

一、文件准备

1. 准备款式图

准备礼服裙的款式图，款式图可以明确显现服装分割线及拼合方式（图5-2-1）。

2. 准备面料文件

准备礼服裙的面料文件，文件包括：颜色贴图、法线贴图、置换贴图、高光贴图（图5-2-2）。

二、模特设置

在图库窗体下选择Avatar，双击鼠标左键打开Female_V2文件夹，再双击鼠标左键加载FV2_Kelly模特（图5-2-3）。

图5-2-1　礼服裙款式文件

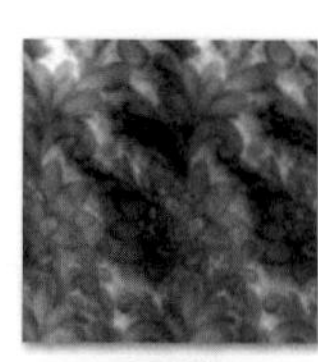

图5-2-2　礼服裙面料文件

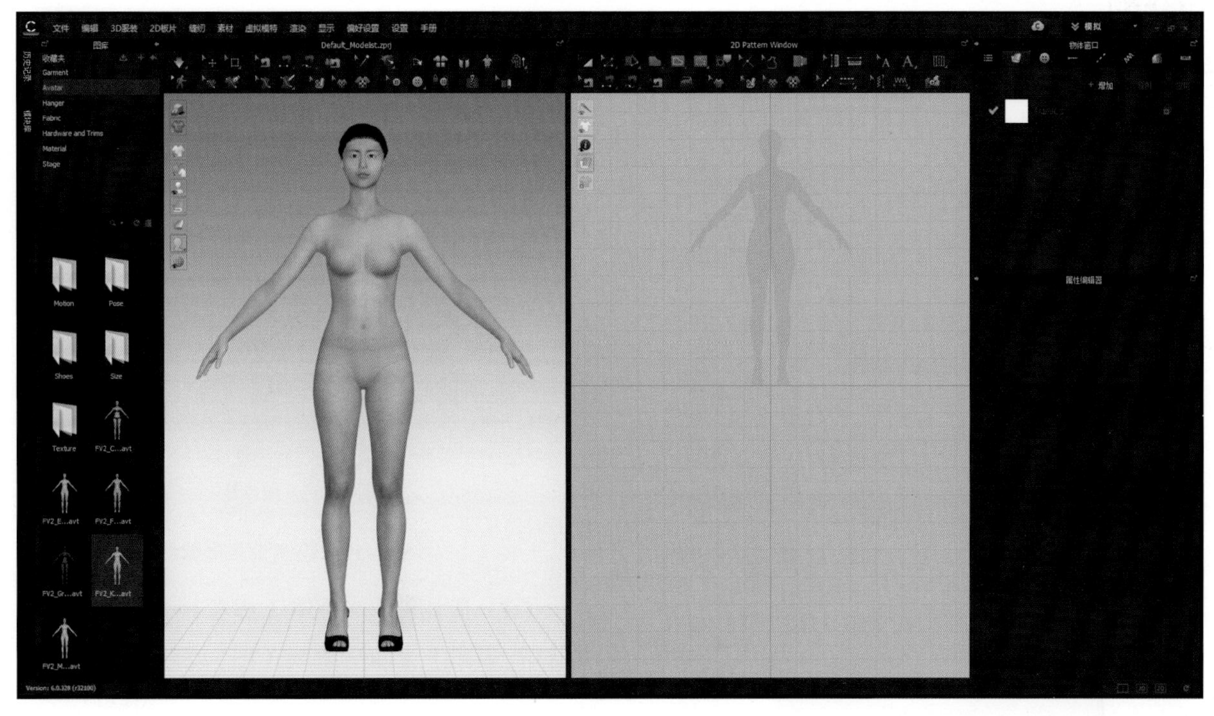

图5-2-3　加载人体模特

三、标记绘制

1. 标记线绘制

（1）在3D窗口运用“3D笔（虚拟模特）”在模特躯干上从前中绘制礼服裙抹胸上边缘标记线（图5-2-4）。

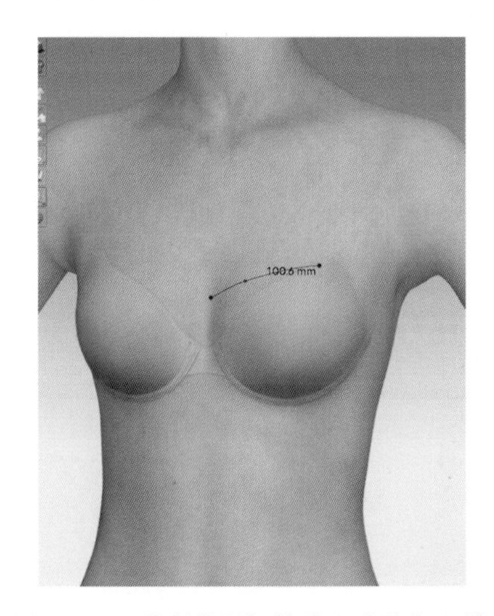

图5-2-4　绘制礼服裙抹胸上边缘标记线

（2）围绕胸围，绘制抹胸裙上边缘造型，到后中位置停止，双击鼠标左键结束绘制（图5-2-5）。

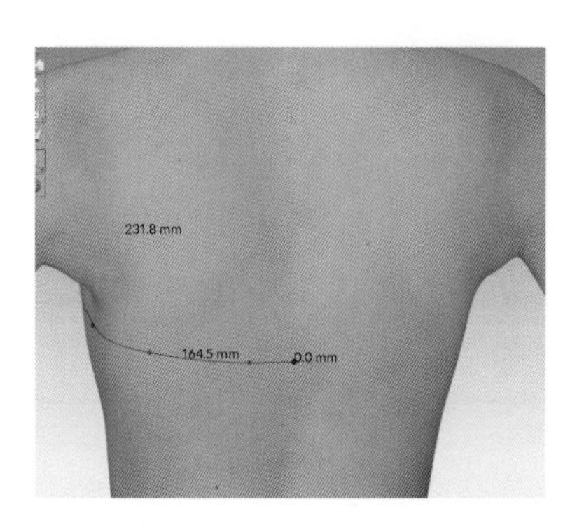

图5-2-5　双击鼠标左键结束绘制

（3）运用“3D笔（虚拟模特）”在前中位置绘制抹胸前中部位，长度为抹胸部分的造型（图5-2-6）。

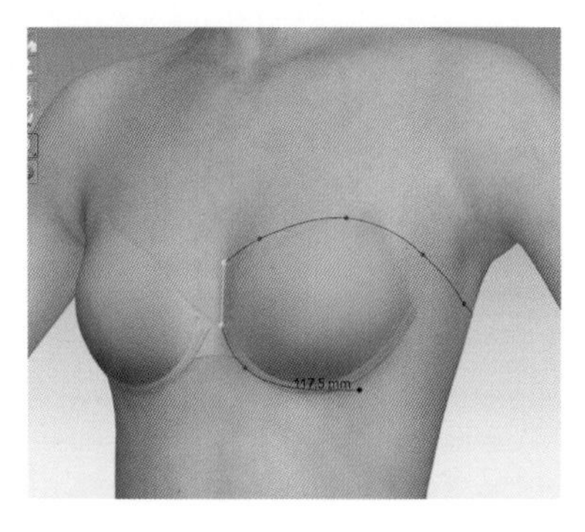

图5-2-6　绘制模型前中线

（4）运用“3D笔（虚拟模特）”绘制抹胸下边缘造型线，从前中直至后中结束（图5–2–7）。

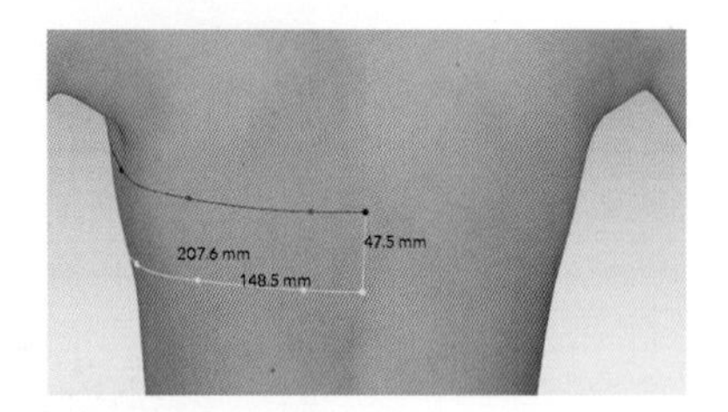

图5–2–7　绘制抹胸下边缘造型

（5）运用“3D笔（虚拟模特）”在前中绘制前片贴身部分前中线，长度以贴身位置凸显身体曲线（图5–2–8）。

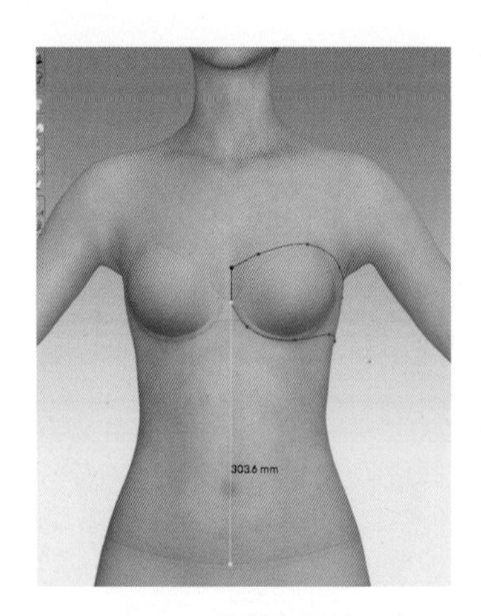

图5–2–8　绘制束腰前中线

（6）运用“3D笔（虚拟模特）”围绕模特绘制裙片贴身部分下边缘（图5–2–9）。

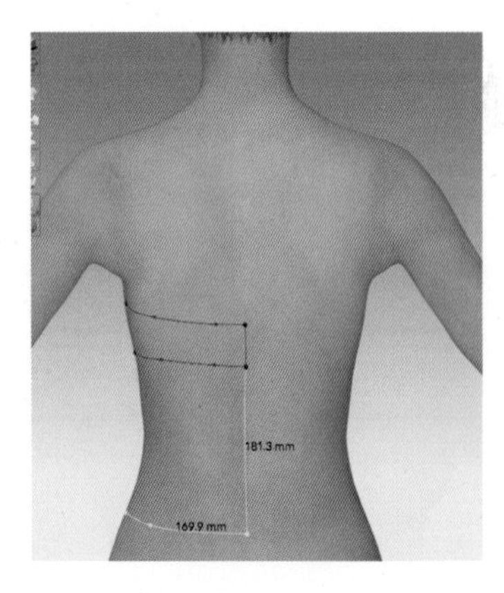

图5–2–9　绘制束腰下边缘线及后中线

（7）运用“3D笔（虚拟模特）”在抹胸以及身体部分绘制侧缝线（图5–2–10）。

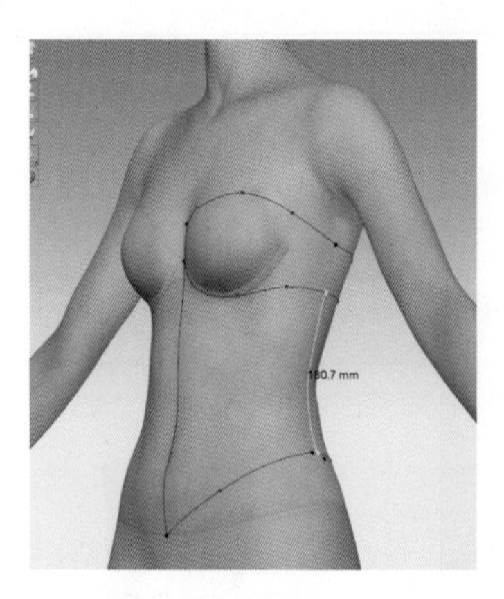

图5–2–10　绘制束腰侧缝线

（8）运用“3D笔（虚拟模特）”绘制并调整礼服裙上半身分割线（图5–2–11）。

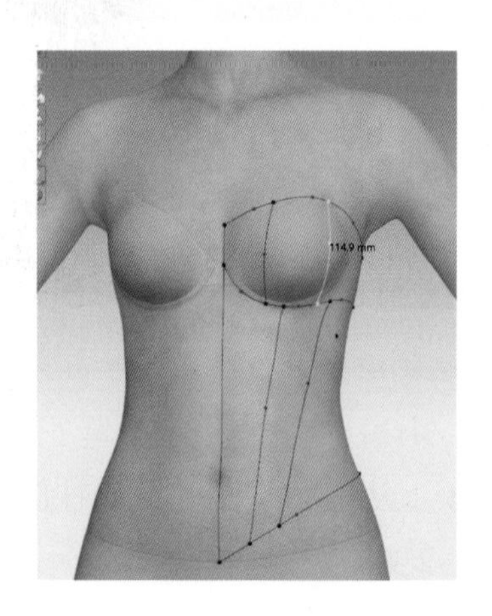

图5–2–11　绘制束腰造型线

2. 标记线调整

（1）运用“展平为板片”将服装板片取出（图5–2–12）。

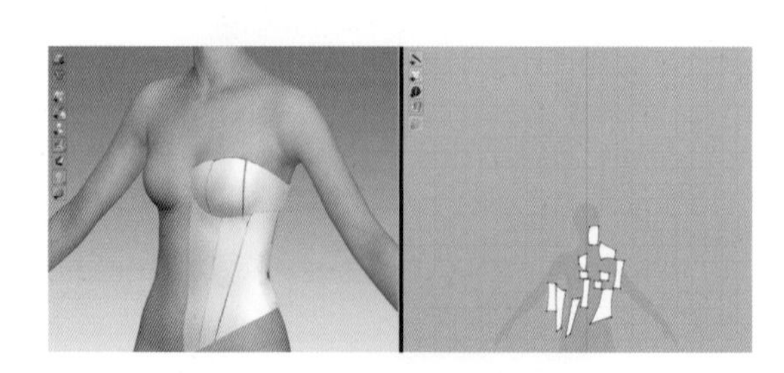

图5–2–12　确认展平板片操作

（2）在2D窗口，运用“调整板片”排列板片位置（图5–2–13）。

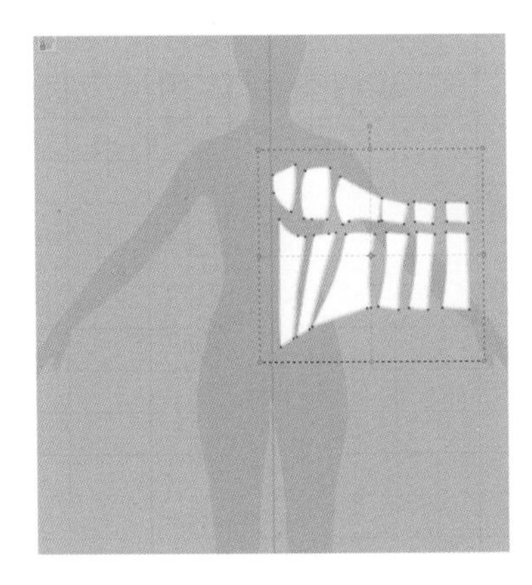

图5-2-13　排列板片位置

（3）在2D窗口，选择全部板片，右键选择“对称板片（板片和缝纫线）”（图5-2-14）。

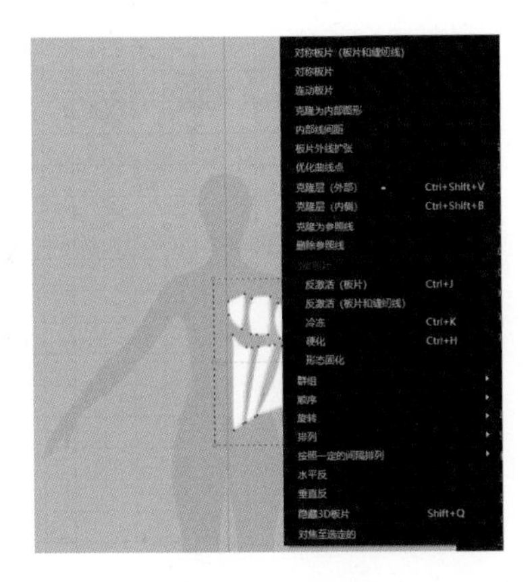

图5-2-14　对称板片（板片和缝纫线）

（4）在2D窗口，运用 “自由缝纫”拼合前中、后中（图5-2-15）。

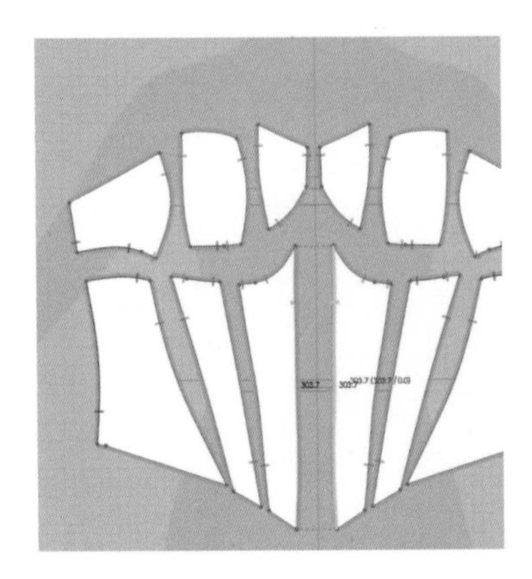

图5-2-15　设置缝纫线

（5）在3D窗口中全选所有板片，右键选择“硬化”（图5-2-16）。

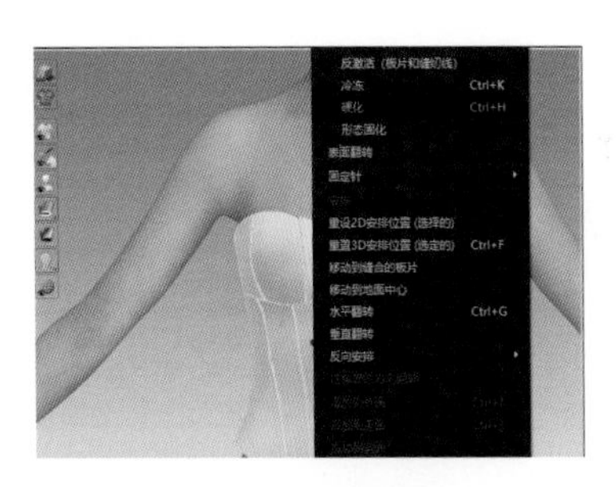

图5-2-16　硬化板片

（6）在2D窗口，选择所有板片，调整粒子间距为“10”，模拟并查看服装穿着舒适性（图5-2-17）。

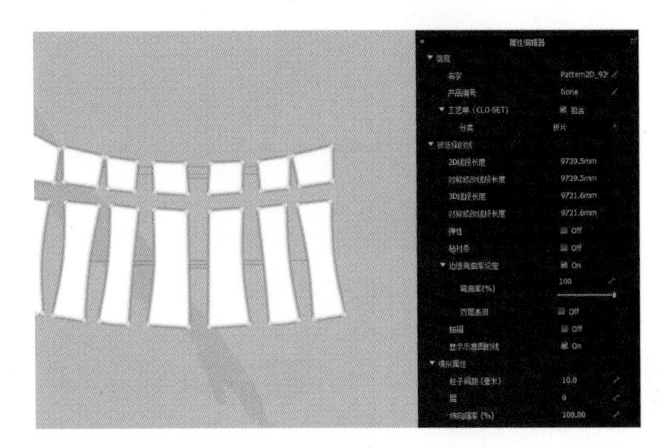

图5-2-17　设置粒子间距

（7）在2D窗口，选择并复制抹胸部分的板片为外层（图5-2-18）。

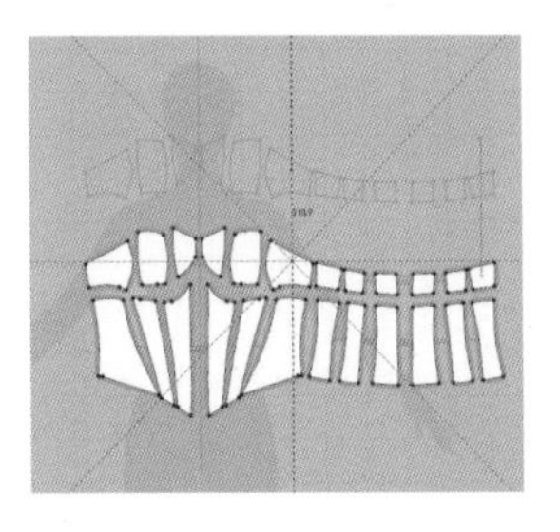

图5-2-18　复制抹胸板片

（8）在2D窗口，运用 “编辑板片”整合板片后进行横向比例缩放，形成抽褶效果（图5-2-19）。

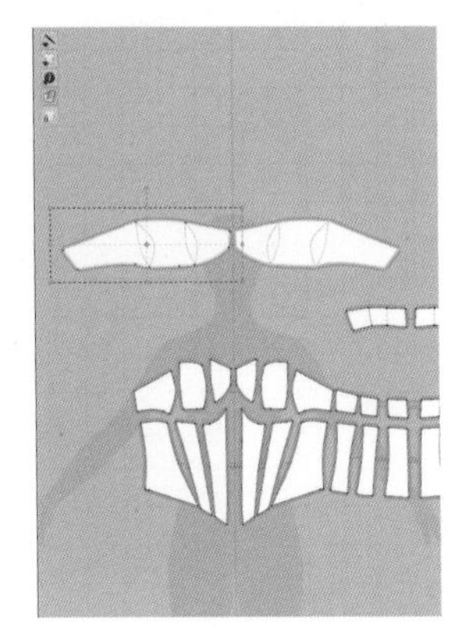

图5-2-19　整合板片并缩放

四、板片缝制

1. 抹胸缝制

（1）在2D窗口，运用 “自由缝纫” 缝合前片的外层与内层（图5-2-20）。

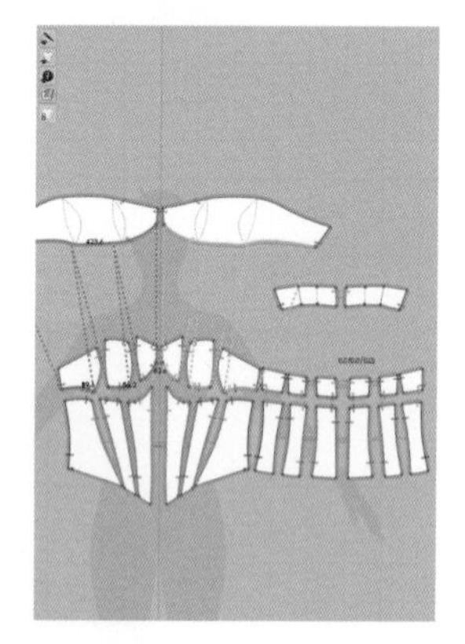

图5-2-20　缝合抹胸前内外层

（2）在2D窗口，运用 “自由缝纫” 缝合后片的外层与内层（图5-2-21）。

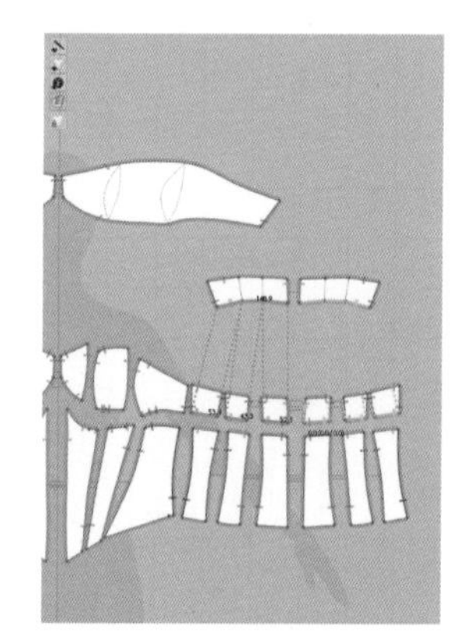

图5-2-21　缝合抹胸后内外层

（3）在3D窗口，运用 “选择/移动” 选择内层板片，右键选择 “硬化”（图5-2-22）。

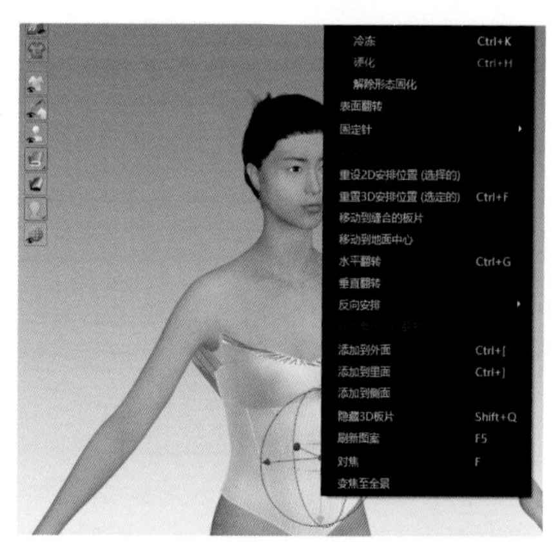

图5-2-22　硬化所有内层板片

（4）在2D窗口，运用 “调整板片” 选择抹胸板片，调整粒子间距为 “10”（图5-2-23）。

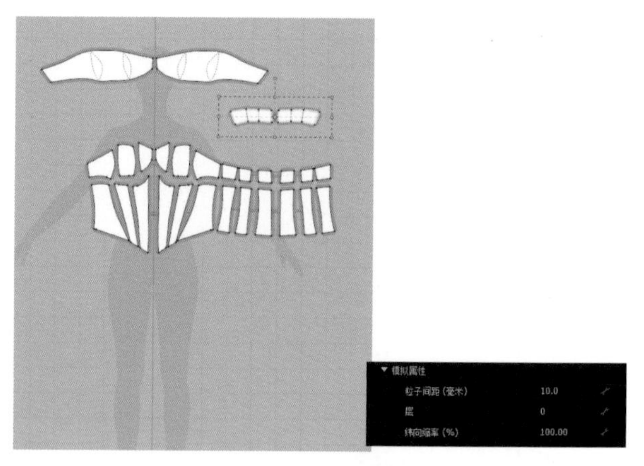

图5-2-23　调整粒子间距

（5）在3D窗口，运用 “熨烫” 将抹胸外层与内层固定（图5-2-24）。

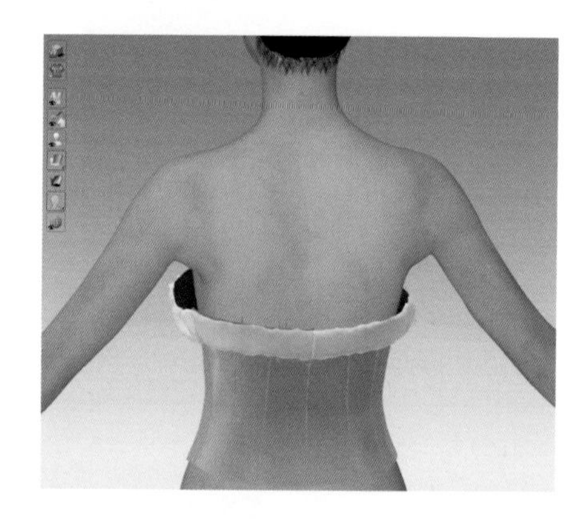

图5-2-24　熨烫内外层板片

（6）设置抹胸外层前片的上下边缘弹力，弹力值根据视觉效果调整至 “70” 左右（图5-2-25）。

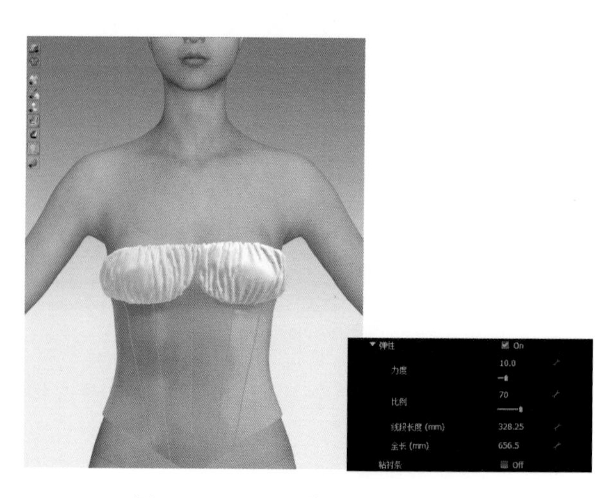

图5-2-25　调整抹胸外层弹力

（7）调整弹力值后板片的造型（图5-2-26）。

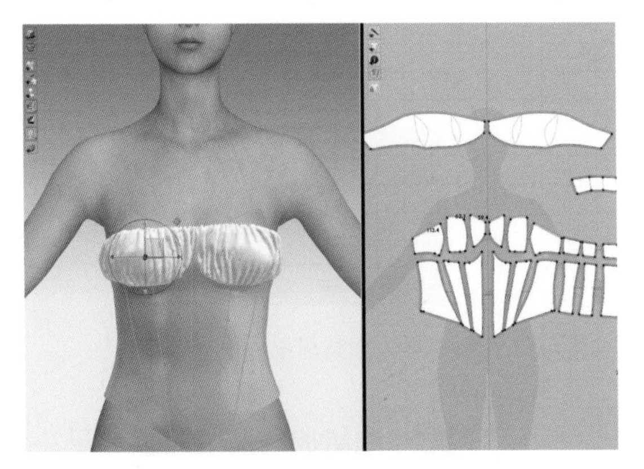

图5-2-26　确认模型外层造型

（8）依据前片上边缘长度运用 “长方形”制作抹胸前飞边，参考宽度“1950mm”左右（图5-2-27）。

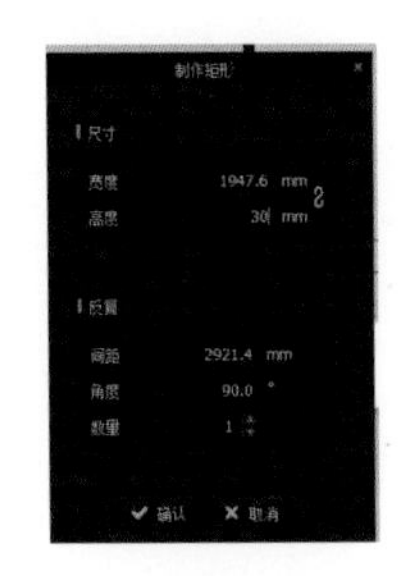

图5-2-27　绘制抹胸前飞边板片

（9）运用 “自由缝纫”将飞边固定到抹胸外层板片上（图5-2-28）。

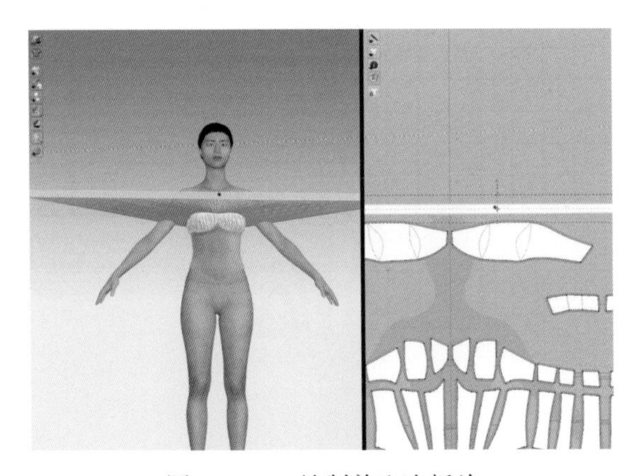

图5-2-28　缝制前飞边板片

（10）运用 “长方形”绘制抹胸后片的飞边，方式与前片相同（图5-2-29）。

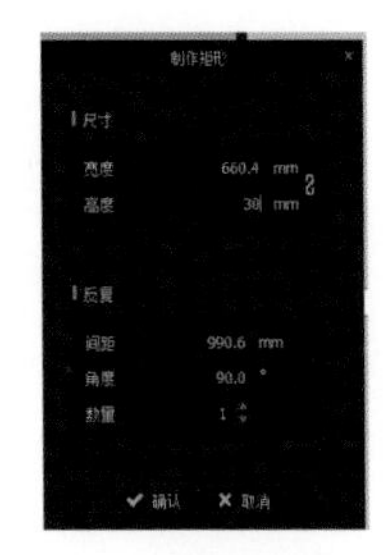

图5-2-29　绘制后飞边板片

（11）运用 “自由缝纫”将飞边固定到抹胸外层板片上（图5-2-30）。

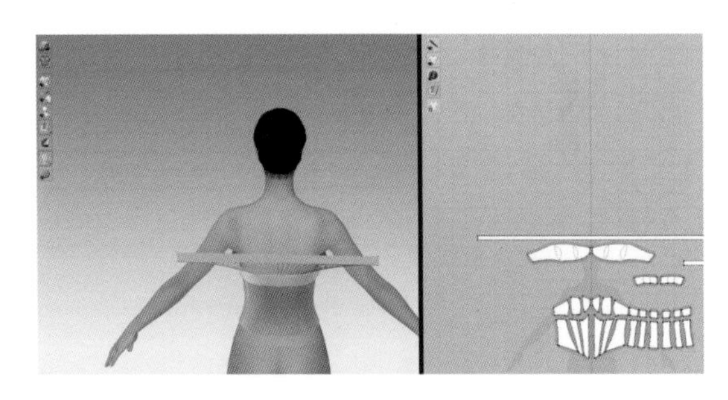

图5-2-30　缝制后飞边

2. 裙片缝制

（1）打开 “模拟”， “选择/移动”调整服装模拟效果（图5-2-31）。

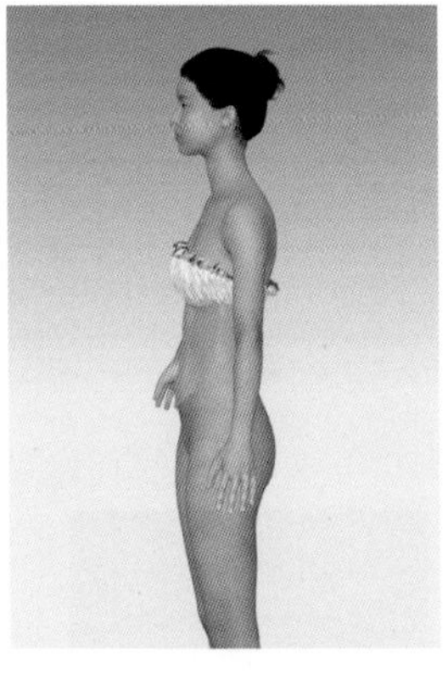

图5-2-31　调整模拟效果

（2）在2D窗口，将贴身板片的下边缘进行拼合，方便拾取轮廓线（图5-2-32）。

图5-2-32　调整束腰平面位置

（3）运用"多边形"结合"Ctrl"键绘制前裙片板片（图5-2-33）。

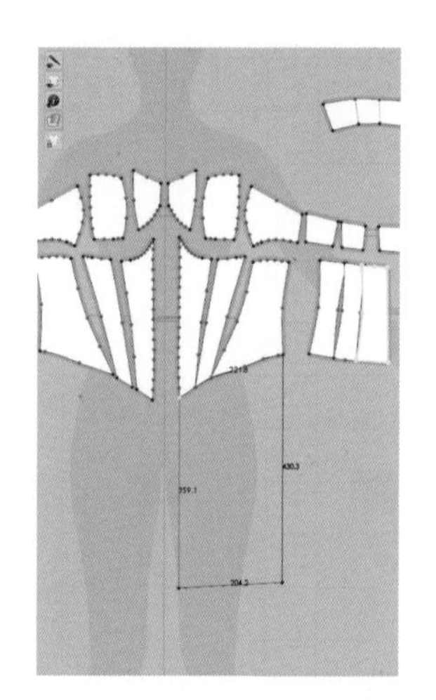

图5-2-33　绘制前裙片板片

（4）选择前裙片板片侧缝底边，按下"Shift"键水平向外延伸50mm，数值可自由设定（图5-2-34）。

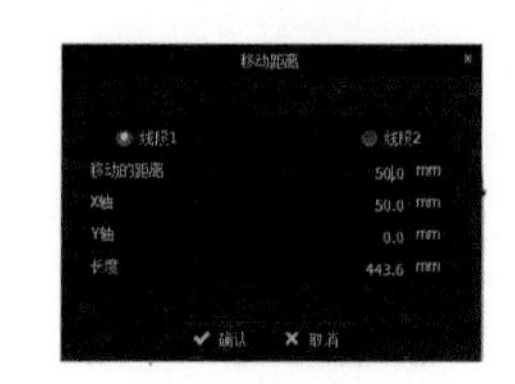

图5-2-34　调整前裙片长度

（5）选择裙片板片侧缝底边，按"Ctrl"键沿侧缝方向，向上缩短30mm，数值可自由设定（图5-2-35）。

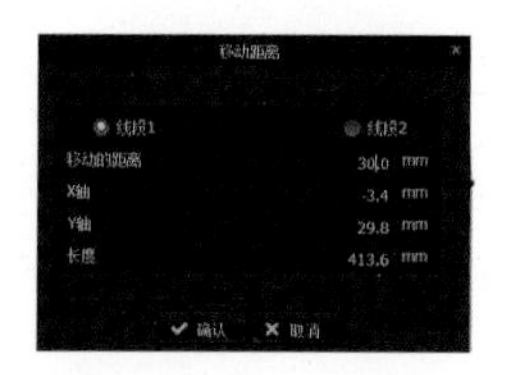

图5-2-35　调整前裙片底摆造型

（6）运用"编辑曲线点"调整前裙片上边缘造型，圆顺即可（图5-2-36）。

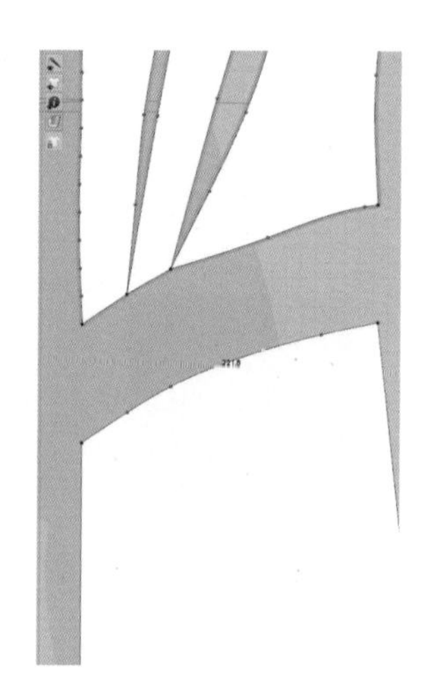

图5-2-36　调整前裙片上边缘

（7）运用"自由缝纫"缝制前裙片与抹胸板片下边缘（图5-2-37）。

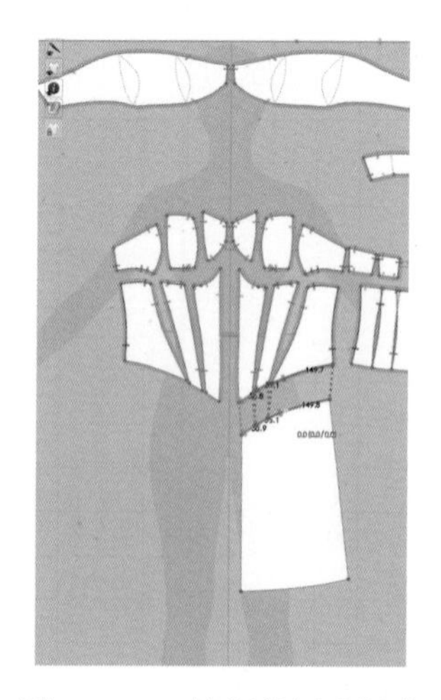

图5-2-37　缝制前裙片板片

（8）运用“调整板片”选择裙前片并右键选择“对称展开编辑（缝纫线）”（图5-2-38）。

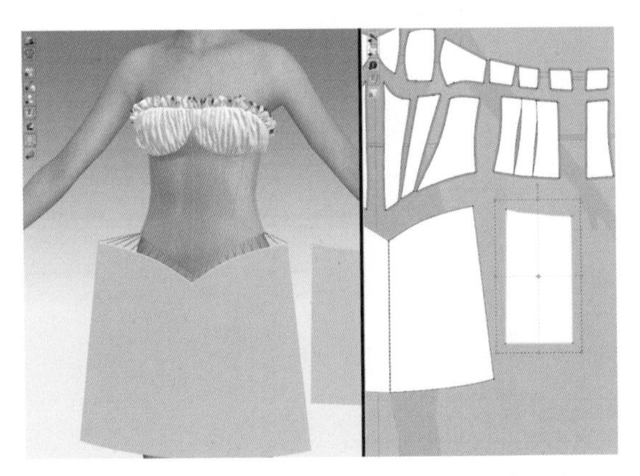

图5-2-38　对称展开编辑（缝纫线）前裙片

（9）同样制作后裙片，要求侧缝线及裙长与前裙片相符（图5-2-39）。

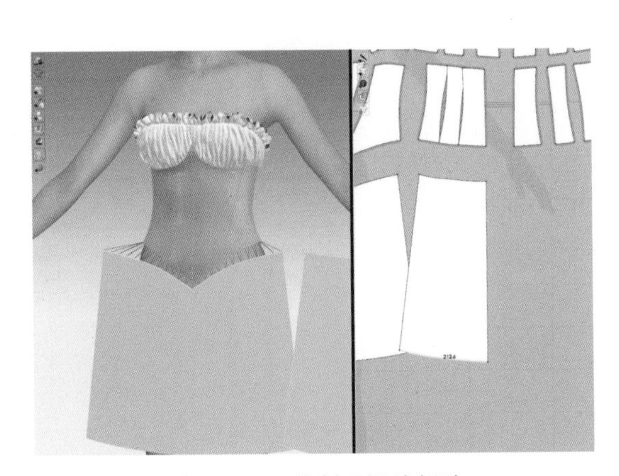

图5-2-39　绘制后裙片板片

（10）选择后裙片，右键选择“对称板片（板片和缝纫线）”（图5-2-40）。

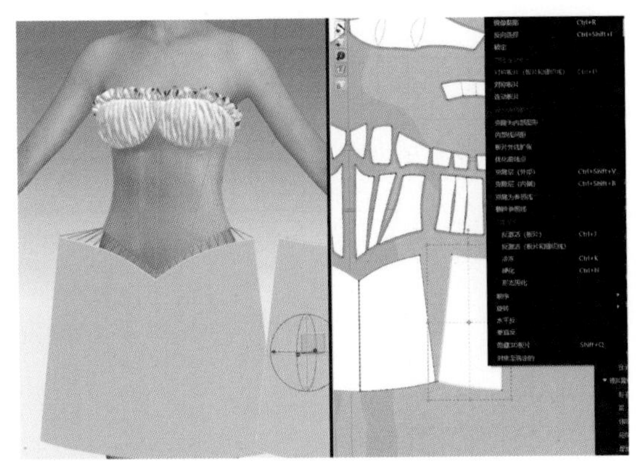

图5-2-40　缝制后裙片板片

（11）在2D窗口，运用“自由缝纫”缝合裙片的侧缝及拼缝线（图5-2-41）。

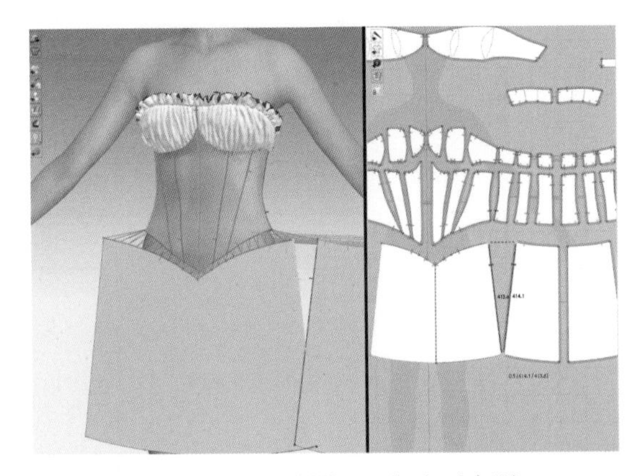

图5-2-41　缝制前、后裙板片侧缝

（12）运用“选择/移动”，在模特安排点上放置裙片位置（图5-2-42）。

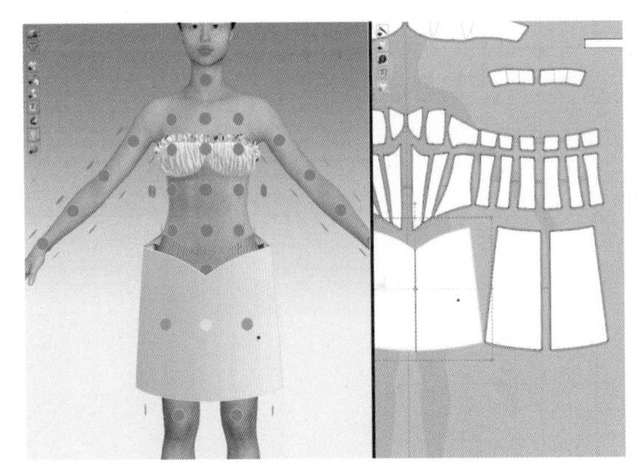

图5-2-42　安排点放置裙片板片

（13）运用“选择/移动”，选择裙片，右键选择“硬化”（图5-2-43）。

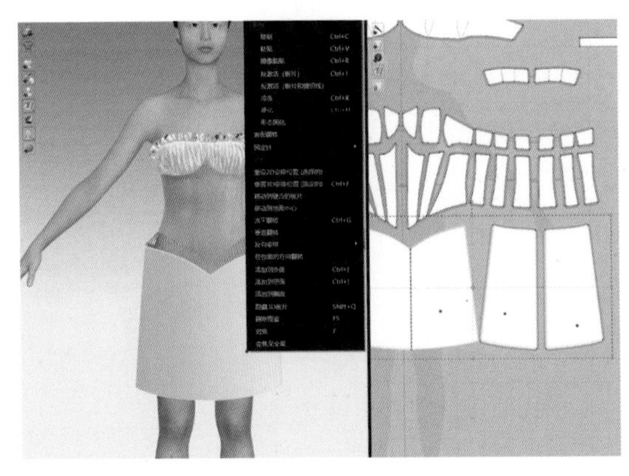

图5-2-43　硬化裙片

（14）打开"模拟"查看裙片效果（图5-2-44）。

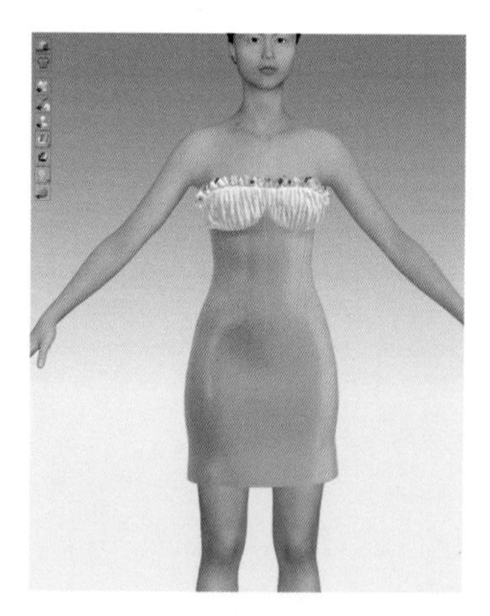

图5-2-44　模拟查看缝纫效果

（15）根据裙片穿着效果，调整裙片侧缝线，达到造型要求（图5-2-45）。

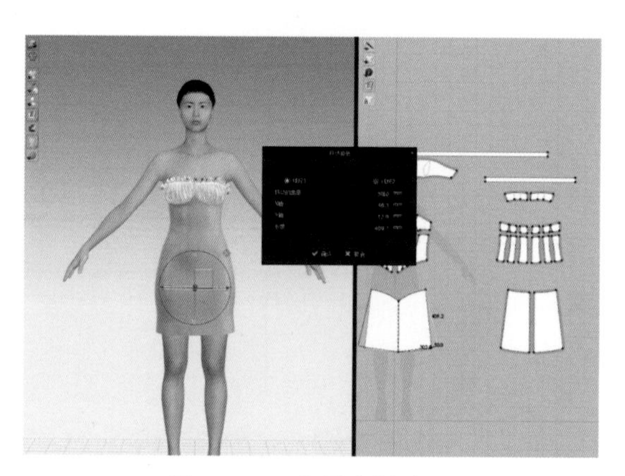

图5-2-45　调整侧缝造型

（16）通过多次模拟进行裙摆造型确认（图5-2-46）。

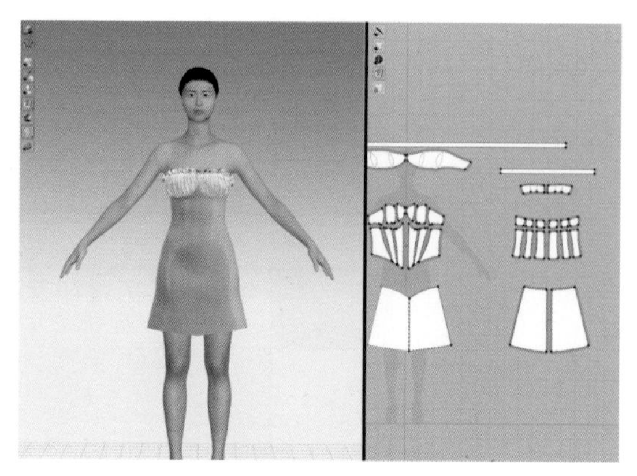

图5-2-46　模拟确认造型效果

（17）基础造型无误后查看稳定程度，至无抖动即可（图5-2-47）。

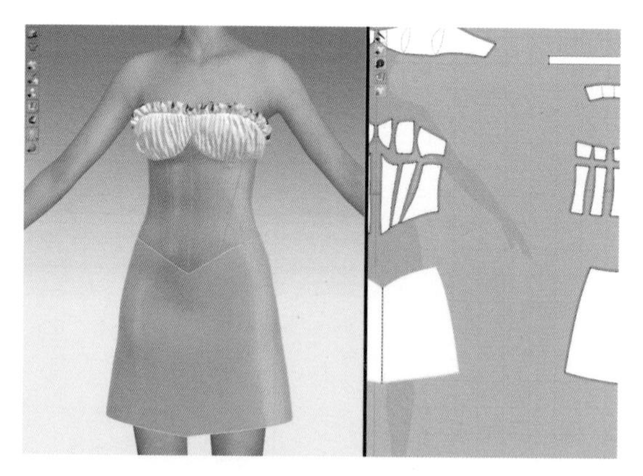

图5-2-47　检查造型

（18）可选择裙片侧缝线，进行"板片外线扩张"，形成裙片抽褶（图5-2-48）。

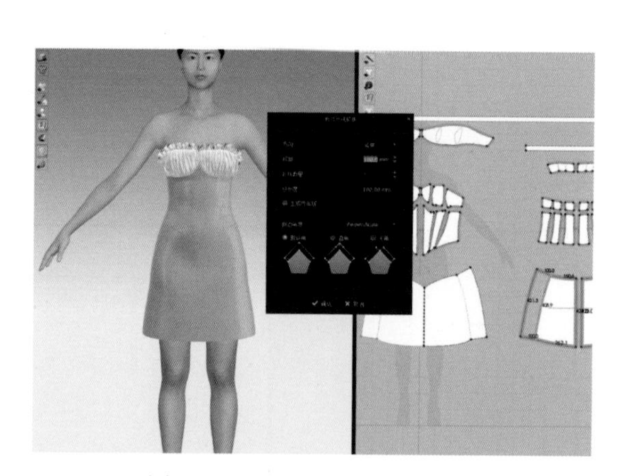

图5-2-48　裙片板片外线扩张

（19）调整裙片上边缘的圆顺程度，可运用"调整板片"编辑（图5-2-49）。

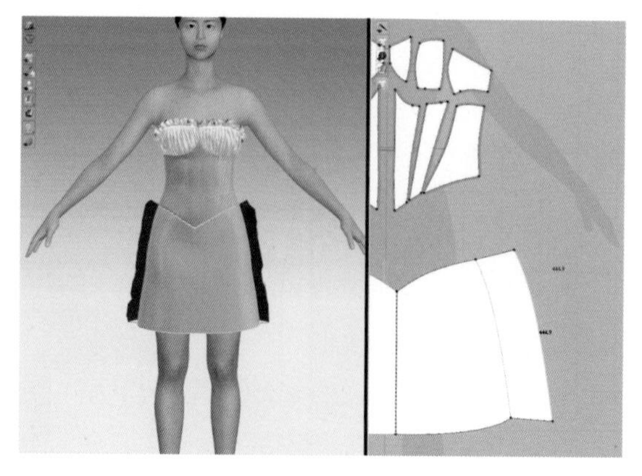

图5-2-49　板片上边缘圆顺调整

（20）调整缝纫线位置，将腰节线缝纫位置调整至合适位置（图5–2–50）。

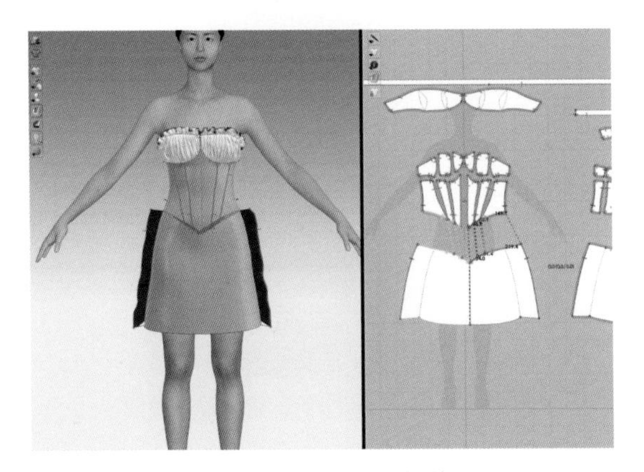

图5–2–50　调整缝纫线

（21）选择全部板片，右键选择“解除硬化”，查看自然褶皱下的服装效果（图5–2–51）。

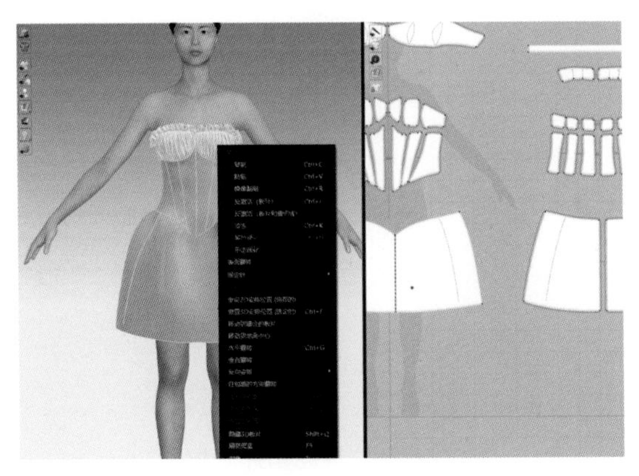

图5–2–51　解除硬化所有板片

（22）调整裙长，达到款式设计状态（图5–2–52）。

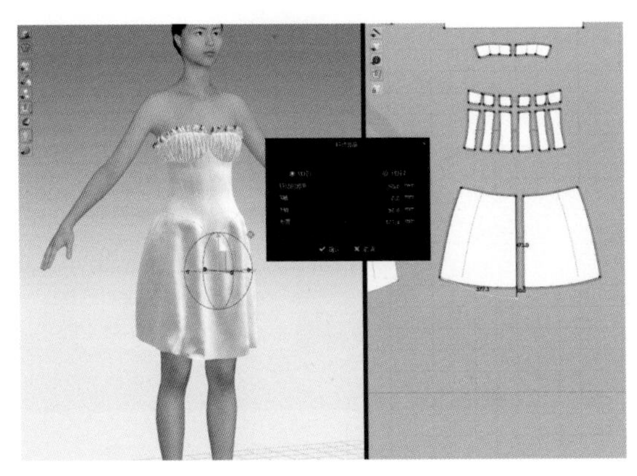

图5–2–52　调整裙长

（23）运用 “编辑板片”将侧缝线底边缘点位调整，扩大摆量（图5–2–53）。

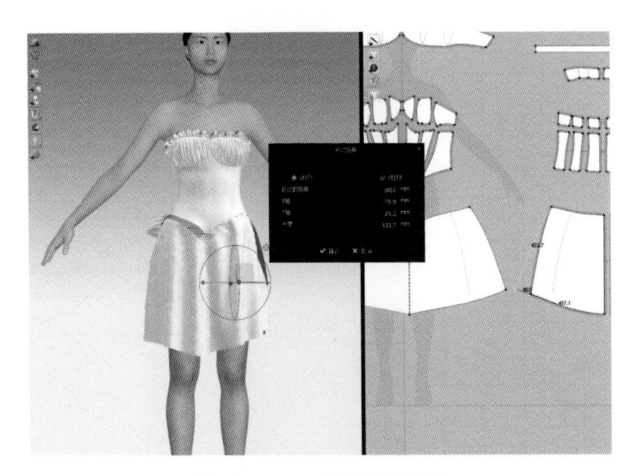

图5–2–53　调整裙摆量

五、材质设置

1.板片模拟

（1）在物体窗口中复制面料“FABRIC1”（图5–2–54）。

图5–2–54　复制织物面料

（2）将抹胸及飞边板片应用于“FABRIC1 Copy1”，方便调整设置（图5–2–55）。

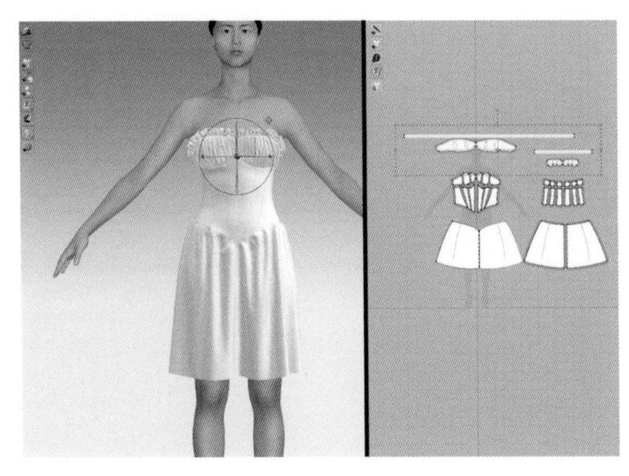

图5–2–55　设置面料于抹胸及飞边

（3）将“FABRIC1”设置物理属性，参照“Silk_Organza”织物（图5-2-56）。

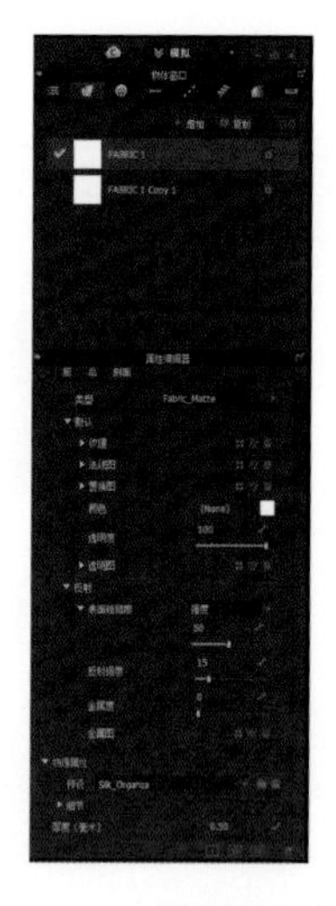

图5-2-56 设置织物属性

（4）在2D窗口，选择裙片，在属性编辑器中设置粒子间距为“10”（图5-2-57）。

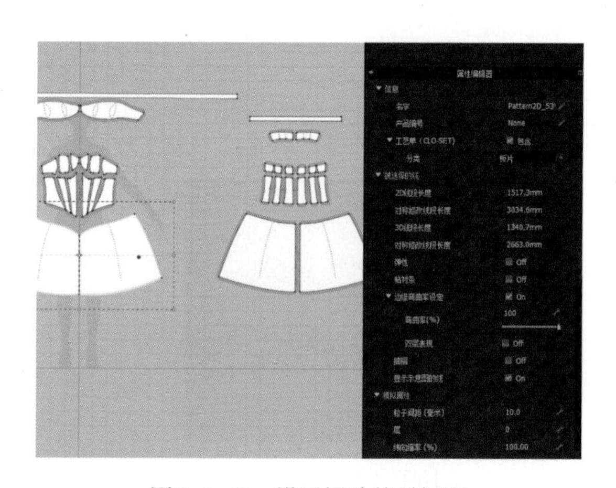

图5-2-57 设置裙片粒子间距

（5）设置裙片上边缘弹性值，参考数值“50”左右（图5-2-58）。

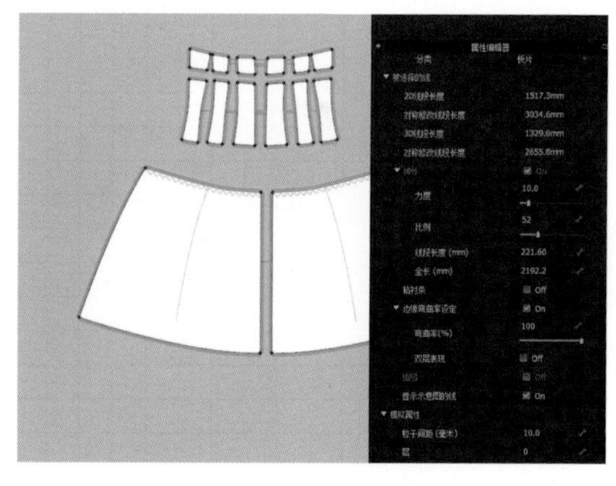

图5-2-58 设置裙片上边缘弹性值

（6）选中裙片板片，右键选择“克隆层（内侧）”（图5-2-59）。

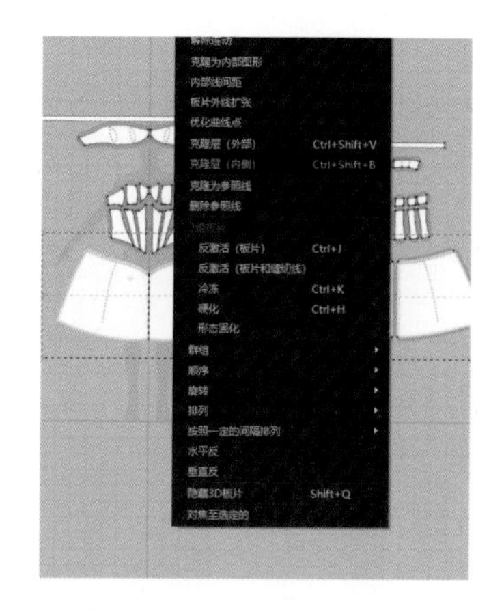

图5-2-59 克隆裙片板片

（7）将内层板片缝合于外层裙片，仅缝合腰节线与侧缝（图5-2-60）。

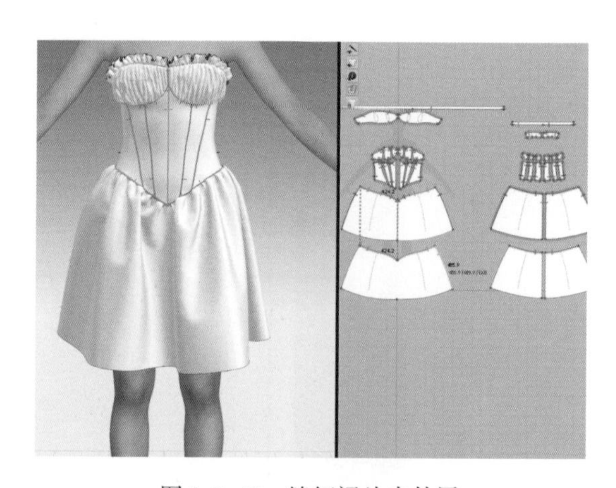

图5-2-60 缝纫裙片内外层

2. 花型设置

（1）设置“FABRIC1 Copy1”颜色，参考色值“#27272A”（图5-2-61）。

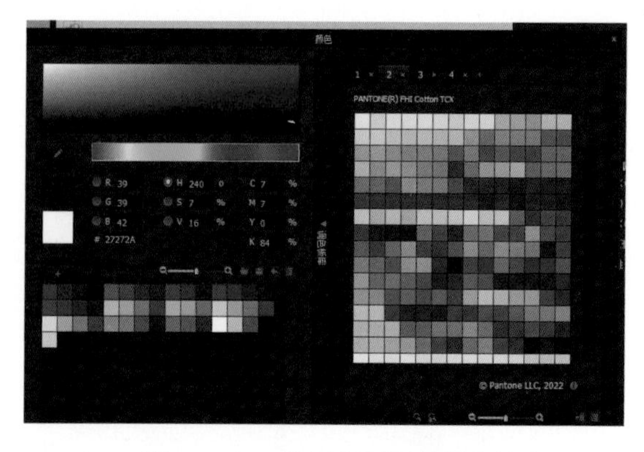

图5-2-61 设置复制面料颜色信息

（2）选择“FABRIC1”，选择纹理的“打开纹理编辑器”，增加两款织物花型，底纹为面料肌理，上方为提花图案（图5-2-62）。

图5-2-62　设置织物贴图

（3）设置提花图案的冲淡颜色，影子强度“-18”，影子亮度“6”（图5-2-63）。

图5-2-63　设置提花图案的冲淡颜色

（4）设置“FABRIC1”的法线图、置换图及表面粗糙度（图5-2-64）。

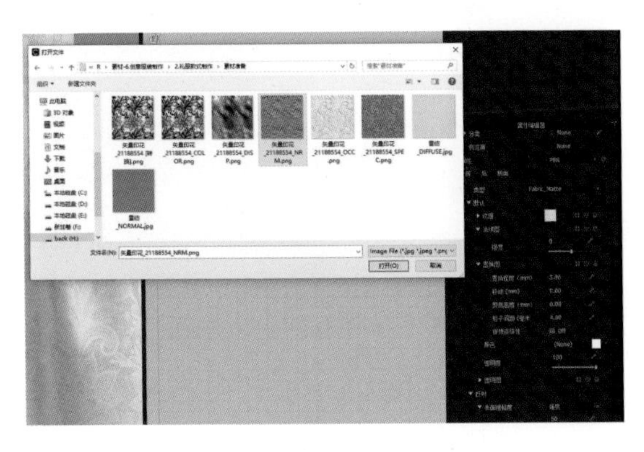

图5-2-64　设置织物图案信息

（5）调整“FABRIC1”的转换，将纹理图、法线图、置换图、表面粗糙度固定比例，均为“150”（图5-2-65）。

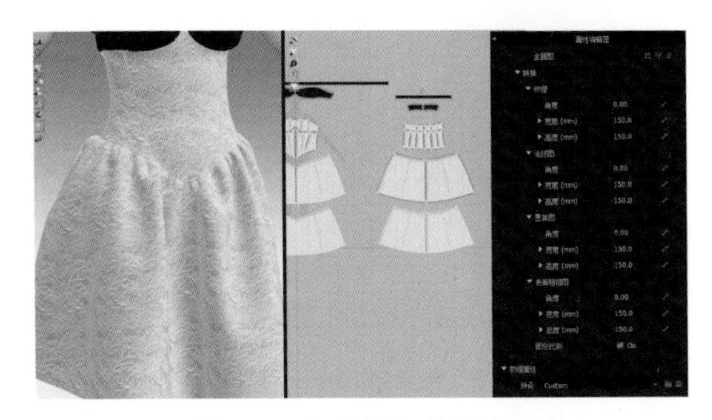

图5-2-65　调整织物图案信息

（6）在3D窗口，运用“编辑纹理（3D）”调整抹胸部分的图案对格处理（图5-2-66）。

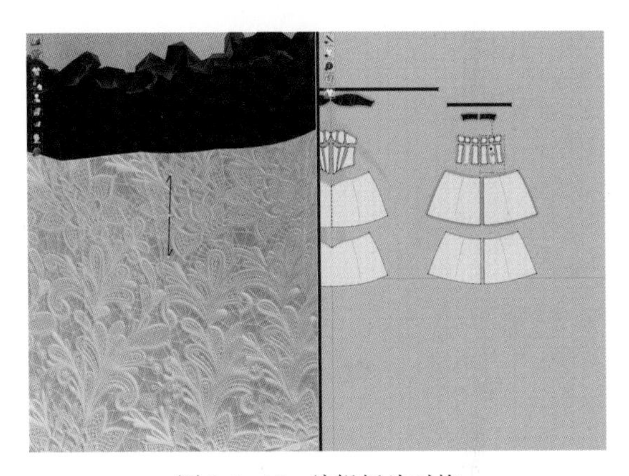

图5-2-66　编辑板片对格

（7）设置“FABRIC1”的颜色，参考“FABRIC1 Copy1”的颜色（图5-2-67）。

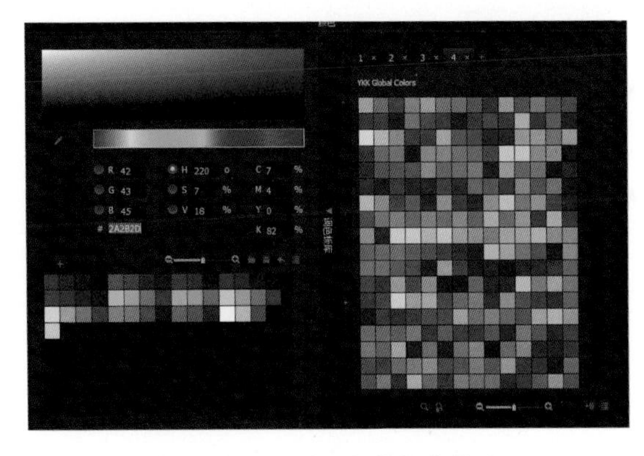

图5-2-67　设置织物颜色信息

（8）查看织物颜色及织物纹理效果（图5-2-68）。

图5-2-68　查看织物纹理效果

（9）在物体窗口中选择明线样式，调整线的粗细为0.5mm或根据需求调整（图5-2-69）。

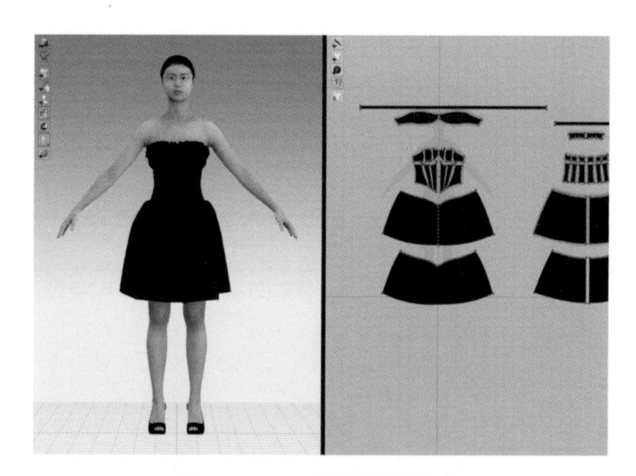

图5-2-69　设置明线样式

（10）调整明线颜色，颜色与面料颜色相近，可略浅（图5-2-70）。

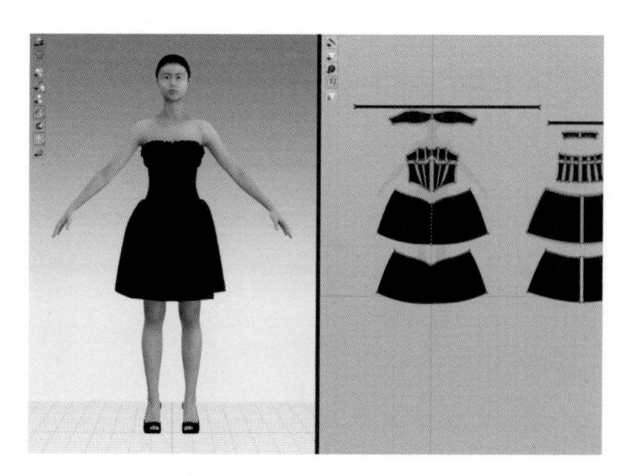

图5-2-70　调整明线颜色

（11）运用"线段明线"设置板片上明线的位置（图5-2-71）。

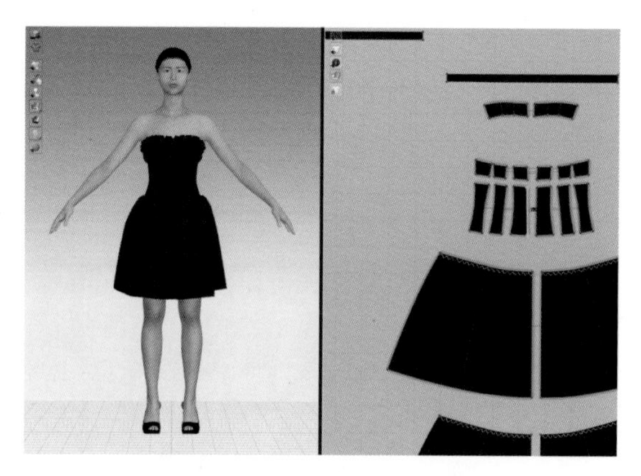

图5-2-71　设置明线位置

（12）查看明线设置效果，可根据实际效果调整（图5-2-72）。

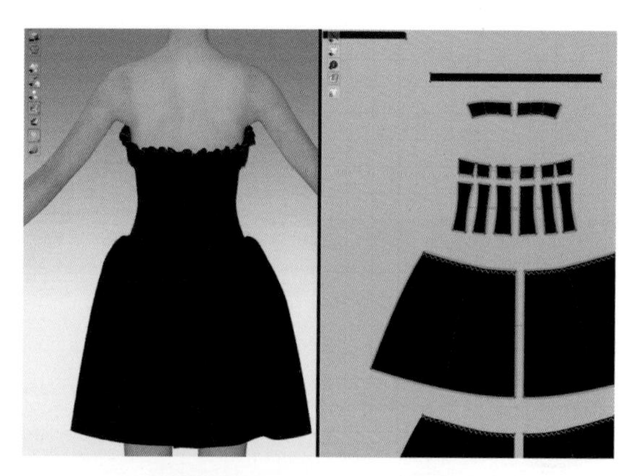

图5-2-72　调整明线效果

3.齐色制作

（1）切换右上角视窗为"齐色"视窗（图5-2-73）。

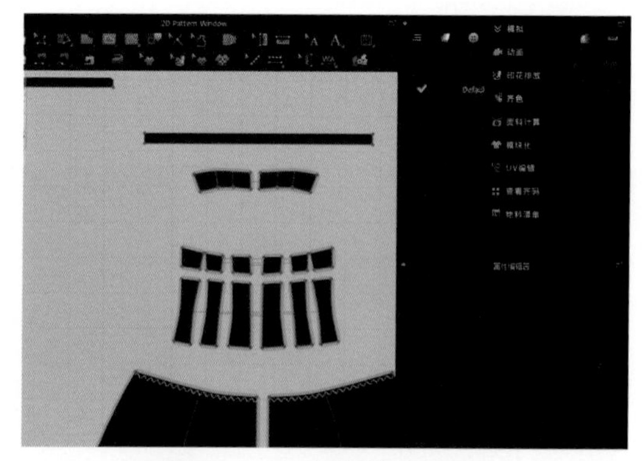

图5-2-73　切换齐色视窗

（2）在齐色界面增加一款颜色（图5–2–74）。

图5–2–74　增加颜色款式

（3）在新增颜色款式，选择织物的颜色（图5–2–75）。

图5–2–75　选择新增款式颜色

（4）在属性编辑器中调整颜色，形成新的颜色配色（图5–2–76）。

图5–2–76　设置新配色

（5）新配色要求织物与明线颜色成系列即可（图5–2–77）。

图5–2–77　调整织物与明线

（6）可根据设计需求新增多款配色，此款设计为三色（图5–2–78）。

图5–2–78　设置第三款配色

（7）点击多款式编辑视窗的更新，可预览多色缩略图（图5–2–79）。

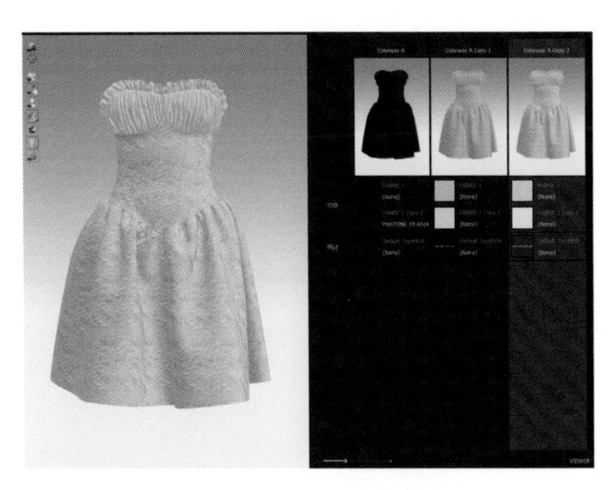

图5–2–79　更新齐色信息

六、成品效果展示（图5-2-80）

图5-2-80　成品效果展示

第三节　套装组合试衣

教学目标：

掌握套装穿着方法，完成一款套装组合试衣。

教学内容：

根据服装单品款式进行套装组合试穿。

教学要求：

通过本节课程，掌握套装的制作方法和套装的虚拟制作流程。

图5-3-1　套装款式图

一、文件准备

1. 准备款式图

准备男装三件套的款式图：男衬衫、男西裤、男西装。保证三款服装是同样的身体数据，方便进行套装穿着（图5-3-1）。

2. 准备项目文件

将原文件放置于同一目录，方便进行查看及选择，建议保留缩略图与原文件，方便对应查找（图5-3-2）。

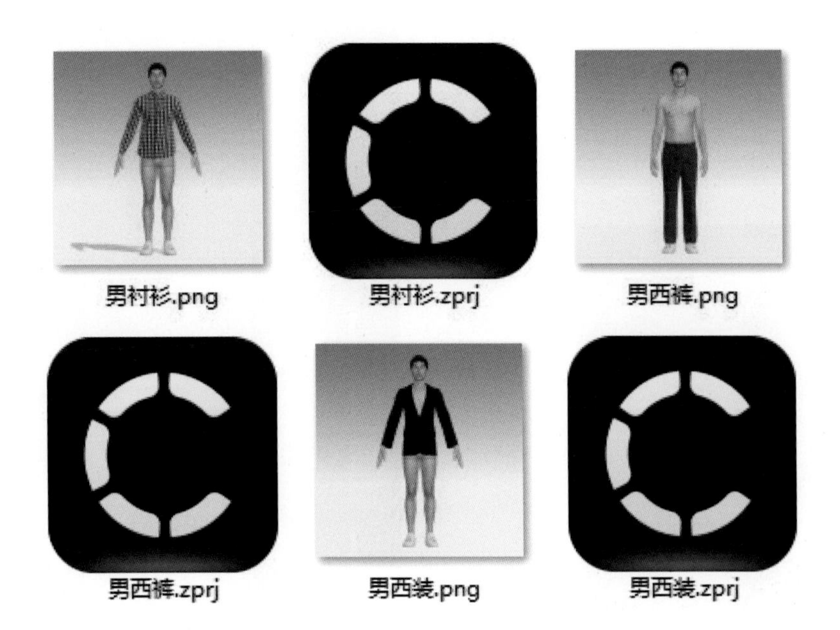

图5-3-2　套装款式文件

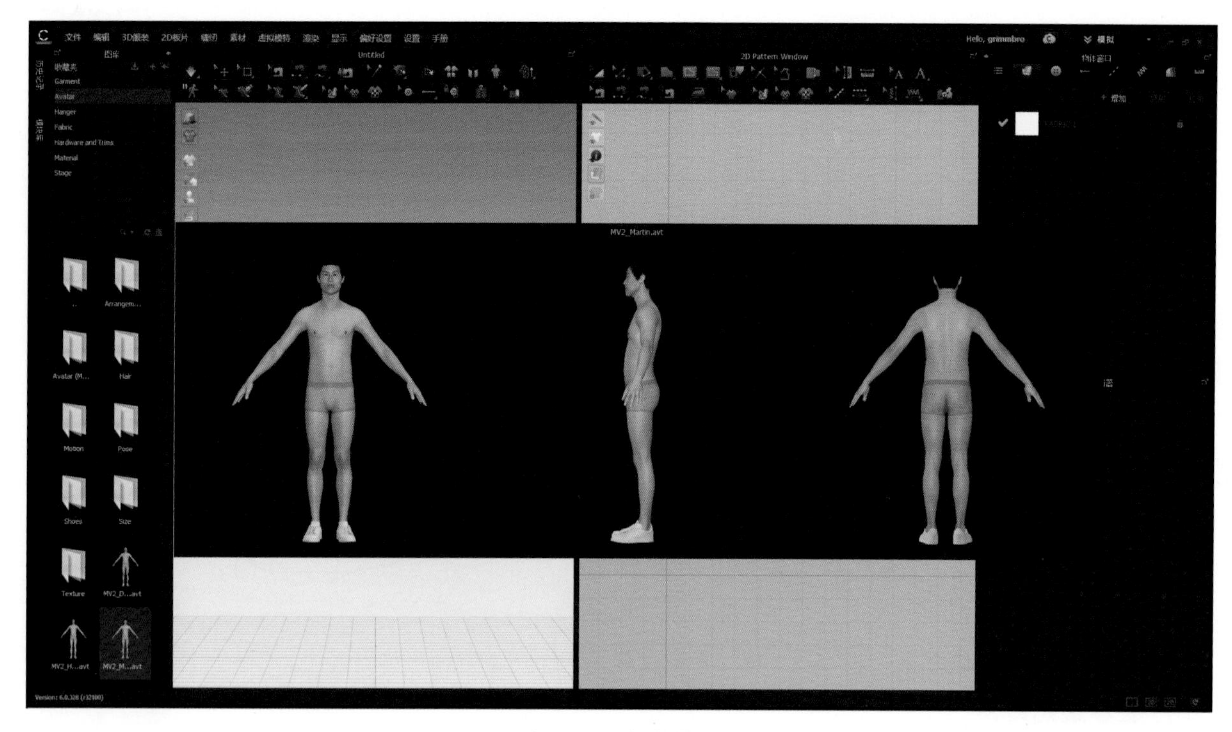

图5-3-3　加载模特

二、模特导入

1. 调取模特

在图库窗体下选择Avatar，双击鼠标左键打开Male_V2文件夹，再双击鼠标左键加载MV2_Martin模特（图5-3-3）。

2. 姿势调整

在Male_V2文件夹中打开pose文件夹，双击加载MV2_03_Attention动作（图5-3-4）。

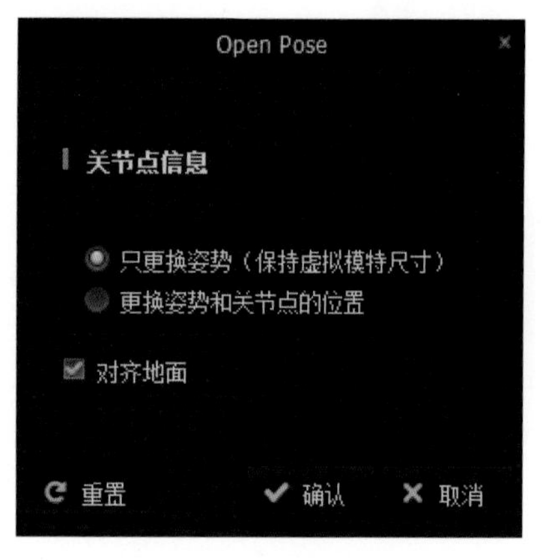

图5-3-4　调节模特姿势

三、款式组合

1. 单品导入

（1）在菜单栏中选择“文件→添加→项目”，导入项目文件（图5-3-5）。

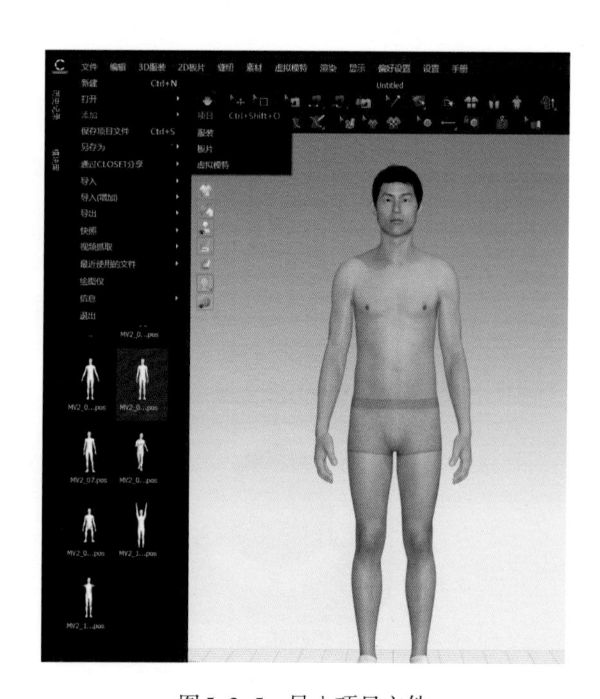

图5-3-5　导入项目文件

（2）项目文件导入，选择男西裤项目文件，缩略图用于确认文件内容（图5-3-6）。

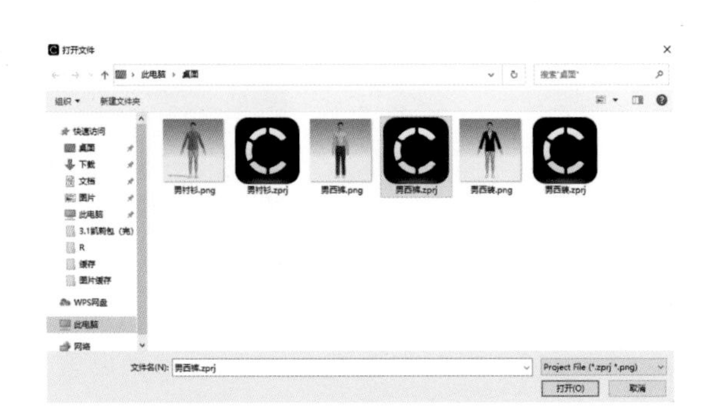

图5-3-6　导入男西裤项目

（3）添加项目文件窗口中选择“增加”，目标为“服装”，不选择“虚拟模特”（图5-3-7）。

图5-3-7　设置导入属性

（4）在打开姿势尺寸窗口中选择“否”，基于现有模特进行加载（图5-3-8）。

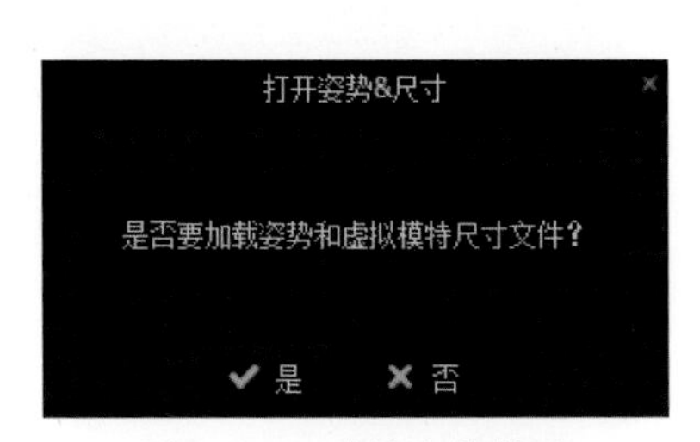

图5-3-8　确认姿势设置

2.项目组合

（1）在导入模拟稳定后，切换pose为MV2_02_Aforsize，窗口确认即可（图5-3-9）。

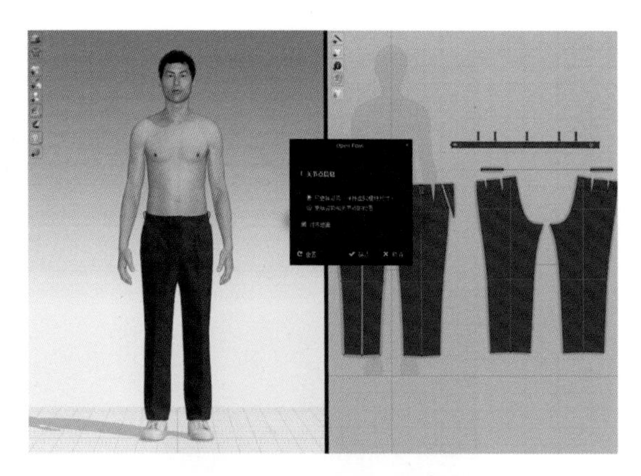

图5-3-9　切换模特姿势

（2）在菜单栏中选择“文件→添加→项目”，用于加载项目文件（图5-3-10）。

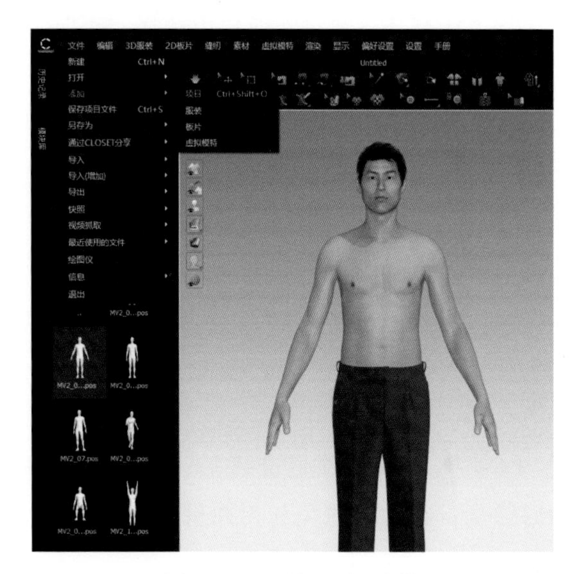

图5-3-10　导入项目文件

（3）项目文件导入，选择男衬衫项目文件，缩略图用于确认文件内容（图5-3-11）。

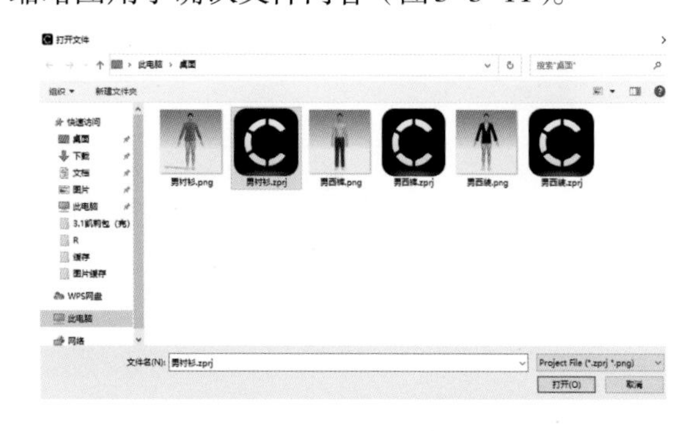

图5-3-11　导入男衬衫项目

（4）添加项目文件窗口中选择“增加”，目标为“服装”，不选择“虚拟模特”（图5-3-12）。

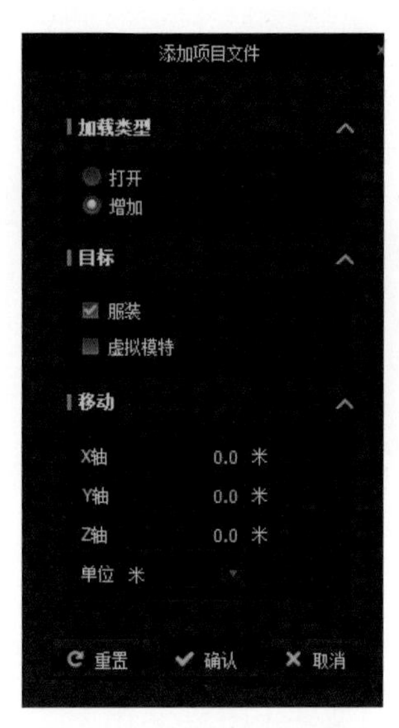

图5-3-12 确认项目属性

（5）在打开姿势尺寸窗口中选择“否”，基于现有模特进行组合（图5-3-13）。

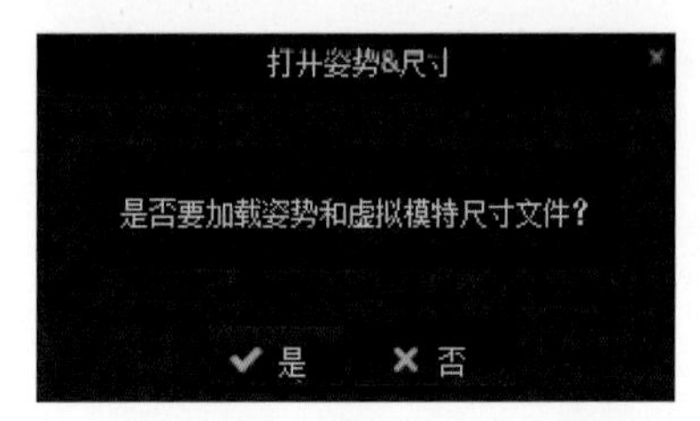

图5-3-13 确认模特姿势

（6）导入衬衫项目文件后，在2D窗口移动衬衫全部板片，避免与男西裤板片重叠（图5-3-14）。

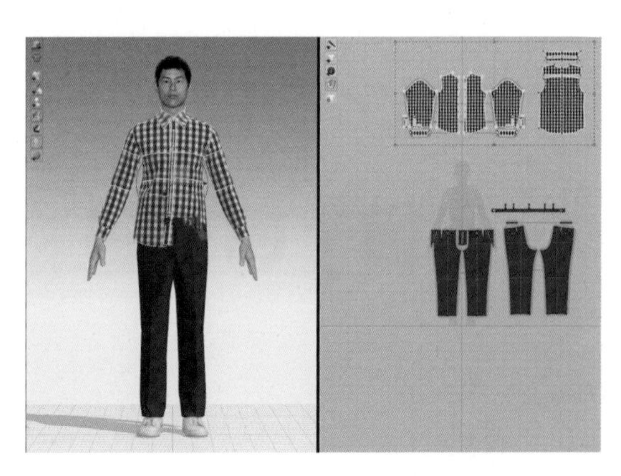

图5-3-14 调整2D板片位置

（7）选中衬衫板片，在属性编辑器中调整层为1，数字越小越靠近模特（图5-3-15）。

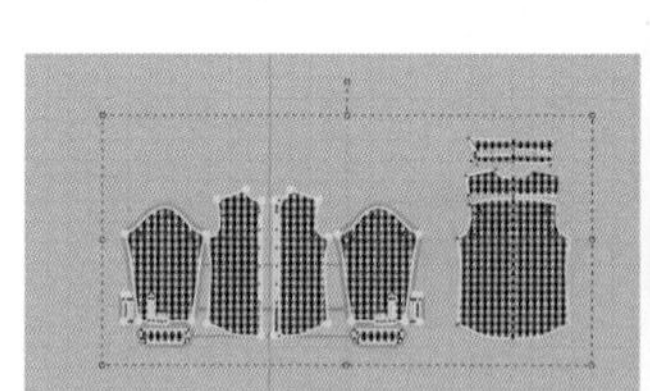
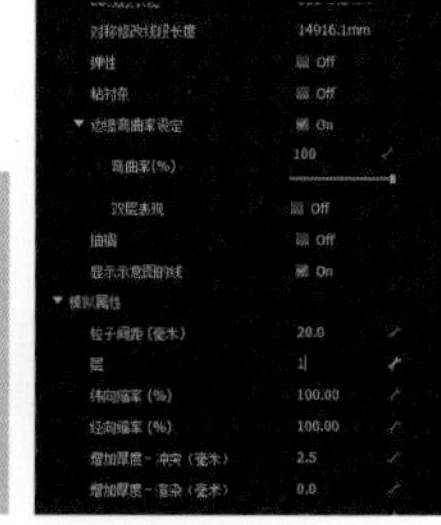

图5-3-15 设置衬衫板片层次

（8）在2D窗口中框选男西裤板片，设置层为“2”，用于包裹男衬衫（图5-3-16）。

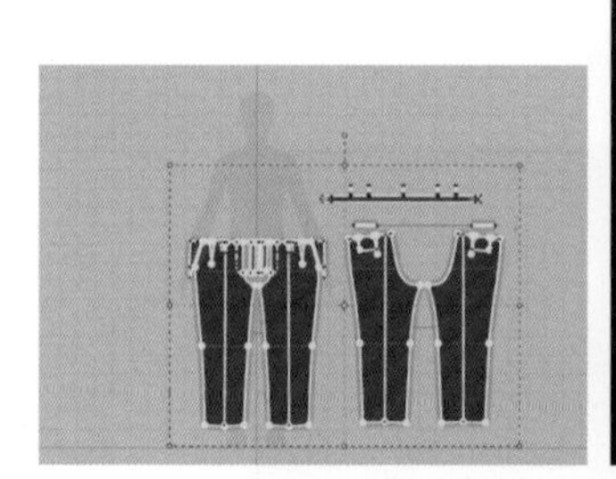
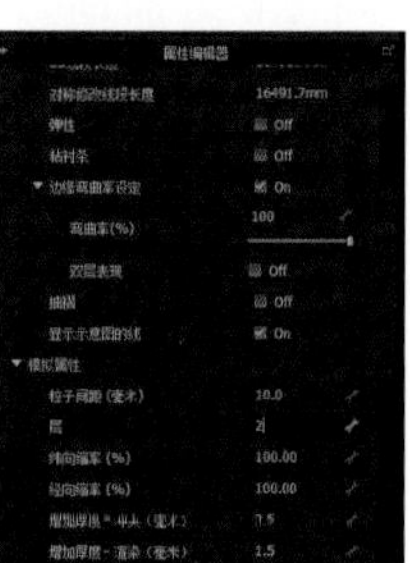

图5-3-16 设置男西裤板片层次

3. 多项目组合

（1）在3D窗口打开“模拟”，查看稳定模拟的男衬衫和男西裤项目文件（图5-3-17）。

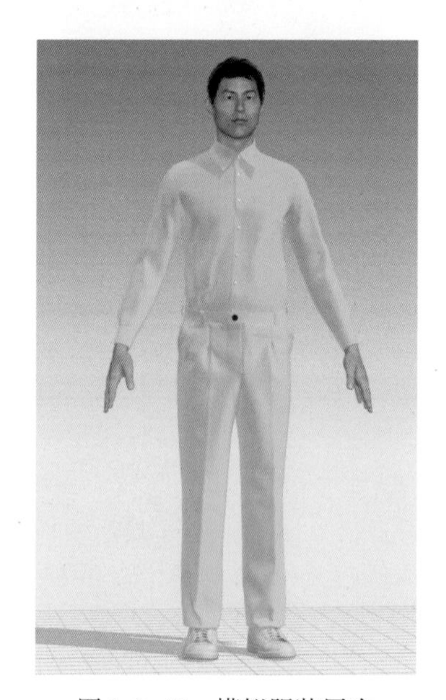

图5-3-17 模拟服装层次

（2）在菜单栏中选择“文件→添加→项目”，用于加载项目文件（图5-3-18）。

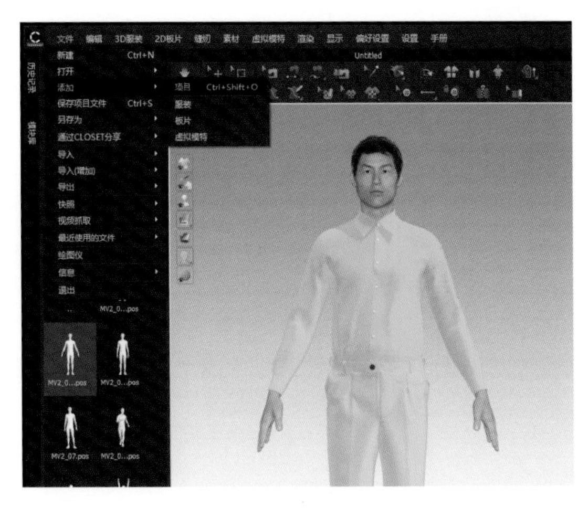

图5-3-18 导入项目文件

（3）项目文件导入，选择男西装项目文件，缩略图用于确认文件内容（图5-3-19）。

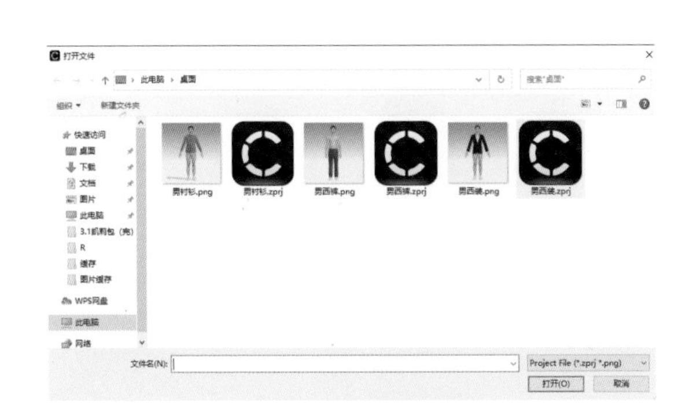

图5-3-19 导入西装项目

（4）添加项目文件窗口中选择“增加”，目标为“服装”，不选择“虚拟模特”（图5-3-20）。

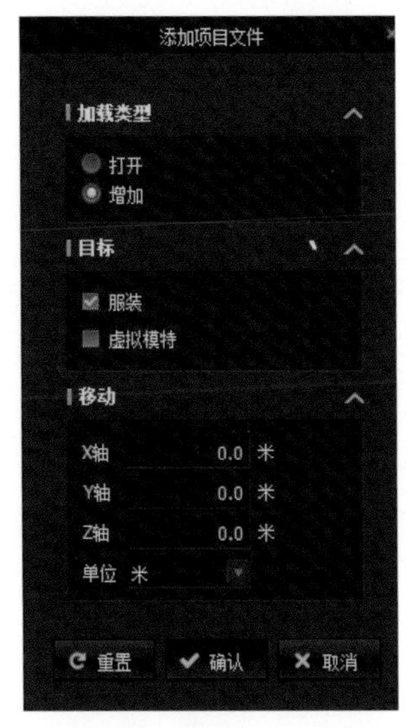

图5-3-20 确认项目属性

（5）在打开姿势尺寸窗口中选择“否”，基于现有模特进行组合（图5-3-21）。

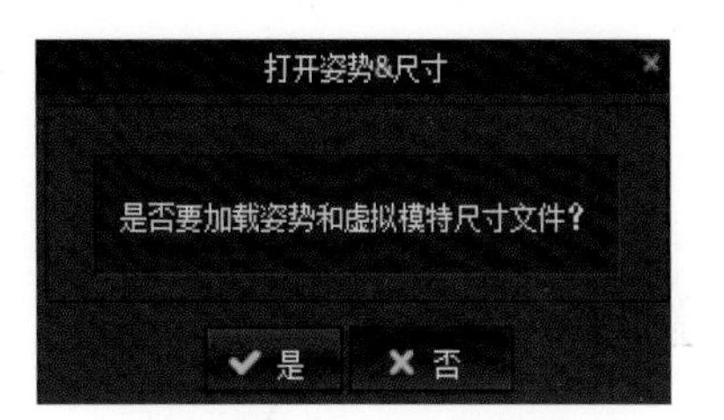

图5-3-21 确认模特姿势

（6）导入西装项目文件后，在2D窗口移动西装全部板片，避免与男西裤、男衬衫板片重叠（图5-3-22）。

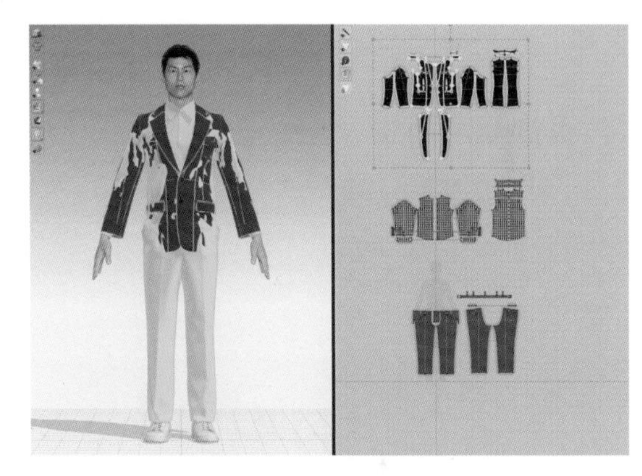

图5-3-22 调整2D板片位置

（7）选择男西装纽扣，在属性编辑器中将冲突调整为“Off”，以保证稳定性（图5-3-23）。

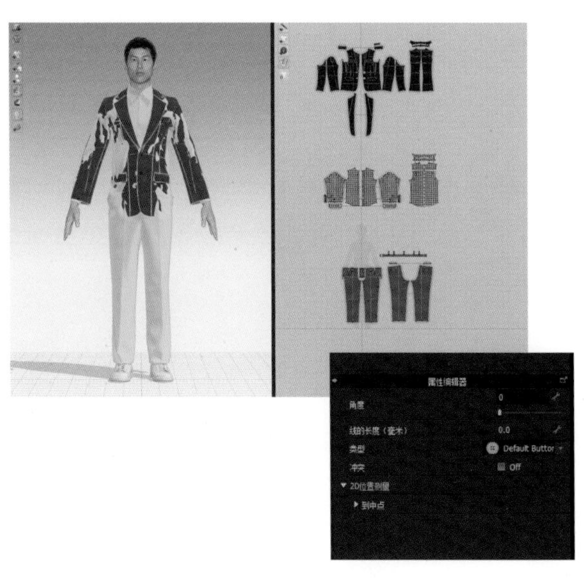

图5-3-23 调整纽扣属性

（8）选择全部男西装板片，在属性视窗中设置层为3（图5-3-24）。

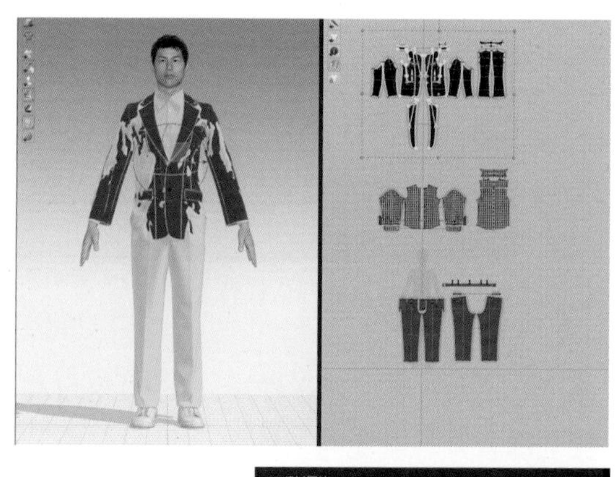

图5-3-24　设置西装层次

四、组合稳定调整

（1）运用"系纽扣"调整纽扣，以保证服装稳定性（图5-3-25）。

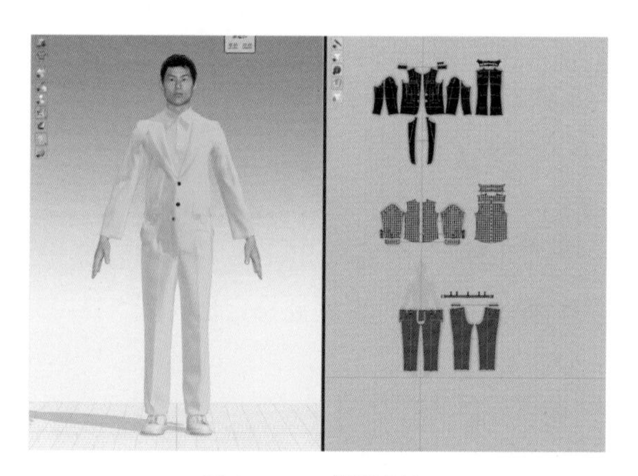

图5-3-25　调整纽扣

（2）由于提供的衬衫素材过于宽松，所以将男西装前门襟系纽扣关系解除（图5-3-26）。

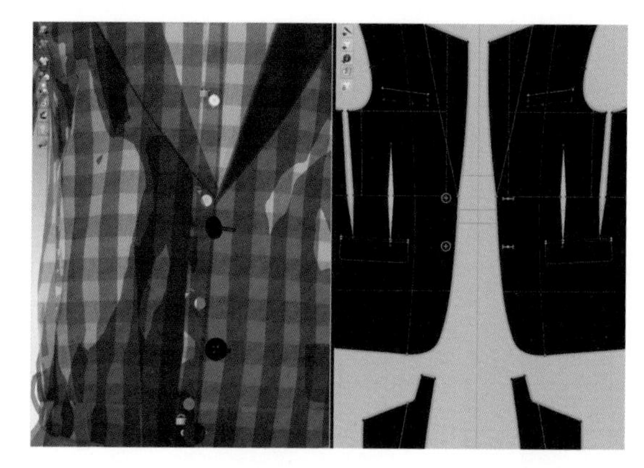

图5-3-26　设置纽扣关系

（3）打开"模拟"查看服装模拟关系（图5-3-27）。

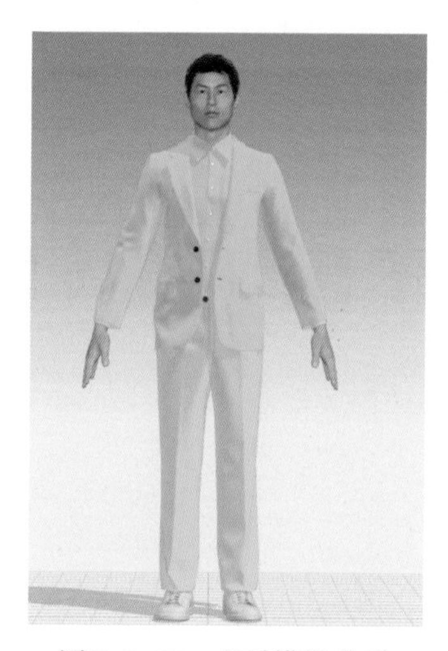

图5-3-27　查看模拟关系

（4）在模拟稳定无抖动后，全选所有板片，在属性编辑器中调整层为"0"，关闭层属性（图5-3-28）。

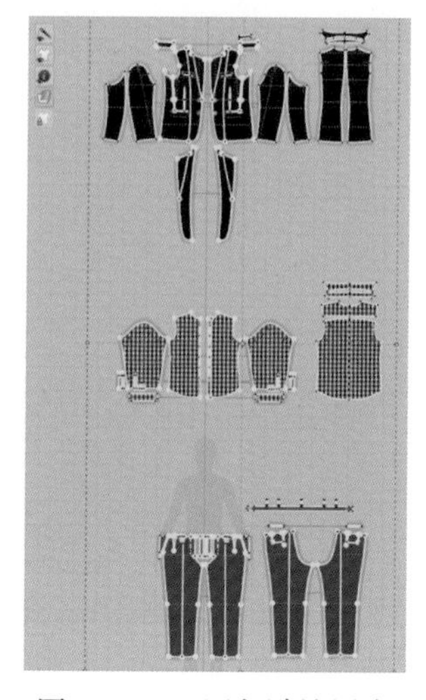

图5-3-28　回归默认层次

（5）再次打开 "模拟"，查看服装穿着稳定效果，模拟稳定后即可关闭模拟，套装组合穿着完成，保存项目（图5-3-29）。

图5-3-29　查看模拟效果

五、成品效果展示（图5-3-30）

图5-3-30　成品效果展示

第六章

3D服装综合应用

★ 连衣裙模块化设计

★ 外部模特导入与动态走秀

第一节　连衣裙模块化设计

教学目标：

掌握连衣裙模块化系统导入及板片模块设置。

教学内容：

根据连衣裙项目文件进行模块化导入设置。

教学要求：

通过本节课程，学习模块化导入操作，可以自定义添加其他零部件。

一、文件准备

1. 准备款式图

准备png格式款式图，要求透明背景，服装轮廓线为白色，可清晰分辨结构线（图6-1-1）。

图6-1-1　准备缩略图素材

2. 准备项目文件

准备已缝制好的项目文件，可以准备多个零部件或多个项目文件（图6-1-2）。

图6-1-2　准备模块化项目文件

二、模块化制作

1. 项目导入

（1）在菜单栏中选择“文件→打开”，选择已缝制好的项目文件（图6-1-3）。

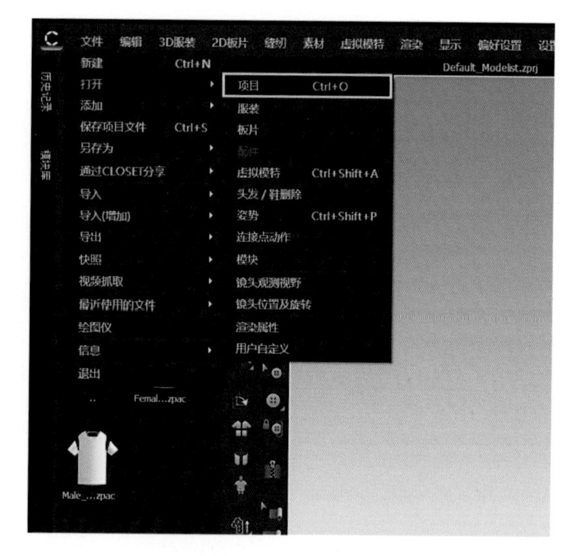

图6-1-3　打开项目文件

（2）检查板片数量，包含大身1份，领子3份，裙片2份，袖片2份，袖克夫1份（图6-1-4）。

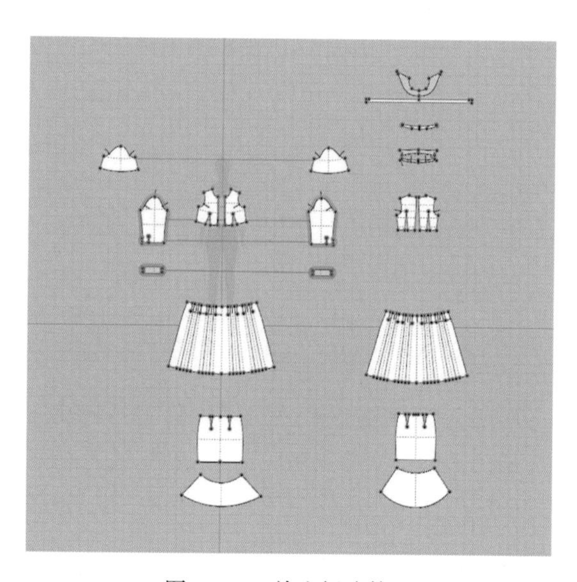

图6-1-4　检查板片数量

（3）框选板片，检查确认分别所属不同的织物，方便对应导入模块化使用（图6-1-5）。

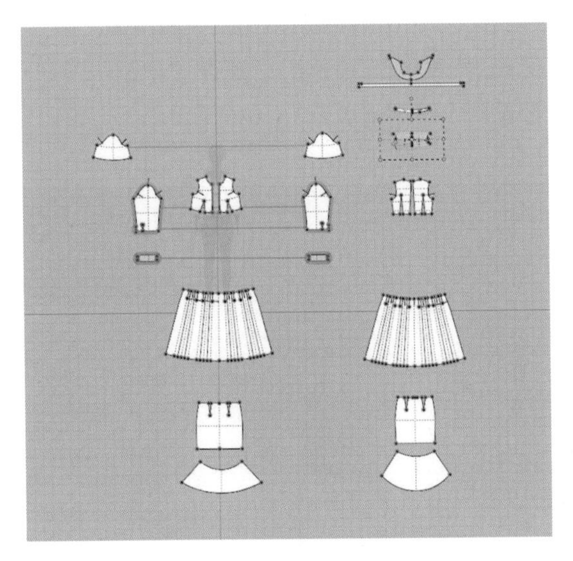

图6-1-5　确认板片与织物关系

2. 模块化设置

（1）在软件视窗右上角的下拉菜单中切换到“模块化”操作界面（图6-1-6）。

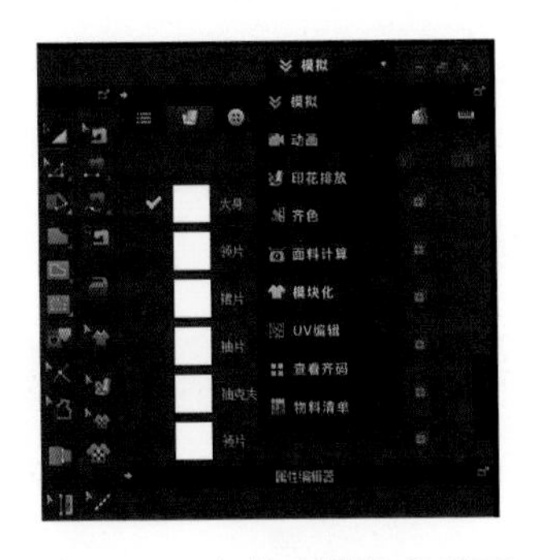

图6-1-6　切换到模块化界面

（2）选择“模块预设模板→Dresses→Waisted+模板”（图6-1-7）。

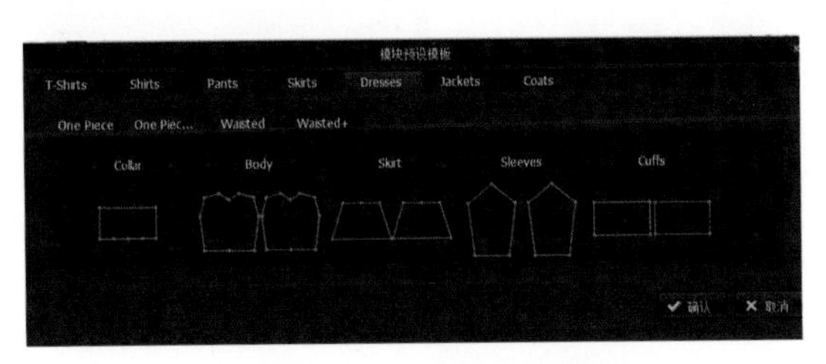

图6-1-7　选择合适模板

（3）运用■“调整板片”将大身样片置于Body模板框，移动后片模板框至无重叠（图6-1-8）。

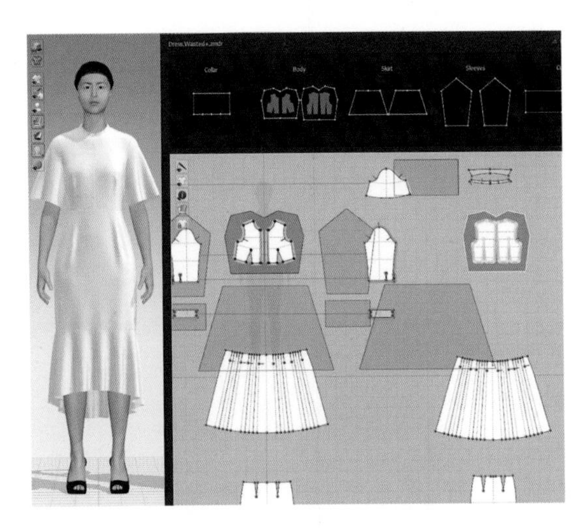

图6-1-8　调整大身板片与模板关系

（4）运用■“调整板片”移动袖片与袖开衩到对应的Sleeves模板框中，联动板片自动解除联动（图6-1-9）。

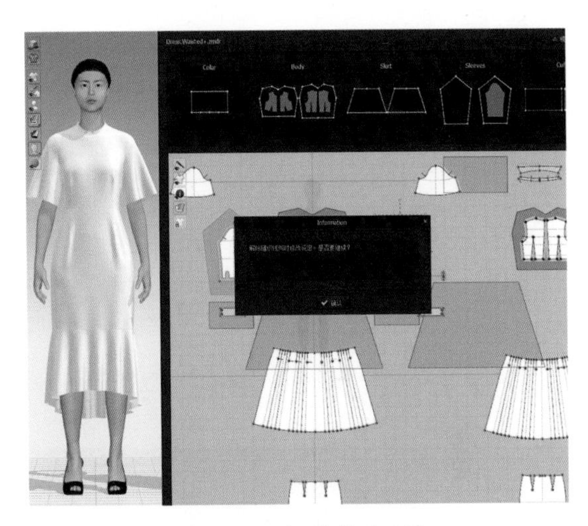

图6-1-9　切除联动确认

（5）运用■“调整板片”移动袖克夫到对应一侧的Cuffs模板框中，移动模板框至无重叠（图6-1-10）。

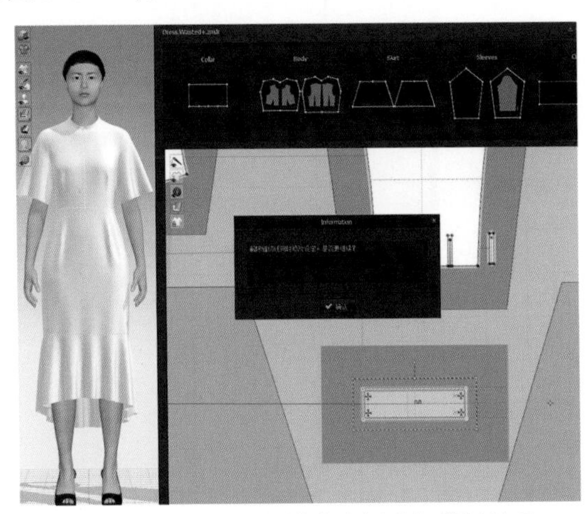

图6-1-10　调整袖克夫板片与模板关系

（6）运用“调整板片”移动裙片到Skirt模板框中，移动后片模板框至无重叠（图6-1-11）。

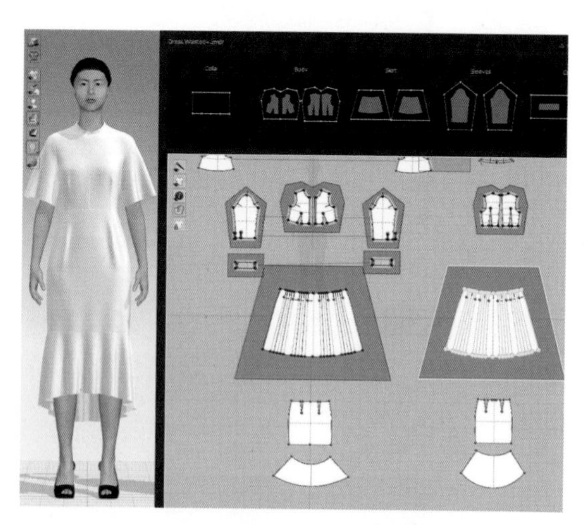

图6-1-11　调整裙片板片与模板关系

（7）运用“调整板片”移动领片到Collar模板框中，移动后片模板框至无重叠（图6-1-12）。

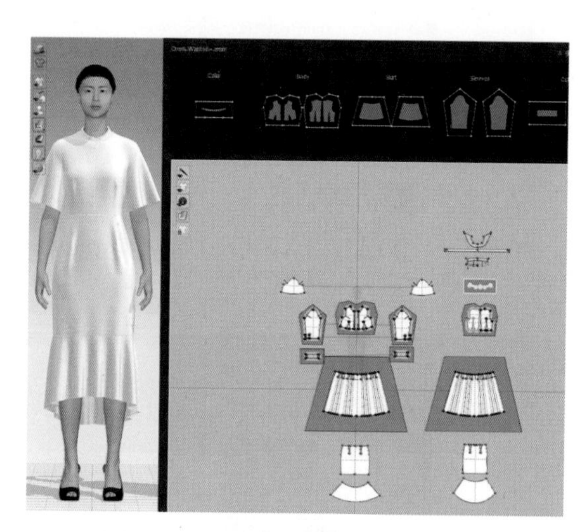

图6-1-12　调整领子板片与模板关系

3. 板片检查激活

（1）选择模板框中的裙片，在3D窗口中右键选择“激活”，其余裙片选择“反激活（板片和缝纫线）”（图6-1-13）。

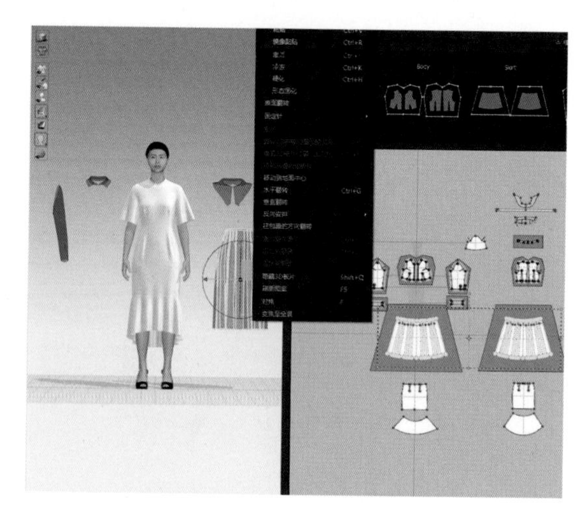

图6-1-13　激活模板内板片

（2）移动反激活的裙片到一侧，移动激活的裙片与模特位置，同样检查袖片及其他部位（图6-1-14）。

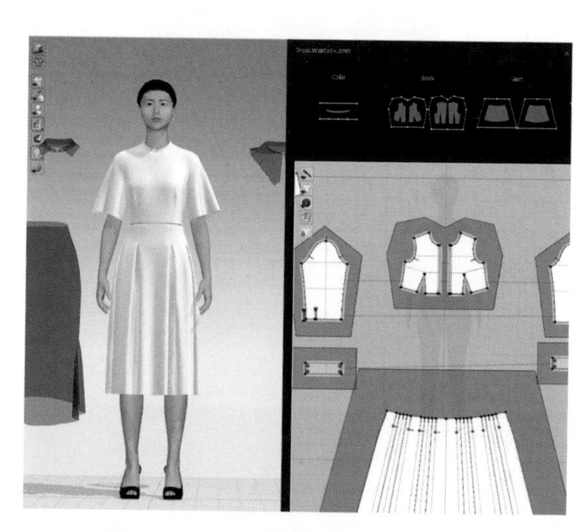

图6-1-14　调整模板内板片3D位置

4.模板框缝合设置

（1）运用“自由缝纫”将前片领弧线、肩线、袖窿、侧缝、腰节线缝合到模板框边线（图6-1-15）。

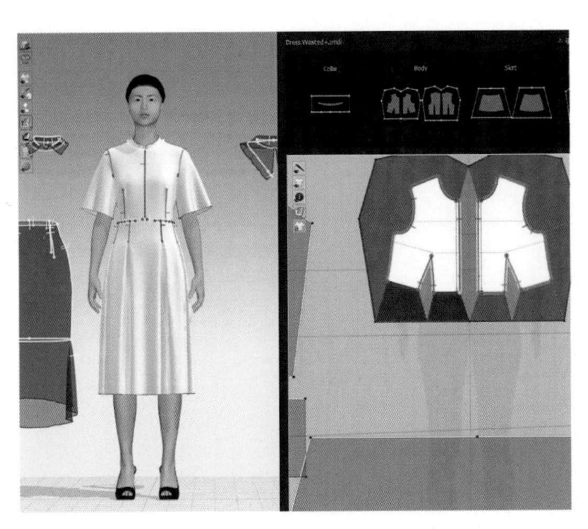

图6-1-15 设置模板与前片板片缝纫关系

（2）运用“自由缝纫”将后片领弧线、肩线、袖窿、侧缝、腰节线缝合到模板框边线（图6-1-16）。

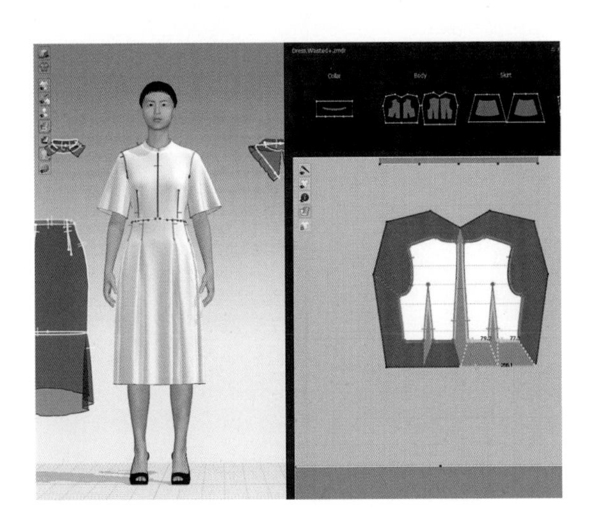

图6-1-16 设置模板与后片缝纫关系

（3）运用“自由缝纫”将领片的前、后领弧线对应缝合到模板框边线（图6-1-17）。

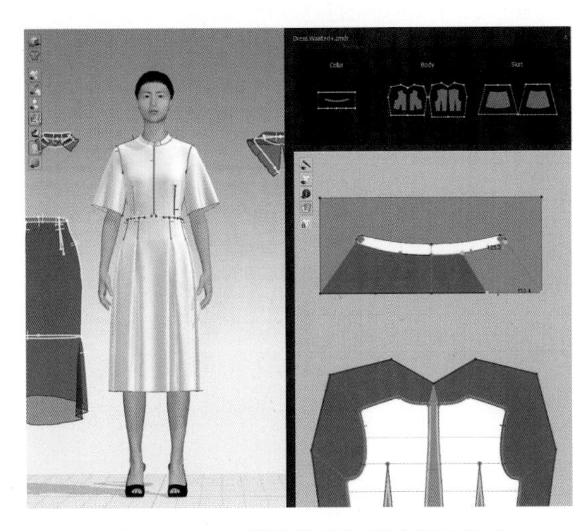

图6-1-17 设置模板与领片缝纫关系

（4）运用“自由缝纫”将裙片侧缝、腰节缝合到模板框边线，如有叠褶，只缝合单层（图6-1-18）。

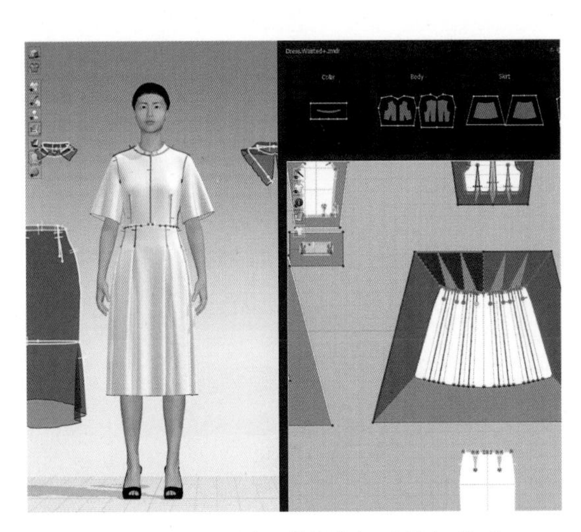

图6-1-18 设置模板与裙片缝纫关系

（5）运用"自由缝纫"将袖克夫缝合到模板框边线（图6-1-19）。

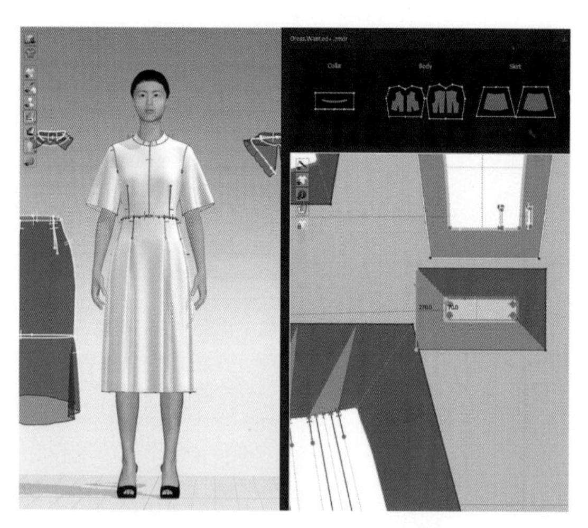

图6-1-19　设置模板与袖克夫缝纫关系

（6）运用"自由缝纫"将袖片缝合到模板框边线，注意叠褶及袖开衩位对应起止点（图6-1-20）。

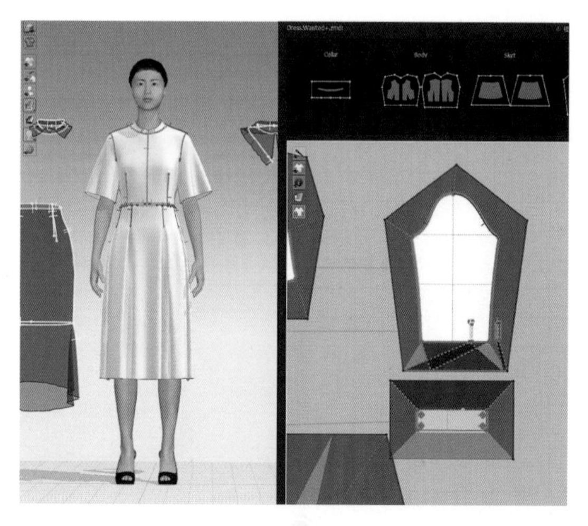

图6-1-20　设置模板与袖片袖开衩缝纫关系

三、服装模拟检查

1. 3D检查

（1）在3D窗口中，打开"显示内部线"、"显示基础线"、"显示3D笔"、"显示缝纫线"等，查看板片与缝纫线（图6-1-21）。

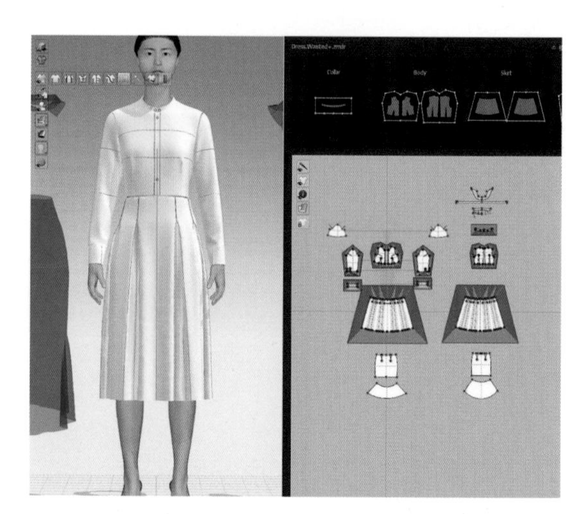

图6-1-21　打开3D显示开关

（2）在3D窗口中，打开"模拟"，查看服装穿着效果，以稳定无抖动为准（图6-1-22）。

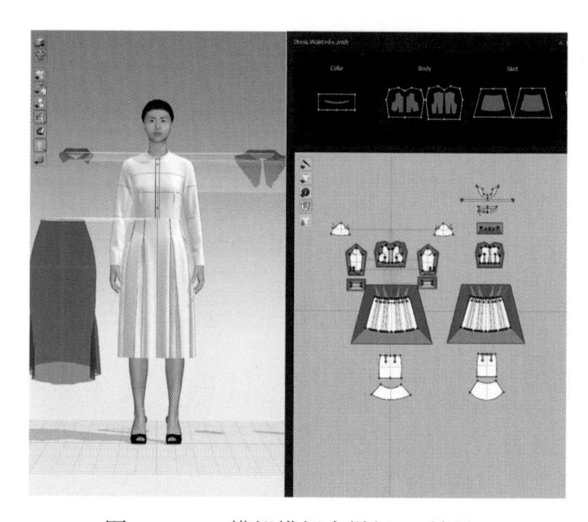

图6-1-22　模拟模板内样板3D效果

2. 模块化存档

（1）点击任一模块化零部件“保存”图标，建议选择系统默认目录，可根据需要创建子文件夹（图6-1-23）。

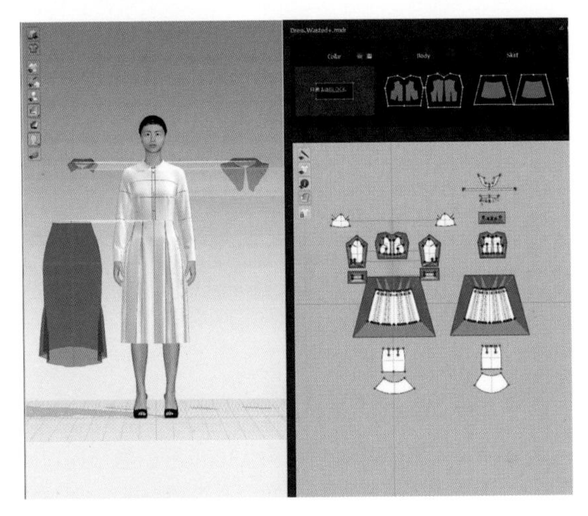

图6-1-23 保存缝合好的模块

（2）此次以Collar板片为例，保存时名字无重复，命名Collar1，缩略图使用模块文件的缩略图（图6-1-24）。

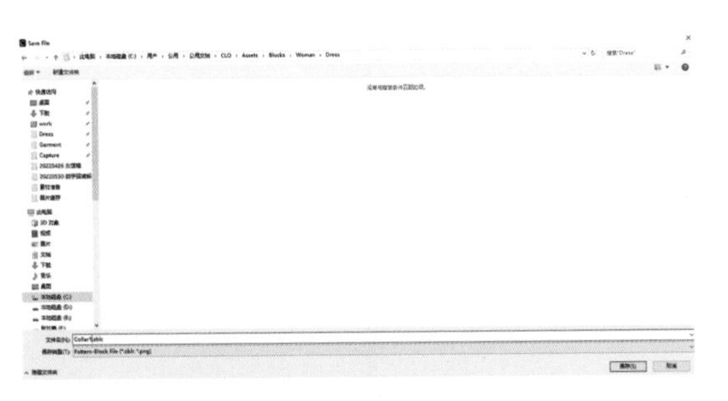

图6-1-24 保存领片模块

（3）Modularstructure缩略图为此模块化款式主图，选择素材中的png格式图片即可（图6-1-25）。

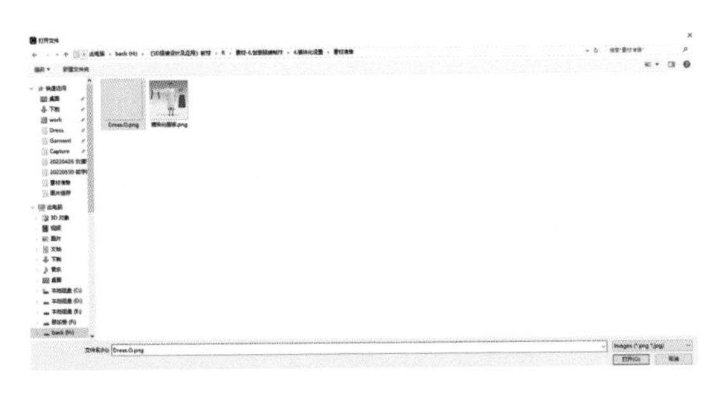

图6-1-25 选择模块主图

（4）Body、Skirt、Sleeves、Cuffs模块均按Collar模块方式保存（图6-1-26）。

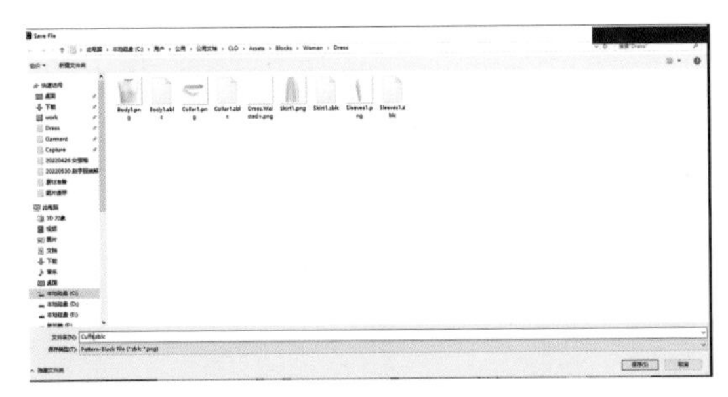

图6-1-26 保存其余板片模块

四、模块化替换

1. 板片清除

（1）在保存后选择Collar、Skirt、Sleeves、Cuffs的板片并进行删除（图6-1-27）。

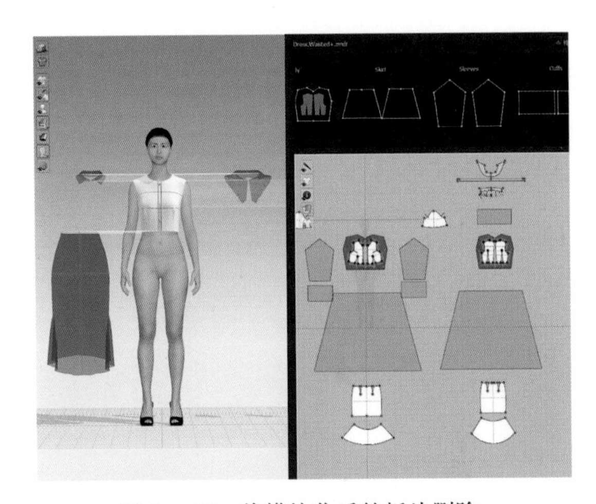

图6-1-27 将模块化后的板片删除

（2）在2D窗口中移动第二款裙片至Skirt模板框中进行模板框链接（图6-1-28）。

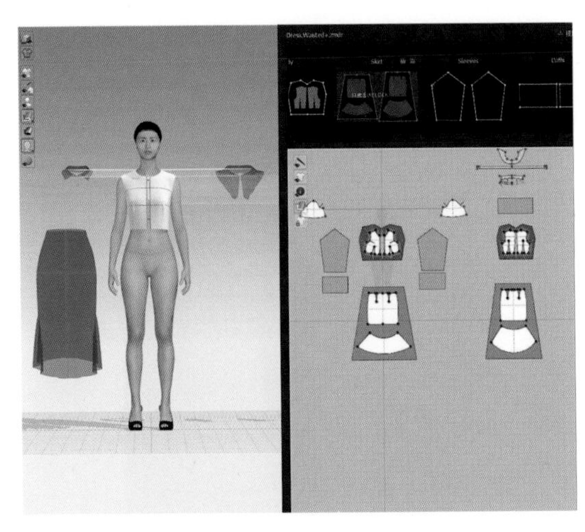

图6-1-28 调整裙子板片与模板关系

（3）在2D窗口中移动第二款袖片至Sleeves模板框中进行模板框链接（图6-1-29）。

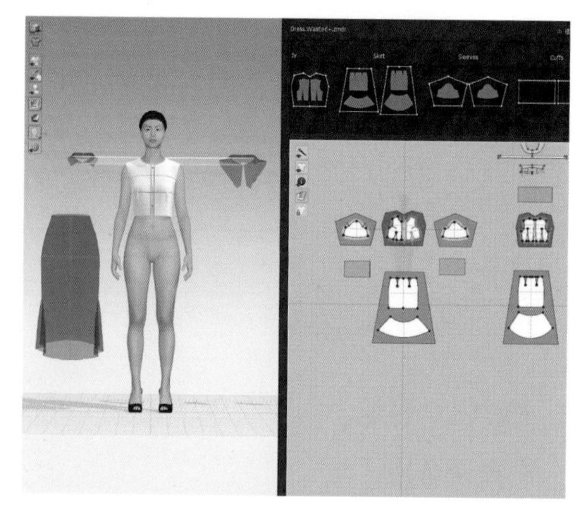

图6-1-29　调整袖子板片与模板关系

（4）在2D窗口中移动第二款领片至Collar模板框中进行模板框链接（图6-1-30）。

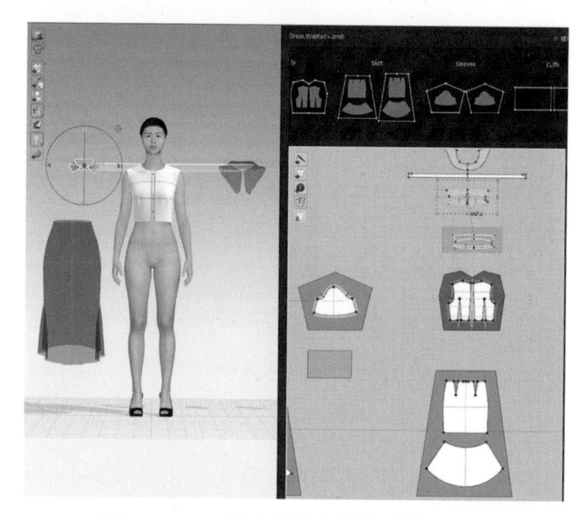

图6-1-30　调整领子板片与模板关系

（5）在3D窗口中将大身板片进行冷冻，保证缝合位置无偏差（图6-1-31）。

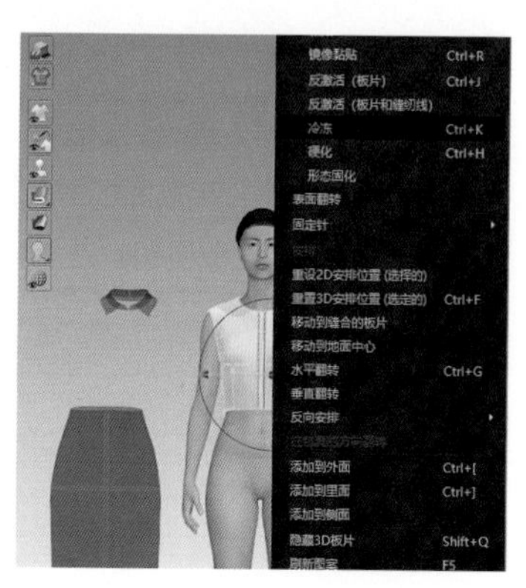

图6-1-31　冷冻大身板片位置

（6）运用“选择/移动”在3D窗口中将袖片移动到胳膊位置并进行激活（图6-1-32）。

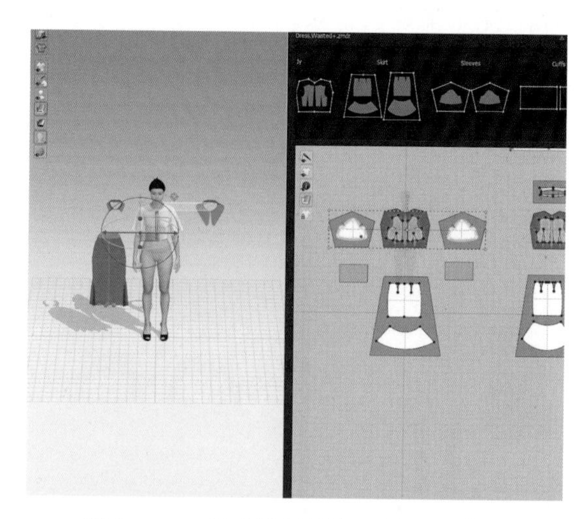

图6-1-32　移动袖子板片3D位置后激活

（7）在3D窗口，将裙片移动到臀围位置并进行激活（图6-1-33）。

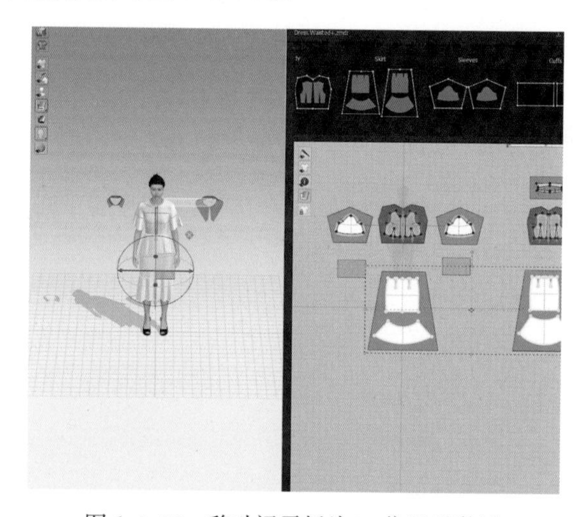

图6-1-33　移动裙子板片3D位置后激活

（8）在3D窗口，将领片移动到颈根围位置并进行激活（图6-1-34）。

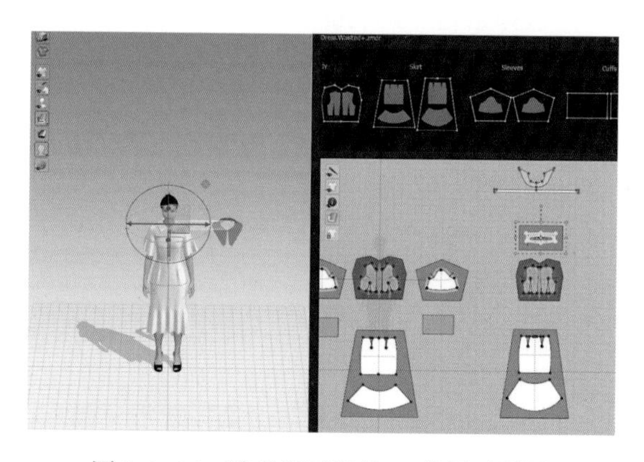

图6-1-34　移动领子板片3D位置后激活

2. 替换板片缝合及保存

（1）运用 “自由缝纫”将领片的前、后领弧线对应缝合到模板框边线（图6-1-35）。

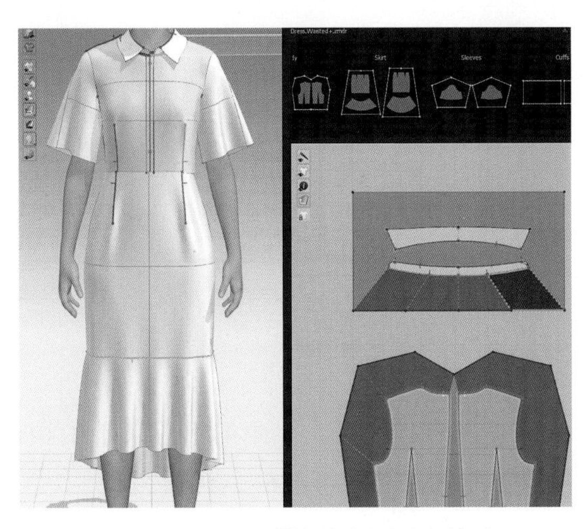

图6-1-35　设置模板与领子缝纫关系

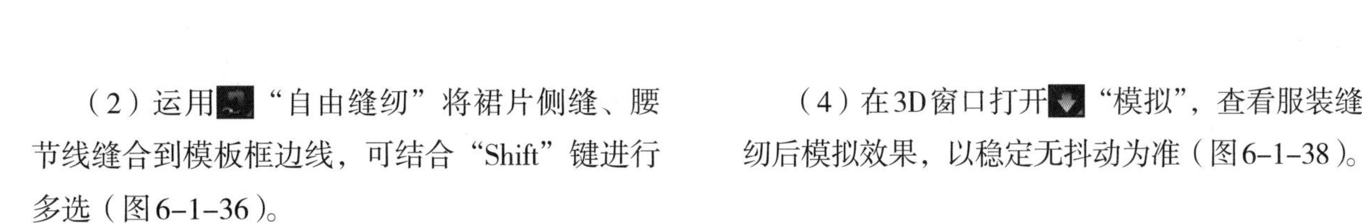

（2）运用 “自由缝纫”将裙片侧缝、腰节线缝合到模板框边线，可结合“Shift”键进行多选（图6-1-36）。

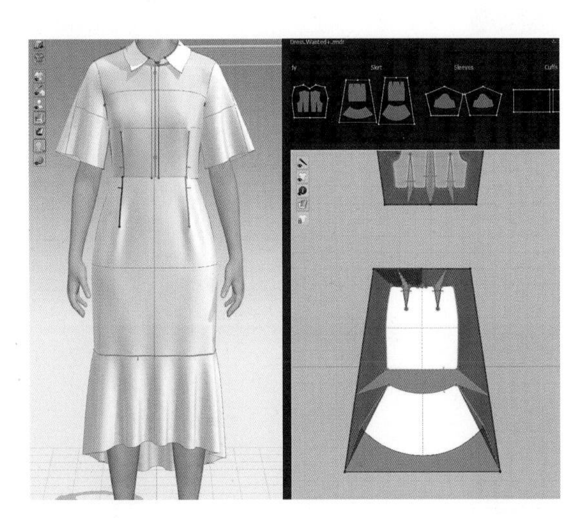

图6-1-36　设置模板与裙子缝纫关系

（3）运用 “自由缝纫”将袖片袖缝及袖山线缝合到模板框边线（图6-1-37）。

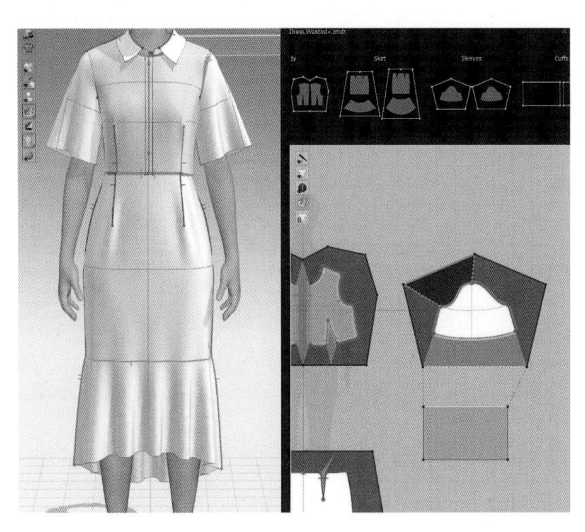

图6-1-37　设置模板与袖子缝纫关系

（4）在3D窗口打开 “模拟”，查看服装缝纫后模拟效果，以稳定无抖动为准（图6-1-38）。

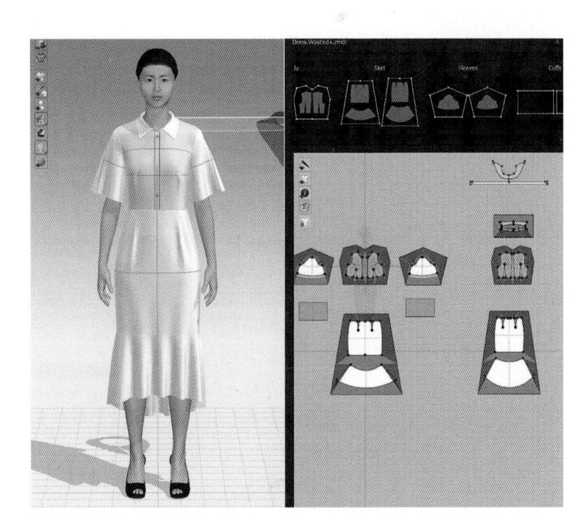

图6-1-38　模拟模板内样板3D效果

（5）保存Collar板片，命名时与之前名称区分（图6–1–39）。

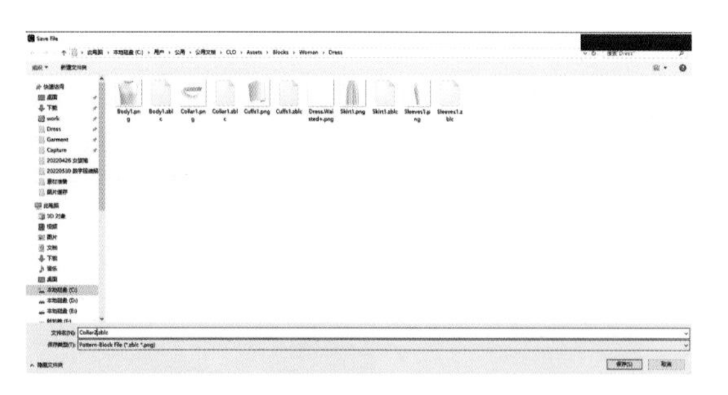

图6–1–39　保存缝合好的领子模块

（6）保存Skirt板片，命名时与之前名称区分（图6–1–40）。

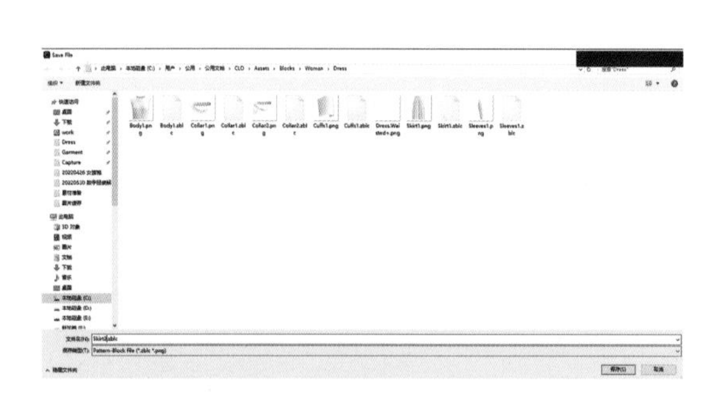

图6–1–40　保存缝合好的裙子模块

（7）保存Sleeves板片，命名时与之前名称区分（图6–1–41）。

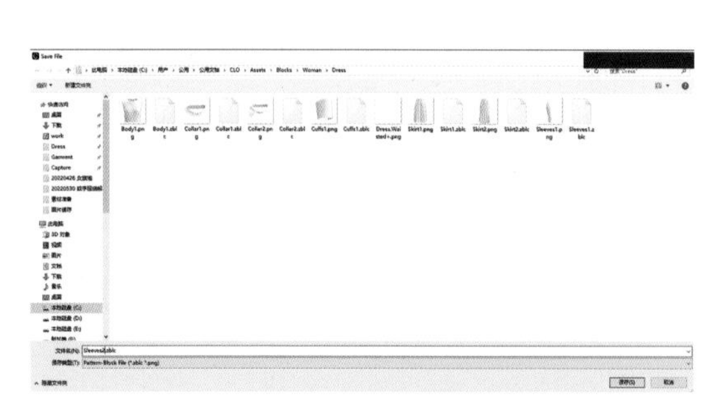

图6–1–41　保存缝合好的袖子模块

（8）如前，替换第三款领片进行缝合并保存模块（图6–1–42）。

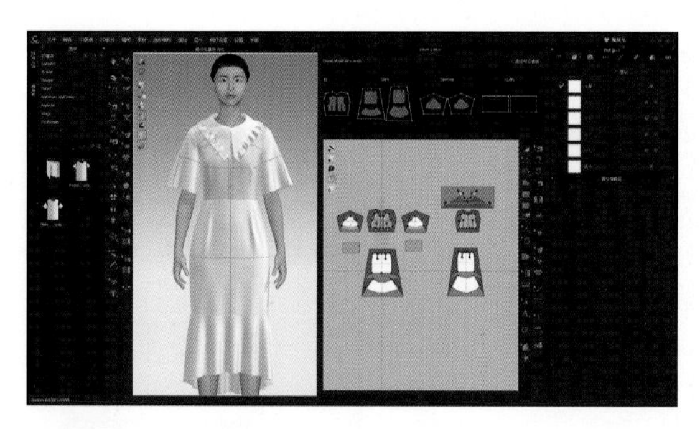

图6–1–42　保存模块

五、模块化应用

（1）在软件视窗右上角的下拉菜单中切换到“模拟”操作界面（图6–1–43）。

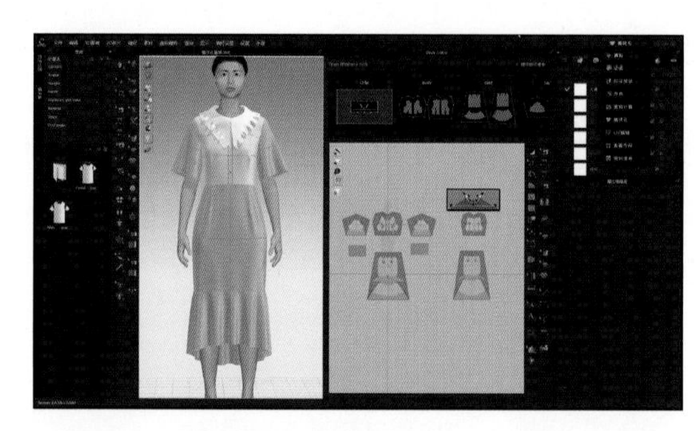

图6–1–43　切换软件操作界面

（2）在“菜单栏→文件→新建”，清空操作区文件，不用保存文件（图6–1–44）。

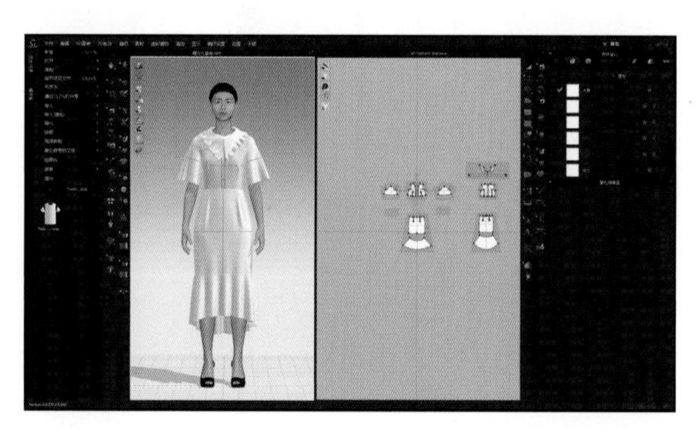

图6–1–44　清空操作区文件

（3）在“图库”左侧打开“模块化”列表，选择“woman”→“dress”（图6-1-45）。

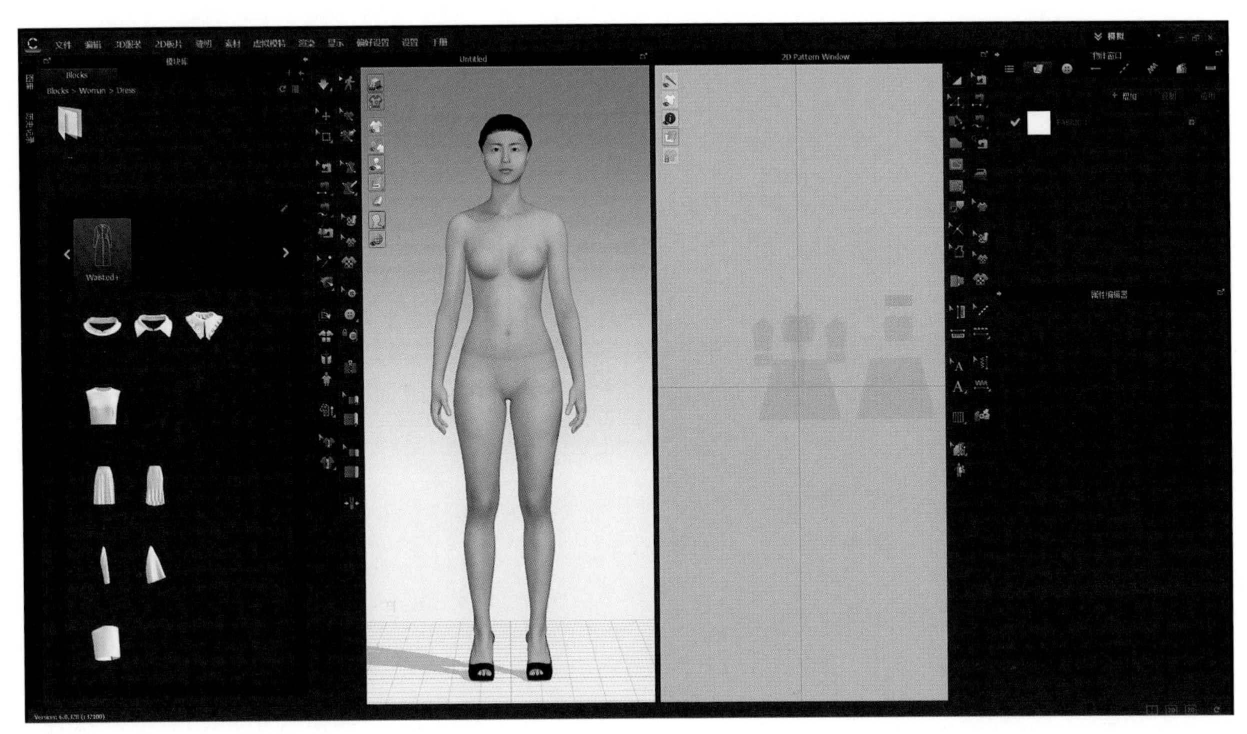

图6-1-45　选择建立的模块

（4）打开模块化“waisted+”，即可任意组合模块板片，可模拟查看效果（图6-1-46）。

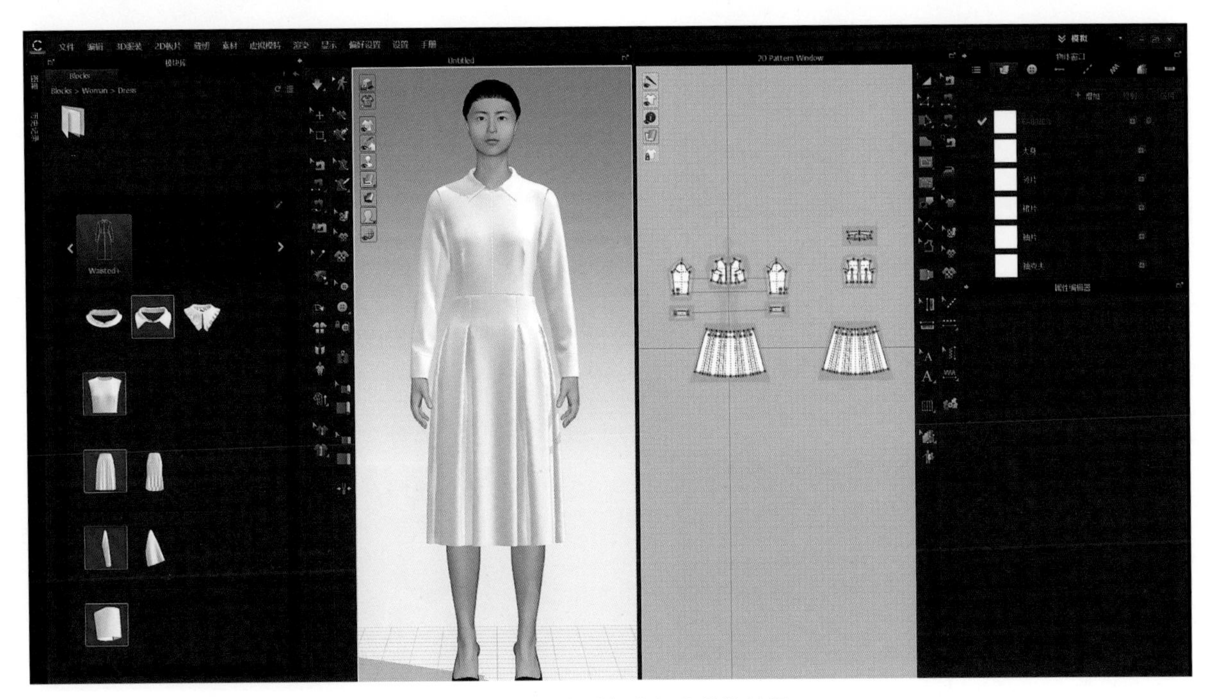

图6-1-46　查看任意组合模块效果

第二节 外部模特导入与动态走秀

教学目标：

1. 了解CLO 3D软件外部模特导入及绑定骨骼。

2. 掌握虚拟模特走秀设置。

教学内容：

讲解CLO 3D软件外部模特导入以及骨骼绑定，形成特定虚拟模特；在动画窗口设置虚拟模特走秀动作等。

教学要求：

通过本节课程，学习外部模特导入，掌握虚拟模特走秀设置。

一、外部模特导入绑定骨骼

（1）进行人体扫描虚拟模特转换要打开“虚拟模特→自动转换虚拟模特”（图6-2-1）。

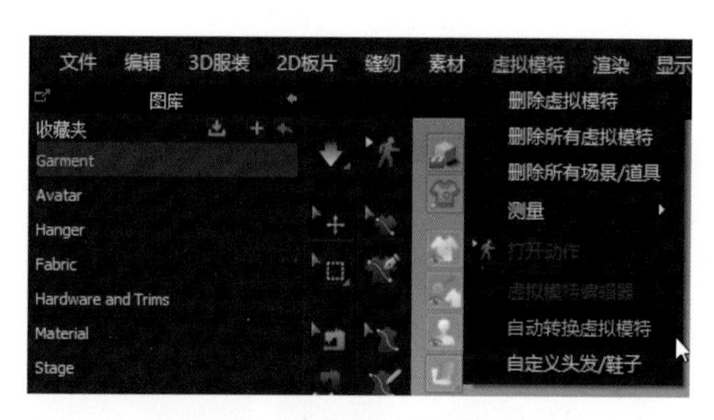

图6-2-1 自动转换虚拟模特设置

（2）在“3D模特文件”位置增加扫描的模特文件，等待虚拟模特加载完成（图6-2-2）。

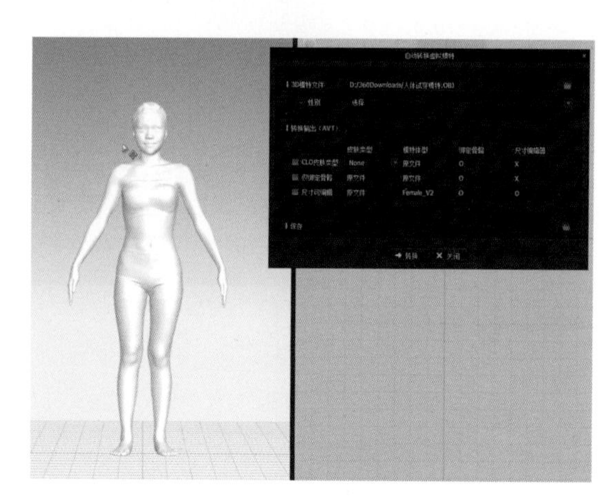

图6-2-2 加载自定义虚拟模特

（3）根据加载的模特选择对应性别，加载性别后会加载对应系统模特（图6-2-3）。

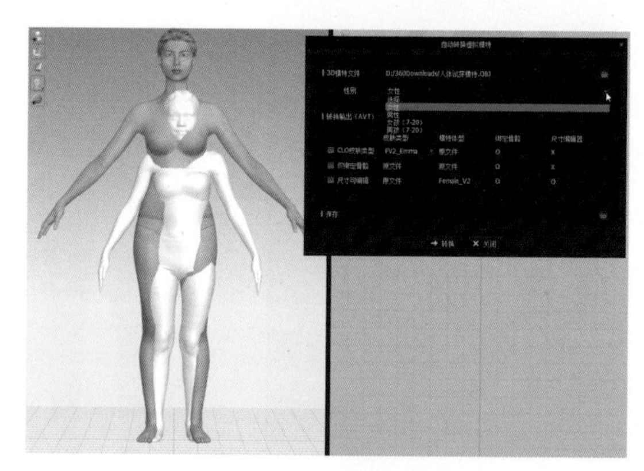

图6-2-3 选择归档性别

（4）根据需要选择合适的CLO皮肤类型、仅绑定骨骼、尺寸可编辑选项（图6-2-4）。

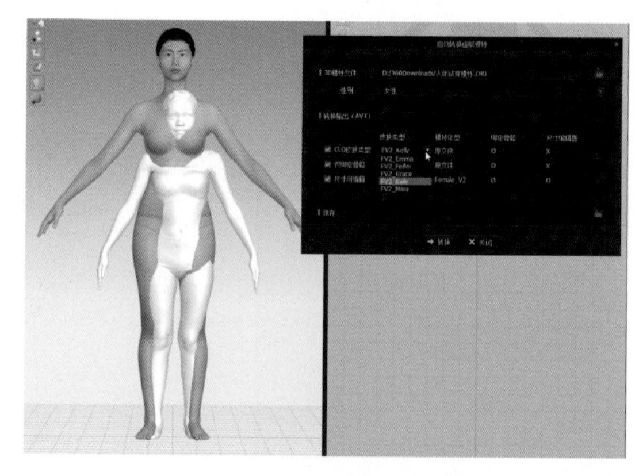

图6-2-4 模型绑定选项

（5）设置保存的路径（此选项为必选项），设置保存的名称（图6-2-5）。

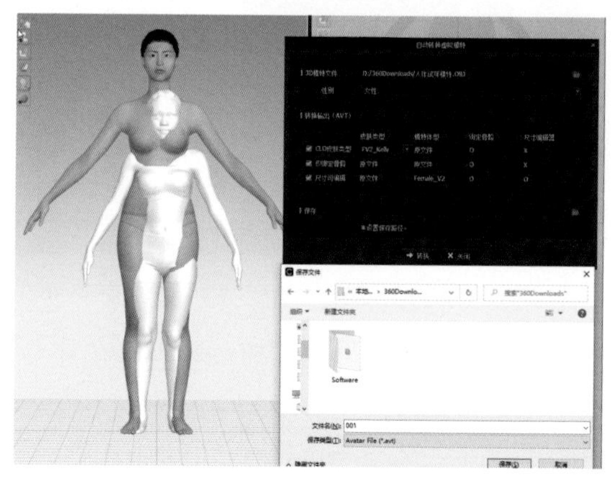

图6-2-5 设置保存路径

（6）点击“转换”，等待模型自适应调整完成（图6-2-6）。

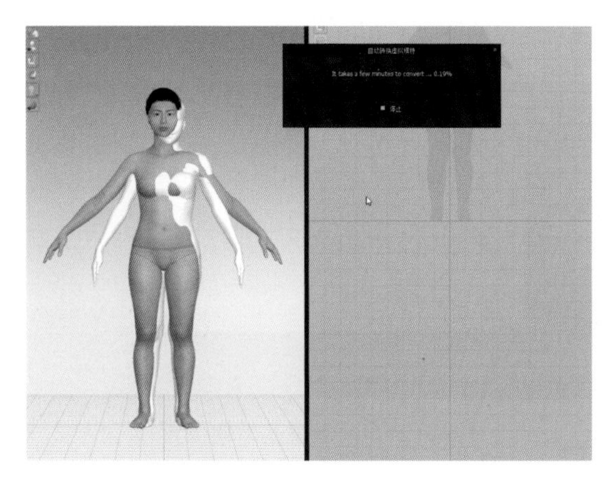

图6-2-6　确认转化

（7）系统会自动拟合完成并保存模特（图6-2-7）。

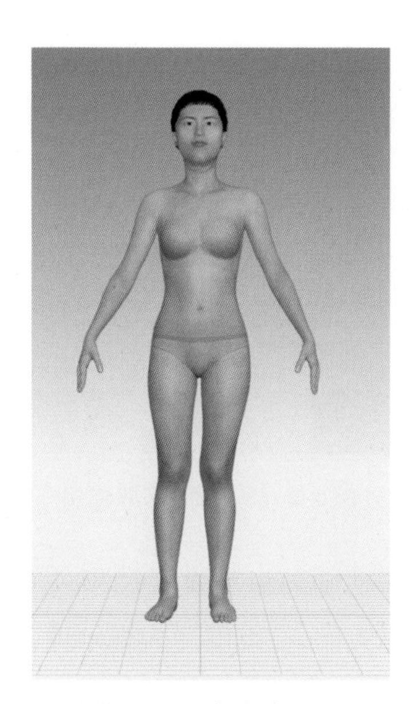

图6-2-7　完成确认图

二、虚拟模特走秀设置

虚拟模特走秀是服装动态展示必不可少的环节，系统可以使用内置虚拟模特结合motion动作进行服装的动态走秀。根据模特文件夹选择模特，每个文件夹下都有对应的motion文件夹，此文件夹为模特对应的走秀动画文件，模特文件夹下的motion不可互相交叉使用（图6-2-8）。

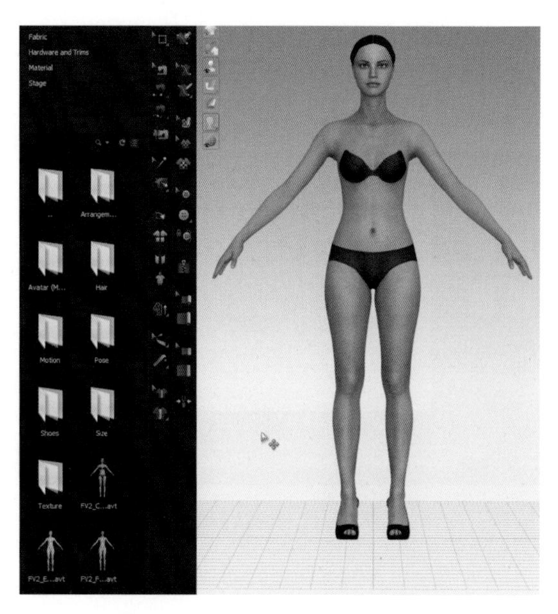

图6-2-8　虚拟模特motion文件夹

（1）双击模特动画进行加载，服装位置设置将服装和虚拟模特移动到动作开始的位置，转换成动作的第一个姿势默认设置为30帧每秒，保持默认设置不变（图6-2-9）。

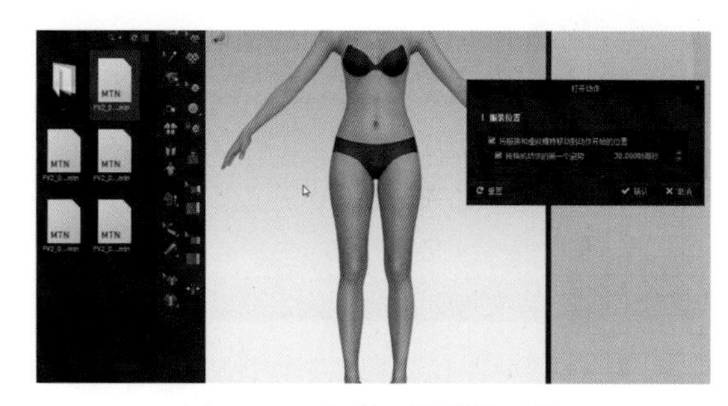

图6-2-9　加载预设模特动作

（2）切换到窗口，进行动画轨的查看（图6-2-10）。

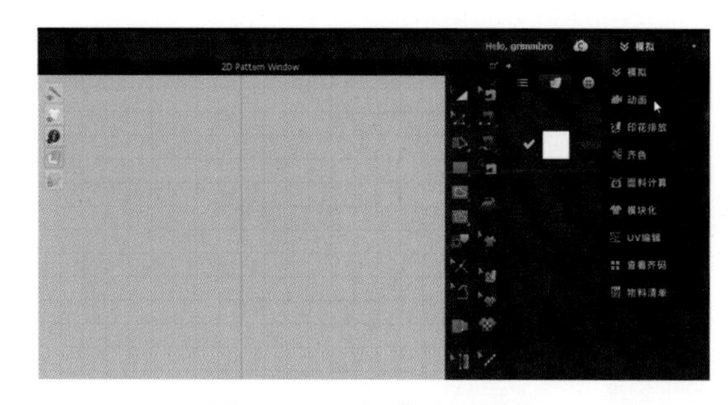

图6-2-10　切换动画视窗

（3）在动画视窗检查动画编辑器中是否包含移动轨和动画轨，移动轨是模特按照动画要求进行缓冲的补充帧，动画轨是在motion文件夹下选择的动画脚本（图6-2-11）。

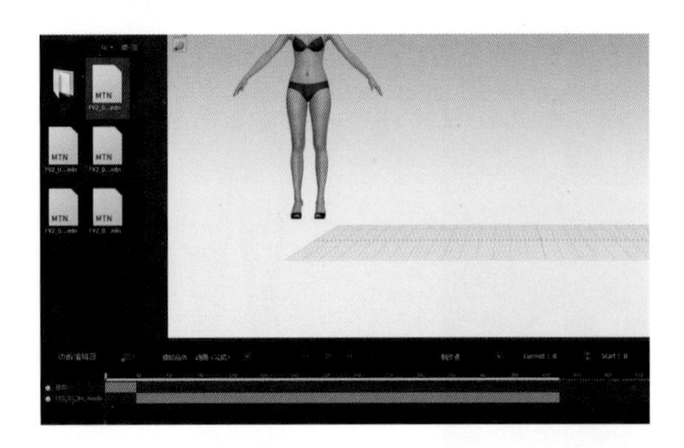

图6-2-11　确认时间轨

（4）加载一件服装，检查无误后进行动画的录制，等待倒计时在动画视窗的右下角显示，录制完成后再进行下一步操作（图6-2-12）。

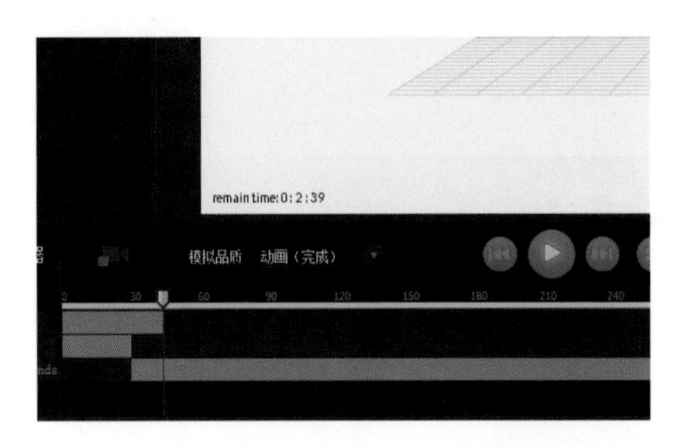

图6-2-12　模拟倒计时位置

（5）录制完成后点击“到开始”按钮，回到第0帧，点击“打开”按钮进行动态走秀视频的查看，检查服装与模特有无交叉穿破（图6-2-13）。

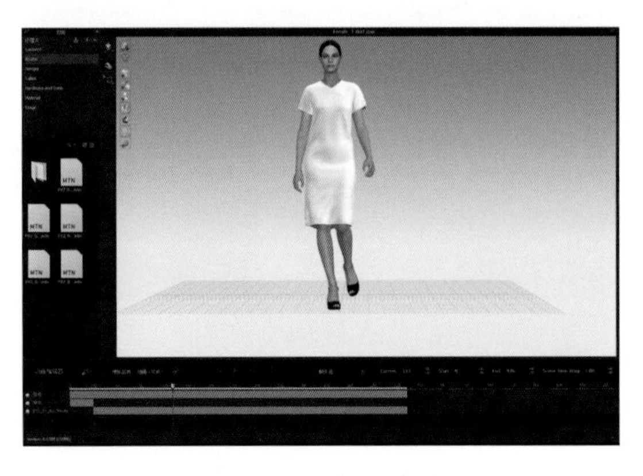

图6-2-13　播放模拟服装动画

（6）检查无误后修改“start”起始帧为30，点击“到开始”进行服装及模特的归位（图6-2-14）。

图6-2-14　设置起始帧位置

（7）选择“文件→视频抓取→视频”，进行渲染视频的录制导出，在导出前可以增加舞台道具等环境场景，但是不可以修改服装样板，否则录制的服装轨会自动清除（图6-2-15）。

图6-2-15　设置视频输出

（8）在动画弹窗中设置视频尺寸，“方向”为视频横纵方向，“宽度”为视频像素横向的宽度，“高度”为视频像素纵向的高度，设置完成后点击录制按钮即可（图6-2-16）。

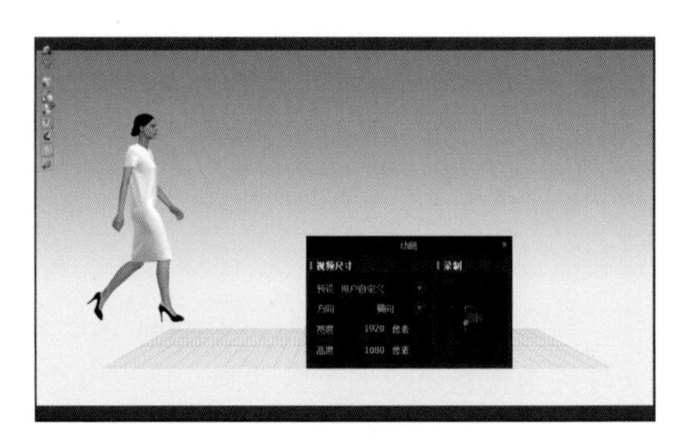

图6-2-16　设置视频尺寸

（9）等待录制完成，点击停止按钮（图6-2-17）。

图6-2-17　确认视频录制完成

（10）在“3D服装旋转录像”弹窗中可以预览视频，确认无误后点击保存，选择路径即可（图6-2-18）。

（11）保存文件视窗可以修改录制视频的格式，可选为AVI格式或MP4格式，MP4格式无需额外解码器，系统自带播放器可以打开播放，AVI格式需要独立播放器解码器，但清晰度较高（图6-2-19）。

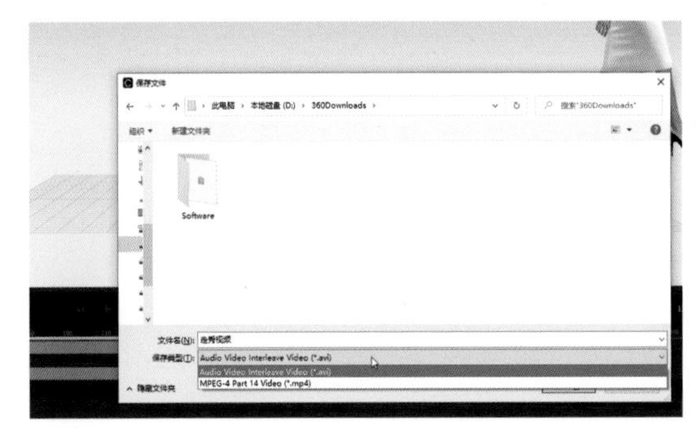

图6-2-19　设置保存格式

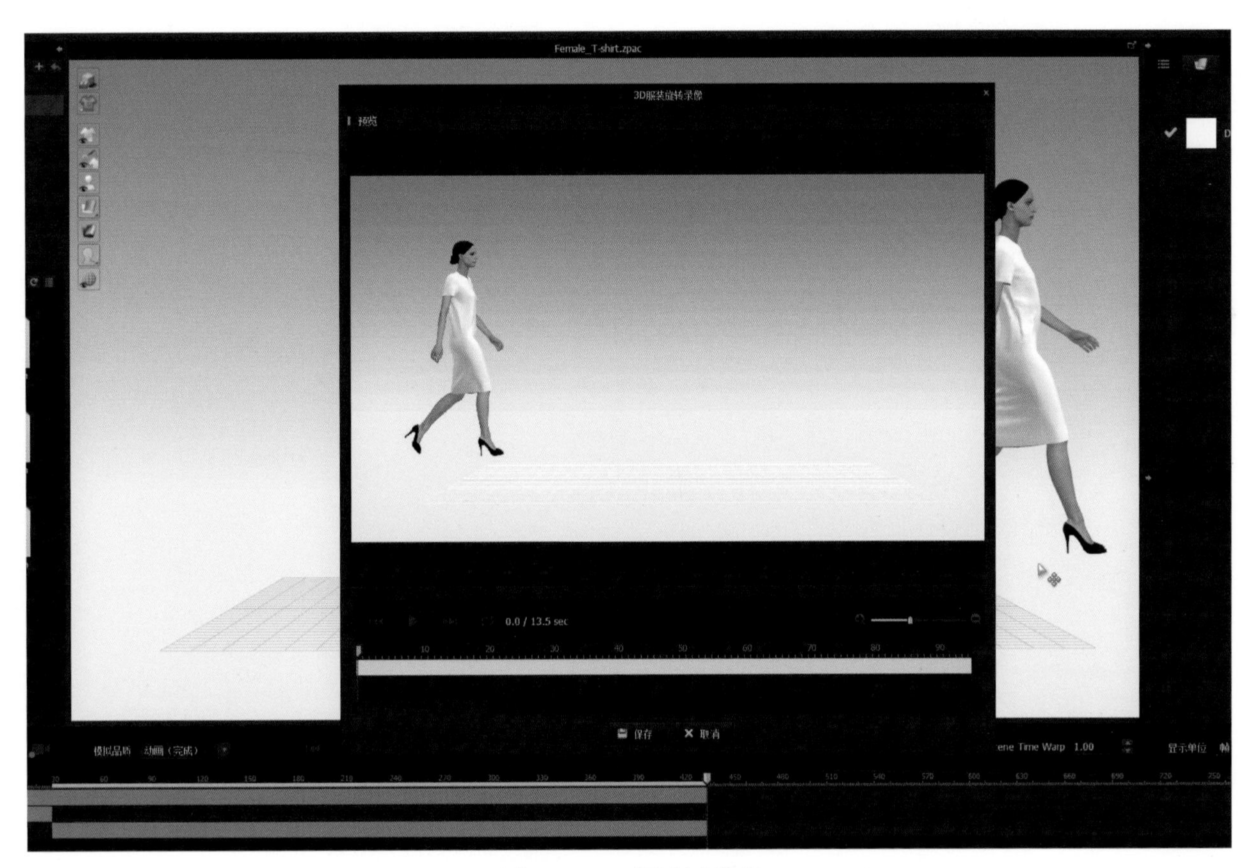

图6-2-18　确认保存路径